国家科学技术学术著作出版基金资助出版

草鱼种质资源研究

李家乐　邹曙明　沈玉帮　徐晓雁　著

科学出版社

北　京

内 容 简 介

本书是上海海洋大学草鱼种质资源与创新利用研究团队十余年科研工作的总结,是一部种质资源理论研究与应用实例相结合的专著,内容涵盖草鱼种质评价、种质创制、功能基因等方面。具体包括草鱼种质资源收集、保存和评价,草鱼分子标记的开发和利用,草鱼种质资源遗传结构评价和遗传参数分析,草鱼种质创制技术,草鱼功能基因组合性状相关基因结构和功能分析。

本书可作为高等院校和科研院所水产养殖、水生生物学及相关专业的本科生和研究生的参考用书,也可以作为广大水产科技工作者、渔业管理工作者和水产养殖生产从业人员的参考资料。

图书在版编目(CIP)数据

草鱼种质资源研究 / 李家乐等著. —北京:科学
出版社,2019.12
　ISBN 978 - 7 - 03 - 063348 - 4

　Ⅰ. ①草… Ⅱ. ①李… Ⅲ. ①草鱼—种质资源—研究
—中国 Ⅳ. ①S965.112.2

　中国版本图书馆 CIP 数据核字(2019)第 253216 号

责任编辑:陈 露 / 责任校对:谭宏宇
责任印制:黄晓鸣 / 封面设计:殷 靓

科 学 出 版 社 出版
北京东黄城根北街 16 号
邮政编码:100717
http://www.sciencep.com

南京展望文化发展有限公司排版
苏州市越洋印刷有限公司印刷
科学出版社发行 各地新华书店经销
*

2019 年 12 月第 一 版 开本:787×1092 1/16
2019 年 12 月第一次印刷 印张:16 1/4 插页 6
字数:450 000
定价:198.00 元
(如有印装质量问题,我社负责调换)

李家乐 现任上海海洋大学副校长、研究生院院长、教授、博士生导师。一直从事水产动物种质资源与种苗工程的教学、科研和技术推广工作。获国务院政府特殊津贴、上海市领军人才、上海市优秀学科带头人等荣誉。培养研究生130余名，其中博士研究生23名。培育水产新品种3个，在国内外学术刊物上公开发表论文430余篇，其中SCI收录120余篇，授权专利30余项，其中发明专利18项，获国家科技进步二等奖1次、神农中华农业科技一等奖1次、上海市科技进步一等奖3次、中国水产学会范蠡科学技术一等奖1次。兼任教育部高等学校水产类专业教学指导委员会主任委员、全国农业专业学位研究生教育指导委员会渔业发展领域分委员会主任委员、中国水产学会常务理事兼淡水养殖分会主任委员、全国水产原种和良种审定委员会委员、农业部淡水水产种质资源重点实验室主任，*Aquaculture and Fisheries* 和《水产学报》副主编、《中国水产科学》等期刊编委。出版《池塘养鱼学》《水族动物育种学》《中国外来水生动植物》等教材、著作10余部。

序

  草鱼是草食性鱼类,生长速度快、肉质鲜美,是我国人民的优质动物蛋白来源。我国是世界上最大的淡水养殖国家,草鱼产量居淡水养殖鱼类产量之首,也是世界上养殖产量最高的鱼类。2018年我国草鱼养殖产量达550.4万吨,占我国淡水鱼养殖总产量18.6%。

  我国大规模草鱼养殖从公元七世纪的唐朝开始,至今已有1 400多年历史。19世纪以来,草鱼在世界上被广泛引种用于养殖和水草控制。20世纪50年代前,我国草鱼养殖一直依赖从江河中捞取天然苗种;50年代末,我国突破了"四大家鱼"人工繁殖技术,彻底扭转草鱼养殖受天然苗种限制的局面,推动草鱼养殖产业的快速发展。70年代开始,养殖草鱼出现了生长速度减慢、抗病抗逆性能下降等种质退化问题,在一定程度上也制约了其养殖业的高质量发展。草鱼起源于我国,天然分布于我国长江、珠江和黑龙江水系,在我国具有非常丰富的种质资源。草鱼种质资源是其养殖业高质量发展的重要物质基础,种质资源研究和开发利用提上了日程。

  20世纪80年代初,由我牵头,组织上海水产大学、中国科学院水生生物研究所、中国水产科学研究院长江水产研究所、黑龙江水产研究所及珠江水产研究所五家单位的科研人员,共同完成了"长江、珠江、黑龙江鲢、鳙、草鱼原种收集和考种"项目,开始草鱼种质资源研究,建立草鱼种质国家标准。

  最近十余年,我的学生李家乐教授、邹曙明教授带领上海海洋大学草鱼种质资源与创新利用研究团队继续开展草鱼相关研究。他们系统地收集草鱼种质资源,建立农业部草鱼遗传育种中心;利用现代生物技术手段,在草鱼种质资源评价、优秀种质创制、基因资源挖掘等方面开展了系统性研究,积累了一批研究资料。先后发表学术论文百余篇,其中SCI收录50余篇;形成并授权国际专利1项,授权国内专利20余项,其中国家发明专利10余项。在此基础上,他们认真总结草鱼种质资源研究的成果,撰写了《草鱼种质资源研究》这部专著,内容丰富,颇具特色,既有较好的理论开拓,也有一定的应用价值。该书的出版不但丰富了我国淡水鱼类种质资源的研究内容,也将为草鱼养殖业实现高质量发展提供急需的基础资料。

李思发

2019年12月

前　言

草鱼是世界上养殖产量最高的鱼类，2018年我国养殖产量达550.4万吨，其中五省产量超过40万吨(广东89.2万吨、湖北87.4万吨、湖南60.2万吨、江西52.7万吨、江苏40.5万吨)，四省(区)产量超过20万吨(广西29.9万吨、安徽26.5万吨、四川26.5万吨、山东22.0万吨)，三省(市)产量超过10万吨(福建16.1万吨、河南14.7万吨、重庆11.3万吨)。

20世纪80年代初，我的导师李思发先生建立了国内首家水产种质资源研究室，由他牵头开始了"长江、珠江及黑龙江鲢、鳙、草鱼种质收集和考种"研究，开启了我国水产种质资源研究的先河，1990年出版的《长江、珠江、黑龙江鲢、鳙、草鱼种质资源研究》是当时该领域最具影响的学术著作，揭示了不同水系鱼类群体间存在表型和遗传型差异，其中长江种群最优的自然规律，在此基础上他提出了建立原种场—良种场—苗种场三级平台予以保护、开发、利用的技术路线。

2006年起，在李思发先生前期工作的基础上，上海海洋大学草鱼种质资源与创新利用研究团队继续开展草鱼种质资源研究。2008年，上海海洋大学成为农业部国家大宗淡水鱼产业技术体系草鱼种质资源与育种岗位承担单位。我校作为技术依托单位，协助苏州市申航生态科技发展股份有限公司在2010年和2015年分别建立江苏吴江四大家鱼原种场和国家级草鱼遗传育种中心。我校联合国家大宗淡水鱼产业技术体系南昌、合肥、上海和杭州综合试验站进行草鱼优良种质示范推广。为了总结已有工作，更加有效规划研究方向，将主要研究成果整理成册，形成《草鱼种质资源研究》专著。

衷心感谢我的导师李思发先生，他引领我们进入水产种质资源研究领域，开拓我们的研究思路，鼓励我们继续开展草鱼种质资源研究，他还为本书作序。本书由我和我的同事邹曙明教授、沈玉帮副教授、徐晓雁博士共同合作完成。在本书著述过程中，研究生郑国栋、张猛、方圆、张学书、孟新展、缪一恒、白玉麟、王安琪和陶丽竹等做了很多努力，在此表示深深的谢意。本书的很多研究内容由已经毕业的研究生，包括刘峰、傅建军、郭诗照、杨小猛、陈勇、李达、陈玥等共同努力完成，在此也表示感谢。本书主要参考了1990年以来国内外草鱼种质资源与创新利用方面的书籍与文献等，本书相关内容的研究工作先后得到了国家大宗淡水鱼产业技术体系草鱼种质资源与育种(CARS－46－04)、国家863计划"草鱼重要经济性状相关基因的克隆及功能验证"(2011AA100403)、国家科技支撑计划项目"草鱼、团头鲂新品系选育"（2012BAD26B02）、国家自然科学基金"草鱼 miR - 142a - 3p 同步化调控葡萄糖摄入和炎症反应抑制嗜水气单胞菌感染"（31802285）、上海市科委基础重大项目"重要水产养殖动物抗病育种基础研究"（06DJ14003）等项目的资助。

　　关于草鱼种质资源的研究虽然已经发表了不少论文和报告，但到目前为止，还未编写一本系统地反映我国草鱼种质资源研究的专著。期望本书稿的出版可以促进我国草鱼种质资源科研、教学和实际生产工作的深入发展。限于著者的专业水平和资料来源，本书肯定还存在许多不足之处，真诚地希望得到各位读者和同行的批评与指教，以便再版时更改使本书更加完美。

李家乐

2019 年 12 月

目 录

序

前言

第一章 绪论 ……………………………………………………………… 1

第一节 草鱼名称与特征 ………………………………………………… 1

第二节 草鱼养殖历史 …………………………………………………… 2

第三节 草鱼种质资源与研究近况 ……………………………………… 4

第四节 草鱼种质资源研究展望 ………………………………………… 6

第二章 草鱼种质资源收集与保存 …………………………………… 7

第一节 草鱼种质资源分布 ……………………………………………… 7

第二节 草鱼种质资源收集 ……………………………………………… 8

第三节 草鱼种质资源保存 ……………………………………………… 11

第三章 草鱼种质资源养殖性能评价 ………………………………… 12

第一节 草鱼生长性能评价 ……………………………………………… 12

第二节 草鱼抗病性能评价 ……………………………………………… 16

第三节 草鱼形态学特征评价 …………………………………………… 21

第四章 草鱼分子标记开发 …………………………………………… 29

第一节 草鱼微卫星标记开发 …………………………………………… 29

第二节 草鱼亲子鉴定技术 ……………………………………………… 40

第三节 草鱼SNP标记 …………………………………………………… 44

第四节 草鱼其他遗传标记 ……………………………………………… 45

第五章 草鱼种质资源遗传结构评价 ………………………………… 52

第一节 研究历史 ………………………………………………………… 52

第二节 草鱼野生群体遗传结构分析 …………………………………… 53

第三节 草鱼养殖群体遗传结构分析 …………………………………… 59

　　第四节　草鱼种质创制过程遗传结构的变化 ……………………………………… 64

第六章　草鱼经济性状遗传参数估算 ……………………………………………… 74
　　第一节　草鱼生长性状 ………………………………………………………………… 74
　　第二节　草鱼肌肉相关性状 …………………………………………………………… 79
　　第三节　草鱼抗病性状 ………………………………………………………………… 82

第七章　草鱼种质创制技术开发 …………………………………………………… 85
　　第一节　草鱼家系构建技术 …………………………………………………………… 85
　　第二节　草鱼种内杂交技术 …………………………………………………………… 90
　　第三节　草鱼种间杂交及雌核发育技术 ……………………………………………… 94
　　第四节　草鱼四倍体诱导技术 ………………………………………………………… 98
　　第五节　草鱼化学诱变技术 …………………………………………………………… 102
　　第六节　转基因草鱼构建及转座子插入诱变技术 …………………………………… 112

第八章　草鱼性状连锁分子标记筛选 ……………………………………………… 122
　　第一节　草鱼遗传连锁图谱构建 ……………………………………………………… 122
　　第二节　草鱼生长相关分子标记 ……………………………………………………… 129
　　第三节　草鱼抗病相关分子标记 ……………………………………………………… 139
　　第四节　草鱼耐低氧相关分子标记 …………………………………………………… 147

第九章　草鱼经济性状相关基因挖掘 ……………………………………………… 152
　　第一节　草鱼生长相关转录组分析 …………………………………………………… 152
　　第二节　草鱼细菌感染过程转录组分析 ……………………………………………… 155
　　第三节　草鱼病毒感染过程分析 ……………………………………………………… 174

第十章　草鱼经济性状相关基因功能解析 ………………………………………… 186
　　第一节　草鱼生长相关基因 …………………………………………………………… 186
　　第二节　草鱼免疫相关基因 …………………………………………………………… 217

主要参考文献 ………………………………………………………………………… 239

彩色图版

第一章　绪　论

据《2019 中国渔业统计年鉴》数据,2018 年我国水产养殖总产量 4 991.1 万吨,产量超过 100 万吨的有 11 种(或大类),其中淡水养殖产量超过 100 万吨的有 7 种(或大类),包括:草鱼(550.4 万吨),鲢(385.9 万吨),鳙(309.6 万吨),鲤(296.2 万吨),鲫(277.2 万吨),罗非鱼(162.5 万吨),克氏原螯虾(163.9 万吨);海水养殖产量超过 100 万吨的有 5 种(或大类):牡蛎(514.0 万吨),蛤(408.1 万吨),扇贝(191.8 万吨),海带(152.3 万吨),南美白对虾(111.8 万吨)。草鱼是产量最高的物种。

第一节　草鱼名称与特征

草鱼最早见于战国至两汉时期的《尔雅·释鱼》,称为"鲩",晋朝郭璞注:"今鲩鱼,似鳟而大,音混"。明朝李时珍在《本草纲目》称其:"其性舒缓,故曰鲩。俗名草鱼,因其食草也"。清朝李元《蠕范·物性》:"鲩,鲩也,鳋也,草鱼也。似鳟而大,形长身圆,肉厚而松,有青白二色。其性舒缓。"草鱼的中文俗称有:鲩、鲩鱼、油鲩、草鲩、白鲩、草根、厚子鱼、海鲩、混子和黑青鱼等。

草鱼拉丁名首次由法国人 Cuvier 和他的学生 Valenciennes 在 1844 年定义为 *Leuciscus idella*,后经 5 名研究人员多次修订(表 1-1),最终确定为 *Ctenopharyngodon idella*。*Cteno* 意为 comb,*pharyng* 意为 throat,*odon* 意为 tooth,*idella* 来源于希腊语 idios,意思为特征。草鱼拉丁名可理解为咽部具有梳状牙齿特征的鱼。草鱼隶属鲤形目(Cypriniformes),鲤科(Cyprinidae),草鱼属(*Ctenopharyngodon*)。

表 1-1　草鱼拉丁名沿革

拉 丁 名	作　者
Ctenopharyngodon idella	(Valenciennes, 1844)
Leuciscus idella	Valenciennes, 1844
Leuciscus tschiliensis	Basilewsky, 1855
Ctenopharyngodon laticeps	Steindachner, 1866
Sarcocheilichthys teretiusculus	Kner, 1867
Pristiodon siemionovii	Dybowski, 1877

草鱼英文国际标准通用名主要有 grass carp 和 white amur,amur 来源于草鱼的产地之一——在中国境内称为黑龙江,在俄罗斯称为阿穆尔河,有 13 个欧洲国家,1 个大洋洲国

家,2个北美洲国家的草鱼名称中包含 amur;grass carp 意思为食草的鲤科鱼类,最早的文献报道见于印度人 Alikunhi 在 1963 年发表于 *Current Science* 的文章,有 4 个非洲国家,11个欧洲国家,2 个大洋洲国家,4 个南美洲国家,6 个亚洲国家的草鱼名称包含 grass carp。到目前为止,全世界最为广泛使用的英文通用名称是 grass carp。

草鱼,体延长,亚圆筒形,体青黄色。头宽平,口端位,无须,咽齿梳状(图 1 - 1)。草鱼在鱼苗阶段,口裂很小,咽喉齿尚未发生,咽后为一条直肠通向肛口,因此只食浮游动物;经过 20 天左右,咽喉齿初步形成突起,肠逐渐增长而弯曲,食性开始转化为食水生植物嫩芽和须根。进入鱼种阶段后,口裂增大,咽喉齿逐渐发育完备,肠管增粗增长,弯曲盘旋于腹腔,觅食和消化能力日益增强。草鱼生长速度快,1~3 龄为生长最快期,4~5 龄达到性成熟。草鱼性腺能够在静水水体中发育成熟,繁殖必须到江河的流水环境中,以产卵场分布而论,分布范围南起海南的南渡江,北到东北的松花江,东达钱塘江水系,其中长江水系的产卵场规模最大。

图 1 - 1　草鱼(见彩版)

第二节　草鱼养殖历史

我国淡水养殖业有悠久的历史,是世界上池塘养鱼最早的国家,在殷商末期和西周的初期,已有池塘养鱼的记载,范蠡编著的《养鱼经》是世界上最早的鱼类养殖专著。在当时的条件下,鲤鱼在池中养得活而又能繁殖的特点,逐渐获得推广并奠定了鲤鱼作为当时唯一的生产对象。《史记》记载,在汉代时开始推广大水面养鱼,养殖对象还是鲤鱼,但草鱼的混养在这个时期已经开始。

据唐代刘恂所做《岭表录异》记载,唐代人民对草鱼的食性、草鱼苗的性状,如何利用草鱼开辟荒田已经非常熟悉,开启了草鱼主养的历史。从单一养殖鲤鱼到多种鱼类混养,是养鱼历史上的一大转折,使我国的养鱼业跨入了一个新的发展阶段。到宋代时,江西九江已经成为大宗淡水鱼鱼苗的产区,草鱼养殖非常普及。到了明朝,草鱼与其他鱼种的混养模式已经发展到非常完整的地步。黄省曾的《养鱼经》对草鱼从鱼苗至鱼种养殖过程中的注意事项和养殖策略都进行详尽的阐述,其中很多办法至今依然采用。到清朝时,草鱼生产程序和生产方式已经有了明确的方法措施,屈大均《广东新语》对草鱼鱼苗在不同支流的分布情况进行了详尽的描述,如"粤有三江,惟西江多有鱼花","西北为桂林府江,其水多草鱼"。在草鱼养殖上千年的发展历史当中,必须从大江大河中捞取鱼苗,然后放养于池塘中,非常不便,效率很低。

20 世纪 30 年代,我国科研人员开始尝试淡水鱼类的人工授精孵化工作,在广西浔江捕捞性腺成熟亲鱼进行人工授精、孵化实验,获得良好结果。1937~1938 年,广西鱼类养殖场在浔江、东塔、桂平等地进行草鱼的人工授精和孵化。到 40 年代上半叶,依赖于产卵场的发现,进行了较大规模的草鱼人工育苗工作。在育苗实践中发现,在产卵场所捕亲鱼已达到流卵程度,可以立即进行人工授精孵化;但是亲鱼性腺若未成熟,需要利用人工方法进行催情后,再进行人工授精与孵化。

1949 年新中国成立后,百废待兴,中国渔业进入恢复发展阶段。渔业产量从 1949 年的 44.8 万吨增加到 1952 年的 166.7 万吨,但产量的 90% 以上依然来自捕捞。1953 年,钟麟等从池塘中培育性腺成熟的亲鱼入手,发现当珠江潮水涨退时,形成一定水流,可刺激家鱼性腺成熟。1954 年 5 月,中国科学院水生生物研究所朱宁生利用鱼脑垂体悬液尝试对尚未完全性成熟的"四大家鱼"进行催情试验,其结果显示在青鱼和鳙鱼有效。1955 年,证明家鱼在一般池塘养殖环境下,注意生态条件,有一定水流刺激,提供足够的营养,是可以使性腺发育达到性成熟的。打破了国内外一些学者认为"家鱼在池塘养殖性腺不能成熟"的"权威"结论。

1958 年 6 月,在中国水产科学研究院珠江水产研究所钟麟带领下,第一批池养的鲢、鳙鱼经脑垂体催情繁殖成功,成为中国家鱼人工繁殖的标志性事件。1958 年,中国科学院实验生物研究所朱洗等研究家鱼人工繁殖技术,首创了用绒毛膜促性腺激素(HCG)促使鲢鱼产卵。1959 年,国家提出"养捕并举"的指导思想,结束了持续已久的"养捕之争"。同年,湖南师范学院、中国水产科学研究院珠江水产研究所和上海水产学院的研究团队成功进行了人工催产草鱼,打开了草鱼人工繁殖工作的大门,同年开始在上海市、湖南省、江苏省和河南省推广家鱼人工繁殖技术,并协助上海市青浦水产养殖场建立家鱼人工繁殖基地,指导该场繁殖鱼苗。家鱼人工繁殖技术的推广应用产生了巨大的经济效益和社会效益,促进了我国淡水养殖业的飞跃发展,其领头人钟麟被誉为"家鱼人工繁殖之父",该项成果当时在国内外处于领先水平,1978 年"家鱼人工繁殖"获全国科学大会奖。

1962 年,在首次人工繁育草鱼成功之后,草鱼、鳙鱼、团头鲂、青鱼、鲤鱼、赤眼鳟等的杂交研究工作也相继开展。因为杂交种的变异性与可塑性大,比亲体有更大的适应能力,在一定的外界条件影响下,通过定向培育容易形成新的优良性状和特征,因此杂交是培育优良品种迅速而有效的方法。杂交草鱼的后代普遍食性与草鱼类似,生长速度稍快于草鱼,具有一定的抗病能力,但孵化率较低。

1962 年,印度也成功地进行了草鱼的人工繁育工作,1963 年 Alikunhi 等撰写文章 "Induced Spawning of The Chinese Carps *Ctenopharyngodon Idellus* (C. & V.) And *Hypophthalmichthys Molitrix* (C. & V.) in Ponds at Cuttack, India" 发表于 *Current Science*。限于当时的技术交流滞后,文章中提到他们是第一次成功进行了草鱼的人工繁育工作。同一时期,我国将渔民的养殖经验总结提升至理论水平,提出"水、种、饵、混、密、轮、防、管"八字精养法,建立了我国池塘养鱼完整的技术体系。

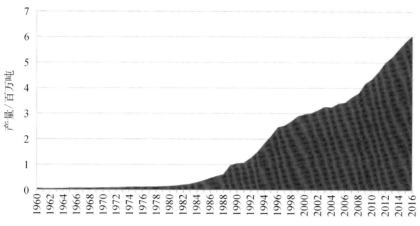

图 1-2   全球草鱼养殖产量统计(数据来源 FAO)

2007 年起,草鱼养殖产量超过鲤跃居单物种产量全球第一位,成为世界上淡水养殖最重要的鱼类。近十年来,草鱼一直是全球产量最高的养殖鱼类,且产量以年均增长率5.85%的速度持续增长,据 2018 年 FAO 统计数据,截至 2016 年全球草鱼养殖产量达606.8 万吨(图 1-2),据《2017 中国渔业统计年鉴》数据,2016 年中国草鱼产量 589.9 万吨,占该鱼种世界产量的 97.2%。

第三节   草鱼种质资源与研究近况

种质是决定生物遗传性状,并将遗传信息从亲代传递给子代的遗传物质。种质资源为携带种质并能繁殖的生物体。鱼类种质资源同其他生物资源一样,是国家重要的自然财富,我们既要合理地利用它,又要妥善地保护它、研究它。目前,草鱼种质资源研究主要内容包括:阐明草鱼种质资源的地理分布规律;从表型和分子水平上对草鱼种质资源进行遗传鉴定评价;开展种质创新,挖掘重要经济性状基因资源,解析重要经济性状的分子机制,创制草鱼优良种质等。

1982 年,基于查明人工繁殖群体的经济性状衰退现象的需要,农牧渔业部下达任务给上海水产学院进行家鱼考种研究,李思发教授建立了国内首家水产种质资源研究室,开启了我国水产种质资源研究的先河。历经 7 年时间,5 个单位(上海水产学院、中国科学院水生生物研究所、中国水产科学研究院长江水产研究所、黑龙江水产研究所和珠江水产研究所)运用数量遗传和生化遗传手段首先对草鱼种质资源进行了研究。调查了长江、珠江和黑龙江三江水系草鱼的资源情况;查明了长江、珠江和黑龙江三江水系草鱼种群间形态特征上的差异;比较了获得草鱼种群在长江、珠江和黑龙江自然条件下的生长特点和年龄结构;发现了长江和珠江草鱼群体生长与繁殖性能存在差异;研究了三江水域草鱼种群的生化遗传结构与差异;揭示了不同水系鱼类群体间存在表型和遗传型差异,其中长江种群最优的自然规律。在此基础上他提出了建立原种场—良种场—苗种场三级平台予以保

护、开发、利用的技术路线。此时,我国及时转变渔业生产理念,转变资源利用方式,开始了向"以养为主"的重大政策调整。1990年水产养殖产量首次超过捕捞产量,成为世界上唯一养殖产量超过捕捞产量的国家,中国渔业产量也跃居世界第一位。

李思发教授的有关研究成果对我国水产种质资源研究的开展和管理产生重要影响:一是国内主要水产研究机构相继成立了种质资源研究室,我国水产种质资源研究全面展开;二是引起国家有关部门对水产种质资源保护和管理的重视,1991年成立了全国水产原种和良种审定委员会。1991~2008年李思发教授先后担任委员、副主任委员、主任委员职务。

2006年以来,李思发教授主持国家自然科学基金重点项目"鲢、鳙、草鱼、团头鲂遗传资源的变迁",把视野从我国"三江"(长江、珠江及黑龙江)扩大到世界"三洲"(亚洲、美洲及欧洲),审视和评估这些重要鱼类自人工繁殖50年来和国外移植50年来的时空上的遗传变迁和资源变化,揭示了长江为这些鱼类的源头,实属世界性遗产,亟待保护。

2008年是改革开放的第三十年,在党和政府的领导下,经过几代渔业人的艰苦奋斗,我国渔业发展取得了辉煌成就,不但成功解决了水产品有效供给问题,而且走出了一条"以养为主"的渔业发展道路。当年,农业部和财政部联合启动的第二批现代农业产业技术体系建设40个产业,国家大宗淡水鱼产业技术体系是其中之一。大宗淡水鱼产业技术体系涉及青鱼、草鱼、鲢、鳙、鲤、鲫、团头鲂7个主要的大宗淡水鱼类物种,覆盖面广。建设的任务是重点解决大宗淡水鱼类供给侧优质高产、模式升级、竞争力提升、延长产业链等技术问题。草鱼设置2个岗位:草鱼种质资源与育种和华南草鱼选育与分子辅助育种,李家乐和白俊杰分别为岗位科学家。

2009年上海海洋大学草鱼种质资源与创新利用研究团队联合新加坡淡马锡生命科学研究院成功建立第一张草鱼分子标记遗传连锁图谱。此张遗传图谱采用两个不同的家系,定位了24个SNP和279个SSR标记,标记间的平均距离为4.2 cM,此图谱具有较高的密度。2013年,我们研发出首套用于草鱼遗传结构分析的标准微卫星,建立亲子鉴定技术,为草鱼种质资源表型、基因型和环境之间关系的研究,以及草鱼优质种质资源特异基因资源挖掘工作奠定基础。

2011年6月,上海海洋大学联合苏州市申航生态科技发展股份有限公司建立了全国唯一的国家级草鱼遗传育种中心。该中心以草鱼种质资源保护和改良为目标,通过构建我国草鱼遗传育种平台,开展我国草鱼种质资源收集、整理、分析、保存、多性状复合育种工作,形成较为完整的全国草鱼种质资源保护与利用技术体系和组织体系,为我国草鱼产业发展提供育种材料、技术服务和信息检索。该中心的建设对加快我国草鱼养殖良种化步伐,提高我国草鱼良种的种质创制能力,满足草鱼产业发展需求具有重要的现实意义。

2015年,基于我们构建的第一张草鱼遗传图谱,中国科学院和中山大学等研究机构合作完成了草鱼全基因组测序工作,数据显示雌性草鱼基因组大小为0.9 Gb,雄性草鱼为1.07 Gb,发现草鱼的雌雄特异片段分布在第24号染色体,推测24号染色体与性染色体有关,并获得一个雌雄鉴别标记。

第四节　草鱼种质资源研究展望

　　2019 年,农业农村部等 10 部委联合印发了《关于加快推进水产养殖业绿色发展的若干意见》,《意见》围绕加强科学布局、转变养殖方式、改善养殖环境、强化生产监管、拓宽发展空间、加强政策支持及落实保障措施等方面专门针对水产养殖业作出全面部署,仍是当前和今后一个时期指导我国水产养殖业绿色发展的纲领性文件,对水产养殖业的转型升级、绿色高质量发展具有重大而深远的意义。我们未来将朝以下几个方面持续努力:

　　一、进一步完善草鱼种质资源收集保存工作。目前草鱼种质资源的收集保存工作欠缺有计划地组织,我们拟对所收集草鱼种质资源建立归档材料,详细记载基本特征特性、采集地点和时间、采集数量、采集人等数据。全面系统调查我国草鱼种质资源的分布情况,重视三江流域以外其他水域环境中草鱼种质资源的收集保存工作。同时,逐步开展对引进到国外的草鱼种质资源收集保存和鉴定工作。

　　二、进一步加强草鱼优良种质评价创新技术。草鱼全基因组信息发布为全基因组选择育种技术提供了新的机遇,拟利用传统选育、杂交改良等常规技术,精准导入全基因组层面挖掘和鉴定的重要目标性状基因;创制类型多样的优良种质新材料,创建草鱼种质资源信息高效共享平台,便于广大育种单位交流,实现优秀遗传资源全国范围内共享利用;争取实现高产与优质兼顾,推动草鱼产业高质量发展。

　　三、进一步提高国内草鱼种质资源研究深度和合作机制。目前国内参与草鱼种质资源研究的主要研究机构包括上海海洋大学、中国科学院水生生物研究所、中国水产科学研究院珠江水产研究所、湖南农业大学、华中农业大学、湖南师范大学等多家单位,人员较为分散,组织程度低,没有对资源和科研力量进行较好的整合。草鱼年产量虽占淡水养殖总产量 18.4%,但是投入资金非常有限,与草鱼产业的体量不相符合。建议今后围绕草鱼种质资源研究方向,汇聚国内科研人员,打破壁垒,整合科研和资金力量,开展科学研究。

第二章　草鱼种质资源收集与保存

全面系统地收集保存草鱼种质资源,建立草鱼种质资源库,是进行草鱼种质资源遗传评价和种质创新的物质基础。我国是草鱼的发源地,据文献记载,一万三千年前的玉蟾岩遗址已发现草鱼化石。草鱼种质资源主要分布于我国长江、珠江和黑龙江水域,虽然草鱼自然资源分布区在缩小,种群数量在下降,如黄河草鱼已绝迹,但上述江河中仍然还有相当数量的草鱼种质资源。

第一节　草鱼种质资源分布

草鱼自然分布于我国东半部自中蒙俄三国交界的黑龙江流域至珠江流域的江河干流和大支流中,其中在黄河可上达汾渭盆地,在长江可上达岷江及金沙江下游,在珠江可上达全州、都安及百色等。20世纪中叶,随着国际性引种的兴起,草鱼也成为主要引种对象,先后被引入马来西亚、印度尼西亚、东欧、英国、印度、以色列、日本、菲律宾、新加坡、泰国、美国、越南等45个国家和地区,并在不少地方形成了地方群体。因此,草鱼的分布已从单一的亚洲扩大到全球,成为世界性的物种。这些国家引种的目的主要有两个:作为养殖对象和控制河流或湖泊中的水生植物。例如,1963年,美国为了控制水生植物,首次将草鱼从中国台湾和马来西亚引入美国阿肯色州和亚拉巴马州的鱼类养殖试验站。目前在马来西亚、美国等国家已经形成种群。有些没有形成种群,可能是由于没有较长河道的缘故,因为草鱼自然分布区产卵场下游河道长度都很长,一是用来满足草鱼鱼卵孵化所需的时间,二是还需要满足所孵出的草鱼鱼苗在静水体中索饵和生长。

尽管草鱼地理分布范围非常广泛,但种群数量多少差异很大。种群数量的变化与繁殖补充量及生存条件有关。黑龙江水系地处温带和寒温带,气候寒冷,草鱼性成熟周期要比南方延长2~3年,而且全年的生长期较短,限制了草鱼种群数量的增长。黄河是我国第二大河流,全长5 464 km,近代由于气候干燥、河水枯竭,草鱼已经绝迹。长江水系是我国最富饶的地区之一,位于亚热带地区,气候温和,水量丰沛,是草鱼资源最丰富的水系,在长江中、下游干流及湘江、汉江、赣江等支流都存在草鱼的产卵场。珠江水系位于亚热带南部,以西江为主干流,全长2 210 km,草鱼资源量仅次于长江,也曾是草鱼养殖业的重要苗源。

第二节　草鱼种质资源收集

草鱼种质资源收集是草鱼种质资源保存和利用的前提。草鱼种质资源分为野生种质资源和养殖种质资源两部分。虽然草鱼种质资源收集取得了一些进展，但仍然不够全面，因此继续系统广泛收集国内外草鱼种质资源仍然是当前非常重要的基础工作。

一、种质资源类型

（一）野生草鱼种质资源

主要是指有养殖价值的野生草鱼。它们是在特定的自然条件下，经长期的自然选择而形成的，往往具有某些重要的经济性状和遗传性状，是培育新品种的宝贵材料。

（二）人工创造的草鱼种质资源

主要指通过人工杂交、选择、诱变等各种途径产生的草鱼各种突变体或中间材料，含有丰富的变异类型，是育种和遗传研究的珍贵材料。

二、原良种场

原种是指取自模式种或取自其他天然水域的野生水生动植物种以及用于选育的原始亲体。良种是生产用语，一般指生长快、品质好、抗逆性强、性状稳定、适应一定自然条件并用于养（增）殖的水生动植物种，即在养殖中生长表现优良、能够实现较好经济效益的种为良种。我国水产原良种体系包括原种场和良种场。原种场负责水产原种的搜集、保存和供种，向良种场提供繁殖用的原种亲本。良种场负责野生种的驯化、遗传改良、新品种培育、国外引种或引进原种和经过审定的良种，培育亲本、后备亲本，提供给苗种繁育场。

国家农业主管部门1990年11月在江西省井冈山市召开了"全国淡水鱼类原、良种生产建设座谈会"，1991年农业部成立全国水产原种和良种审定委员会，标志着我国以原、良种场为主体的水产原、良种体系建设正式启动，于1998年组织制定并开始实施全国水产良种体系建设，包括草鱼在内的"四大家鱼"成为主要保存对象。截至2018年12月，共保存有草鱼的国家级原种场8家（表2-1），建立时间从1996到2011年，分布于湖北、江苏、湖南、江西、陕西和浙江6省，这些保存的草鱼原种都是来自长江中下游及其支流，而珠江、黑龙江水系目前仍没有国家级的草鱼原种场。草鱼原种场的主要任务是收集和保存草鱼原种，维持原种的特征和生产性能，这是对草鱼种质资源实行保护的一种异地保护措施。一般在天然种质库没有受到人工繁殖群体掺杂的情况下，从自然分布水系中采集到的鱼苗都是原种。从草鱼地理分布来说，长江也是草鱼原种分布最为丰富的水系。20多年来，原种场在草鱼天然种质资源保护方面发挥了重要作用。

表 2-1 国家级草鱼原、良种场

名　　称	地　　址	挂牌时间
湖南长沙湘江系四大家鱼原种场	湖南省长沙市开福区捞刀河镇苏坨院	1996
江西瑞昌长江系四大家鱼原种场	江西省瑞昌市壤溪西路 3 号	1998
江苏邗江长江系四大家鱼原种场	江苏省扬州市邗江区沙头镇沙头树西大坝	1998
浙江嘉兴长江系四大家鱼原种场	浙江省嘉兴市秀洲县王江泾乡	1998
湖北监利长江系四大家鱼原种场	湖北省监利县尺八镇	2000
湖北石首长江系四大家鱼原种场	湖北省石首市大垸镇	2000
江苏吴江四大家鱼原种场	江苏省苏州市吴江区平望镇庙头村	2010
陕西新民四大家鱼原种场	陕西省渭南市朝阳大街中段 30 号	2011
河北任丘四大家鱼良种场	河北省任丘市鄚州枣林庄大闸南	2003
内蒙通辽四大家鱼良种场	内蒙古自治区通辽市双泡子电厂厂区南侧电厂邮局转旱繁场	2007

除了原种场外,还有国家级良种场和省级良种场,保存有草鱼的国家级良种场 2 个(表 2-1),另外还有 20 多家省级保存有草鱼的良种场(表 2-2)。这些良种场承担着各省草鱼良种繁育、良种生产和推广的任务,已经在草鱼养殖产业中发挥了重要作用。

表 2-2 部分省级草鱼良种场

名　　称	地　　址	挂牌时间
滁州市南谯区长江水产良种繁育场	安徽省滁州市琅琊区城郊社区	2011
天长市秦栏水产良种场	安徽省天长市秦栏镇东郊牧马湖开发区	2009
滁州市福家水产养殖有限公司	安徽省滁州市乌衣镇大同圩村内	2011
全椒县现代水产良种场	安徽省全椒县六镇镇赵店水库	1999
望江县武昌湖特种水产良种场	安徽省望江县高士镇武昌湖畔	2001
枞阳县白荡湖水产良种场	安徽省铜陵市枞阳县藕山镇沿湖村	2001
安庆市石塘湖渔业有限责任公司	安徽省安庆市民航机场东侧	2001
池州市秋浦特种水产开发有限公司	安徽省池州市贵池区涓桥镇联合村	2001
安徽省怀远县荆山湖水产良种场	安徽省怀远县荆山镇西郊	2000
国营凤台县鱼苗场	安徽省凤台县经济开发区芦塘社区	2001
淮南市焦岗湖水产旅游开发有限公司	安徽省淮南市毛集实验区焦岗湖景区	2007
无为县小老海长江特种水产有限公司	安徽省芜湖市无为县高沟镇群英村	2009
无为县水产养殖场	安徽省芜湖市无为县城东大荒田	1999
颍上县八里河四大家鱼苗种繁育场	安徽省阜阳市颍上县八里河镇南湖公园东侧	2011
铜陵市水产良种场	安徽省铜陵市东湖	2004
台安县新开河镇渔场	辽宁省鞍山市台安县新开河镇新开河村	2009
苏州市未来水产养殖场	江苏省苏州市相城区北桥镇漕湖场	2011
宁河区换新水产良种场	天津市宁河区芦台镇火车站南 500 米	2002
梅河口市共安水产良种场	辽宁省梅河口市湾龙乡共安村	1978
东港市长山镇渔业良种场	辽宁省丹东东港市长山镇七股顶村	2012
重庆市江津区渔种站	重庆市江津区李市镇牌坊村四社	2010
永川区水花鱼养殖专业合作社	重庆市永川区卫星湖街道大竹溪寒婆沟	2010
重庆市大洪湖水产有限公司	重庆市长寿区洪湖镇正街 135 号	2013

续　表

名　　　称	地　　　址	挂牌时间
上海市崇明区东平森林生态保护中心	上海市崇明区东平林场	1999
上海望新水产良种场	上海市嘉定区墨玉北路 1885 号	2001
广西灵山桂东四大家鱼良种场	广西壮族自治区钦州市灵山县佛子镇元眼村委会石屋麓	
佛山市百容水产省级草鱼良种场	广东省佛山市南海区丹灶镇下安村	2010
始兴省级草鱼良种场	广东省韶关市始兴县城南镇杨公岭村沙坪	2012

三、种质资源收集

（一）活体收集

为了更加广泛系统地收集种质资源,种质资源收集应遵循以下几个原则:① 收集前必须经过广泛的调查研究,有计划、有步骤、分期、分批地进行,做到收集的全面性;② 尽可能保持所收集的材料充分代表该种质资源的遗传变异程度;③ 收集的范围应该由近及远,根据需要先后进行;④ 收集的种质资源应该注意检疫,做好登记,具有正常的生活力。

由于草鱼性成熟周期长,截至 2019 年仍然没有经过全国水产原良种委员会审定的草鱼新品种。实际上,种质创制工作就是按照人类的意图对多种多样的不同来源的种质资源进行各种形式的选择、改良创新、评价与利用。一个种质创制研究工作者拥有种质资源的数量与质量是直接决定其优良种质筛选及创制成效的关键。首先我们广泛地收集草鱼种质资源,特别是野生群体。草鱼野生群体主要分布于我国长江、珠江和黑龙江三大水系,尤其是长江与珠江一直是我国草鱼苗种和繁殖群体的发源地,三水系之间由于相互的地理隔离而自繁自育,形成了不同的草鱼种群。但目前三个水系的天然资源衰退比较严重,如作为草鱼自然分布区北界的黑龙江已经很少能捕捞到草鱼,所以考虑先从已建立的国家级原种场开始收集草鱼原种,其次是已建立的国家级、省级良种场。通过广泛了解和实地考察,我们先后从长江水系收集了 6 个群体,包括从 4 个国家级四大家鱼原种场收集的邗江群体、吴江群体、石首群体、瑞昌群体,从长江重庆段巴南捕捞到的木洞野生群体,从长江重庆段万州捕捞到的万州野生群体。此外还从珠江水系收集了 1 个野生群体为中国水产科学研究院珠江水产研究所收集的肇庆野生群体,还收集了 1 个养殖群体,为广东省始兴省级草鱼良种场收集的始兴养殖群体。黑龙江水系收集了 1 个群体野生种质资源,这个群体是从吉林省梅河口市共安水产良种场收集的嫩江野生群体。除了我国,俄罗斯也有草鱼的自然分布,我们从重庆收集到来自俄罗斯的 1 个金色草鱼群体。

（二）组织收集

除了野生草鱼种质资源蕴含极其丰富的遗传变异外,养殖群体以及移植到其他国家的草鱼种质资源经过长期的自然选择和人工选择,也都积累了丰富的遗传变异,蕴藏着控制各种性状的基因。对于移植到国外的草鱼种质资源,由于个体大、保存难度大等原因,活体保存数量受到极大限制。我们努力收集保存了 6 个国外草鱼养殖群体(新加坡、马来西亚、尼泊尔、印度、越南、俄罗斯)的种质资源的样本。

第三节　草鱼种质资源保存

草鱼种质资源保存分为活体和样本两种形式,活体可对生物资源进行有效保护并作为种质鉴定与创制基础群体,样本是基因组资源挖掘的前提。活体形式是保存草鱼种质资源最优也是最难的保存方式,保存草鱼鲜活的雌雄个体就意味着保存了草鱼的全部。样本是指保存标本、组织器官等。标本可以用于传统的形态学鉴定;组织器官可以借助冷冻保存法,有效防止 DNA 和 RNA 的降解,也是后基因组时代公认的高质量样品保存方法。

一、活体种质资源库

20 世纪 80 年代,我国开展了对主要养殖对象建立鱼类基因库的工作。与植物、畜禽类相比,鱼类种类多、精卵保存技术成本高及不够成熟等原因,使得建立像植物种子那样的种子库,或是畜禽类的精卵库,困难且耗资过大,难以管理。因此,把少量个体蓄养在池塘等小水体中,建立活体种质资源库就成了目前人力物力及技术上比较可行的办法。

目前我们已收集到 12 600 余尾活体种质资源,通过传代繁育及遗传特性研究,在苏州市申航生态科技发展股份有限公司、上海海洋大学、杭州市农业科学研究院水产研究所进行传代保种,现已保存 5 万余尾亲本及后备亲本,建立了草鱼活体种质资源库,后续我们还计划与安徽合作进行草鱼种质资源的研究工作,拓宽草鱼活体种质资源保存范围,实现长三角协同创新、联动发展。随着种质资源研究的深入及新种质的产生,我们将不断完善草鱼种质资源库,这些种质资源可以为草鱼种质评价与创新提供丰富的育种材料。

对于收集到的活体种质资源,我们进行了及时整理。首先我们将部分重要的种质资源草鱼个体在其背部注射一个 PIT(passive integrated transponder)电子标记,用于草鱼个体识别。其次,还根据种质资源的来源及主要经济性状参数等相关信息建立详细的种质资源档案,以便查询。

二、组织种质资源库

鱼类的每个组织都包含了个体发育的全部遗传信息,采集草鱼鳍条组织可以在保存活体草鱼的同时获取草鱼遗传信息,所以选择了剪取草鱼的鳍条组织,用无水乙醇进行固定后放置于专门用于样本保存的−20℃冰箱中。建立快速提取草鱼鳍条组织 DNA 技术,对所有样本提取的 DNA 进行长期保存,保存 10 年的 DNA 样本仍然具有完整的 DNA 质量。上海海洋大学建立的草鱼 DNA 种质资源库,不仅可以长期保存草鱼丰富的遗传资源,还可以有目的性的获得草鱼特定的目的基因。通过 DNA 保存,可以大大缩小活体种质资源保存的空间,节省财力、物力和劳力。

第三章　草鱼种质资源养殖性能评价

草鱼种质资源养殖性能的优劣直接关系到草鱼养殖业的经济效益。系统、科学、准确的养殖性能评价是草鱼产业发展的可靠基础,是实现草鱼产业高质量发展的先行工作。通过对生长性能、抗病性能和形态特征等养殖性能指标进行系统评价,可以深入了解草鱼种质资源特征,为科学利用和创制优质草鱼种质资源提供依据。

第一节　草鱼生长性能评价

生长性能评价是草鱼种质创制过程中最重要的工作,主要包括增重、增长、形体系数等指标,通过这些指标可以有效反应生长状况,创制高产优质草鱼种质资源,是推动整个草鱼产业向生态型发展的源动力。

一、不同群体间生长性能评价

(一) 不同水系间生长性能比较

进行生长性能评价的方法包括很多,比如小网箱养殖、异地养殖,但是均受环境影响较大。1949 年开始,在对突吻红点鲑等鱼类的研究中发现剪鳍对生长没有显著影响,1973 年苏联利用剪鳍法标记鲤 105 尾进行实验,国内最早于 1977 年在山东淡水研究所进行的鲤生长性能比较研究。为消除不同环境条件对生长的影响,我们通过混养在同一池塘中进行生长对比实验。为区分同塘不同群体,我们也主要使用剪鳍进行标记。1983 年,美国在大西洋鲑上开始评估 PIT 标签的使用潜力。鉴于 PIT 标签的大小和注射使用方式,我们对同一池塘中进行生长对比实验的草鱼,前期使用剪鳍标记,后期使用 PIT 标签以消除不同环境条件对生长的影响。

李思发等于 1983 年至 1987 年对长江、珠江、黑龙江水系野生草鱼种群同时进行平行比较分析。研究发现长江、珠江、黑龙江水系的草鱼种群资源最为丰富,在我国淡水渔业上的重大经济价值是其他大江河无可比拟的。珠江和长江水系草鱼产卵群体均由 3~6 龄组成,其中 4~5 龄占多数;黑龙江水系草鱼产卵群体是由 7~12 龄组成。生活在不同水系中的群体无论是从体长、体重还是生长速度来看均有显著差异,规律是长江种群>珠江种群>黑龙江种群。同时发现长江水系虽然适宜生长温度只有 8 个月,比珠江水系少 2 个月,但是长江水系浮游生物更加丰富,因此,生长速度优于珠江水系。

李思发等在 1984 年对长江水系野生草鱼和人工繁殖草鱼的生长特点进行比较研究,发现鱼种和成鱼阶段的生长速度呈现不同特征。在鱼种阶段(经过 122 d 饲养),长江野生草鱼体长的平均增长略低于人工繁殖草鱼,体重的平均日增长略高于人工繁殖草鱼。在成鱼阶段(经过 153 d 的饲养),长江野生草鱼的体长、体重增长速率均超过人工繁殖草鱼。

我们为获取生长性能最优的地理群体,对长江水系(邗江、吴江、九江、石首、巴南、万州)和珠江水系(肇庆)、黑龙江水系(梅河口)的 8 个野生群体子一代进行 1~3 龄阶段生长对比试验,长江水系邗江群体生长速度 1~3 龄阶段明显高于其他群体。将邗江群体和吴江当地的养殖群体进行生长性能对比分析,发现邗江群体比养殖群体的绝对增重率在 1~3 龄平均快 12.8%(表 3-1)。

表 3-1 邗江群体与养殖群体不同年龄生长性能对比

群体	绝对增重率/(g/d)			绝对增长率/(mm/d)		
	1 龄	2 龄	3 龄	1 龄	2 龄	3 龄
邗江	0.654 0.046a	7.836 0.659a	8.530 0.752a	1.423 0.063a	1.692 0.043a	1.313 0.113a
养殖	0.568 0.054c	7.040 0.836c	7.602 0.895d	1.276 0.092c	1.538 0.087	1.186 0.083c

(二) 长江水系不同地理群体间杂交后代生长性能比较

对长江中下游(邗江、吴江、九江)3 个群体草鱼亲本开展了双列杂交试验,比较 9 个组合间生长性能差异。9 个组合采用母本群体首字母加父本群体首字母来命名(表 3-2)。4 个繁殖组的鱼苗进行分池培育,对存活的 2 231 尾 18 月龄个体进行生长性能测量和采样。

表 3-2 草鱼不同群体间的交配组合

母本 ＼ 父本	邗江 HJ	九江 JJ	吴江 WJ
邗江 HJ	H×H	H×J	H×W
九江 JJ	J×H	J×J	J×W
吴江 WJ	W×H	W×J	W×W

交配组合、池塘效应及互作效应对生长性状的影响均达到极显著水平($P<0.01$),对体重和体长的相关指数 r^2 分别为 0.231($P<0.01$)和 0.265($P<0.01$)(表 3-3)。对 9 个交配组合进行描述性统计及多重比较分析,结果如表 3-4 所示,W×J 组合后代具有显著的超亲杂交优势($P<0.05$);邗江(H×H)组合后代的生长优势显著高于九江(J×J)和吴江(W×W)组合后代($P<0.05$)。

表 3 – 3　交配组合及池塘效应对生长性状的线性模型分析

性　状	变异来源	平方和	自由度	均　方	F 检验值	显著性（Sig.）
体重	交配组合	11.35	8	1.42	5.65	0.000
	池塘	49.39	3	16.46	65.60	0.000
	交配组合×池塘	54.55	15	3.64	14.49	0.000
	误差	553.04	2 204	0.25		
	总和	2 358.62	2 231			
	$r^2 = 0.231$　$P<0.01$					
体长	交配组合	1 899.30	8	237.41	5.20	0.000
	池塘	12 206.83	3	4 068.95	89.14	0.000
	交配组合×池塘	9 128.57	15	608.57	13.33	0.000
	误差	100 605.26	2 204	45.65		
	总和	2 477 886.39	2 231			
	$r^2 = 0.265$　$P<0.01$					

表 3 – 4　不同交配组合后代的生长性状描述性统计及多重比较（Duncan 法）

	交配组合	个　数	平均值	标准差	多重比较
体重/g	W×J	131	1 196.20	505.72	a
	H×H	330	986.82	534.74	b
	J×H	259	887.64	553.34	bc
	H×J	78	876.92	469.85	bc
	H×W	185	835.19	593.73	cd
	J×J	94	804.79	536.87	cd
	W×H	622	803.34	625.76	cd
	W×W	332	768.52	519.16	cd
	J×W	200	733.55	466.71	d
体长/cm	W×J	131	37.36	6.00	a
	H×H	330	34.12	7.04	b
	H×J	78	33.05	6.47	bc
	H×W	185	32.58	7.46	bcd
	J×H	259	32.40	7.31	bcd
	J×J	94	32.08	7.57	cd
	W×W	332	31.59	7.37	cd
	W×H	622	31.20	8.90	d
	J×W	200	31.06	7.27	d

注：各性状同列多重比较，具有相同字母表示差异不显著（$P>0.05$）

二、筛选群体生长性能分析

2007～2008 年上海海洋大学草鱼种质资源与创新利用研究团队选用 4 个长江水系野生群体（邗江、九江、石首、吴江）构建长江水系基础群体。2010 年从长江水系基础群体挑选 88 尾采用定向交配和随机交配（个体间遗传距离设计）繁育第一代筛选群体（以下简称 F1 代)。2016 年 5 月,按照育种值高低,从第一代筛选群体中挑选 103 尾成熟亲本进行第二代筛选群体(以下简称 F2 代)繁育。

(一) 筛选群体各生长时期比较与生长方程的拟合

在整个 450 日龄生长阶段,F1 代和 F2 代群体体重都有显著性的差异(除 30 日龄),具体表现为 F2 代群体的体重显著高于 F1 代群体。

将 F1 代和 F2 代的体重(W)与饲养天数(t)进行线性回归(y=ax+b)分析,得到生长曲线的回归方程分别是:$y=0.39x-26.91$,$r^2=0.85$,$r=0.94$;$y=0.43x-29.29$,$r^2=0.87$,$r=0.93$。草鱼 F1 代和 F2 代群体生长曲线回归方程的判定系数(coefficient of determination)r^2 分别为 0.85 和 0.87。当 $df=6$ 时,$r>r_{0.01}=0.83$,此方程相应相关系数 r 分别为 0.94 和 0.93,说明其相关性极显著,方程拟合良好。F1 和 F2 代群体线性回归方程的斜率(a 值)分别为 0.39 和 0.43,F2 代群体的斜率(a 值)比 F1 代群体高,反映出 F2 代群体的日增重比 F1 代大。

(二) 选育群体生长速度分析

对 F2 代群体和 F1 代群体在 150 日龄和 450 日龄的瞬时增重率(SGR)、相对增重率(RGR)和绝对增重率(AGR)进行比较,从表 3-5 可以看出,在 150 日龄阶段(养殖桶内养殖),F2 代群体的瞬时增重率(SGR)比 F1 代群体高 0.91%,相对增重率(RGR)比 F1 代群体高 4.92%,绝对增重率(AGR)比 F1 代群体高 14.77%;在 450 日龄阶段(养殖桶内养殖+池塘混养),F2 代群体的瞬时增重率(SGR)比 F1 代群体高 0.36%,相对增重率(RGR)比 F1 代群体高 2.70%,绝对增重率(AGR)比 F1 代群体高 12.38%,以上数据表明,在整个 450 日龄养殖时期内,3 种增重率都表现为 F2 代群体的值高于 F1 代群体。

表 3-5 草鱼 F1、F2 代生长速度比较

群 体	日 龄	瞬时增重率	(F2/F1)/%	相对增重率	(F2/F1)/%	绝对增重率	(F2/F1)/%
F1	150 日龄	4.276	100.912	1.401	104.921	0.149	114.765
F2		4.315		1.470		0.171	
F1	450 日龄	1.778	100.356	4.158	102.696	0.441	112.383
F2		1.784		4.270		0.496	

(三) 两代群体体重变异系数比较

各时间点体重变异系数如表 3-6 所示,从表中可以看出,除 390 日龄外,F2 代群体在各个时间点的体重变异系数均小于 F1 代群体,且总体平均水平降低了 16.54%,以上数据说明 F2 代群体体重相比 F1 代群体更趋于一致,规格更整齐。

表 3-6 草鱼 F1、F2 代体重变异系数比较

	30 日龄	60 日龄	90 日龄	120 日龄	150 日龄	390 日龄	450 日龄	平均值
F1	27.36	31.66	29.82	33.36	34.14	25.97	30.34	30.38
F2	16.38	17.66	27.67	29.94	29.08	28.86	27.87	25.35
(100-F2/F1)/%	40.13	44.22	7.21	10.25	14.82	-11.16	8.12	16.54

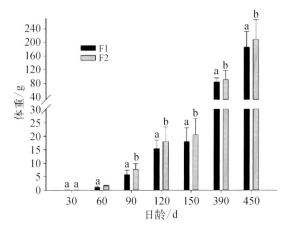

图 3-1　草鱼 F1 代、F2 代各时间点体重比较

生长性能可以直观地显现养殖对象的优劣,因而时常作为评价或比较群体种质特性的标准之一,F2 代选育群体的体重在各个时间点都显著高于 F1 代群体(图 3-1),并且瞬时增重率(SGR)、相对增重率(RGR)和绝对增重率(AGR)三个水平在 150 日龄和 450 日龄也表现为 F2 代选育群体高于 F1 代群体(表 3-4)。为严格控制不同群体遗传差异以外的变量,在前期采用养殖桶养殖的方式以保证养殖环境理化水平的大致相同,后期采用对不同的群体注射 PIT 标记和并塘养殖的方式,对养殖环境变量进行控制,并且在养殖过程中严格控制养殖密度和饵料的投放等其他变量,以确保实验结果的差异基本上是由于不同群体的遗传基因差异所造成的。经过 1 代选择育种后得到的 F2 代群体,其生长速度高于 F1 代群体。F2 代群体的变异系数在各个时间点均小于 F1 代群体,且 F2 代群体的体重平均变异系数相比 F1 代群体降低了 16.54%,可见在经过 1 代选择育种之后,其群体的体重变异系数有所下降,F2 代群体相比 F1 代,其生长更趋于一致,反映出人工定向种质创制使群体的基因逐渐纯和。

第二节　草鱼抗病性能评价

草鱼深受病毒、细菌、真菌、寄生虫等病害的威胁,从鱼苗至成鱼,成活率较低。抗病性能分析评价是解决病害问题的基础。草鱼抗病性能研究进展较为缓慢,不仅受到种质的影响,也受到养殖密度和环境等因素的影响。

一、抗病性能分析方法

当草鱼受到外界因子的影响而发生生理或病理变化时,会在血液指标中反映出来。因而,血液指标可以用来评价草鱼的健康情况、营养情况及对环境的适应情况,是重要的生理、病理和毒理学指标。2014 年,肖调义等对草鱼呼肠孤病毒(grass carp reovirus, GCRV)抗性草鱼进行血液生理生化指标分析时发现抗性选育父本的血清总抗氧化能力和过氧化氢酶均极显著高于普通草鱼父本,说明受 GCRV 感染后存活的草鱼具有更强的抗氧化应激能力。血液指标分析发现抗性选育父本的血清 SOD 和溶菌酶活力及免疫球蛋白 M(IgM)、α-干扰素(IFN-α)含量均高于普通草鱼父本。

为降低草鱼对外界的感知能力,抑制应激反应,我们使用麻醉剂(MS-222)麻醉草鱼,使用经 1% 肝素钠溶液润洗过的一次性无菌注射器,经尾静脉缓慢抽取血液。血液分为两份,一份用于血液学分析,另一份用于血清学分析,血样保存于 4℃ 条件下,过夜,次日将血样于 3 000 r/min 离心 5 min,分离上层血清并保存在-80℃低温冰箱中。

血样中红细胞计数(RBC)、白细胞计数(WBC)主要采用血细胞计数板计数法。取抗凝全血20 μL 与4 mL Natt - Herricks 缓冲液混匀,取 10 μL 充入血细胞计数板中央计数池中,静置2~3 min 后在光学显微镜下计数。计数池四周四个大方格为白细胞计数区,中央大方格内四周及中间的五个中方格为红细胞计数区,方格边缘压线细胞的计数规则遵循数左不数右、数上不数下的原则。白细胞分类计数(DLC)根据 Sirimanapong 等的方法制作血涂片,经瑞氏染色后的血涂片在显微镜随机不同视野下计数 200 个白细胞,统计各类型白细胞比例(单核细胞、嗜中性粒细胞、血小板和淋巴细胞)。

草鱼血清酶学指标主要测定草鱼血清谷丙转氨酶、谷草转氨酶、溶菌酶、过氧化物酶活性,定量草鱼血清免疫球蛋白 M,补体 C3、C4。

二、健康个体血液指标

实验草鱼外观未有明显患病症状,各组织器官(鳃、肝、肾和肠道)表面未发现有明显损伤。草鱼血液红细胞计数值为(1.28 ± 0.064)× 10^9 cell/mL,白细胞计数值为(1.57 ± 0.037)× 10^8 cell/mL。红细胞比容为(30.9 ± 10.2)%,平均红细胞容积为(365.4 ± 332.61)fl(表 3-7)。白细胞分类计数结果显示淋巴细胞和血小板在血液中百分比较高,而单核细胞百分比最低(图 3-2)。此外,在镜检过程中发现尚不足 1%的嗜酸性粒细胞。血清学测定结果见表 3-8。

表 3-7　草鱼血液学参数

	RBC/(cell/mL)	WBC/(cell/mL)	HCT/%	MCV/fl
平均值	$1.28×10^9$	$1.57×10^8$	30.9	365.40
标准差	$0.64×10^8$	$0.37×10^7$	10.2	332.61
数　量	30	30	30	30

RBC:红细胞计数;WBC:白细胞计数;HCT:红细胞比容;MCV:平均红细胞容积

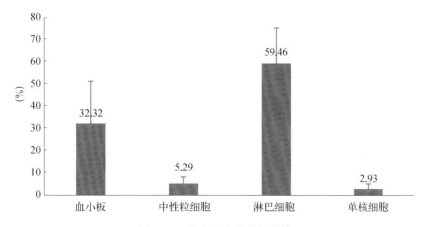

图 3-2　草鱼血液分类计数值

表 3-8　草鱼免疫酶学测定

	ALT/(U/L)	AST/(U/L)	LYZ/(U/mL)	POD/(U/mL)	C3/(ug/mL)	C4/(ug/mL)	IgM/(mg/mL)
平均值	2.38	3.72	42.56	15.87	110.28	163.54	1.36
标准差	1.10	1.25	12.14	4.60	38.43	29.22	0.37
数　量	28	28	28	28	28	28	28

ALT：谷丙转氨酶；AST：谷草转氨酶；LYZ：溶菌酶；POD：过氧化物酶；C3：血清补体 C3；C4：血清补体 C4；IgM：免疫球蛋白 M

三、感染个体血液指标变化

细菌性败血症是草鱼养殖中流行地域和季节最广、造成损失最大的一种急性传染病，嗜水气单胞菌是引发草鱼细菌性败血症的主要病原菌。我们对 40 尾草鱼经尾静脉注射 100 μL 半致死浓度(median lethal concentration, LC50)为 10^7 CFU/mL 的嗜水气单胞菌菌液。40 尾鱼作为空白对照组每尾注射 100 μL PBS 溶液。实验开始后分别于第 0、1、3、7、14、21 d 6 个时间点取样测定，每个时间点各取 3 尾鱼分析。每尾鱼经尾静脉取血，进行血液学和血清学分析。

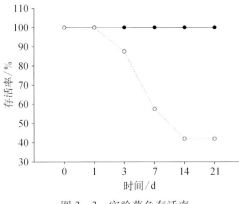

图 3-3　实验草鱼存活率
黑色圆点代表对照组，白色圆点代表实验组

（一）感染存活率

对照组和实验组鱼的存活率随感染天数的递增变化趋势明显不同，对照组草鱼由于个体健康，无疾病感染，存活率为 100%；而实验组存活率自第 1 d 起出现下降，至第 14~21 d 死亡数不再增加，存活率为 40%（图 3-3）。

（二）血液学检测

血液学分析结果显示，在草鱼感染嗜水气单胞菌后 0~21 d，红细胞计数、红细胞比容和平均红细胞容积与对照组相比无显著性差异（图 3-4），但在实验组的感染过程中，发现存在红细胞破碎、胞内物质流出的现象。

实验组白细胞计数在感染后的第 7、14 和 21 d 高于对照组，差异显著。

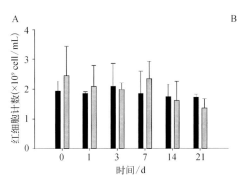

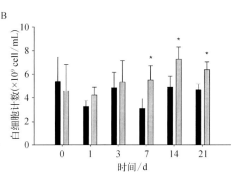

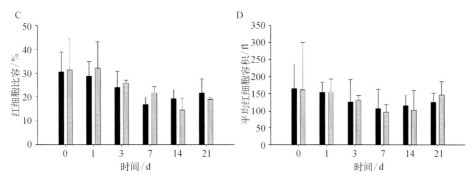

图 3-4　血液学分析

A. 红细胞计数；B. 白细胞计数；C. 红细胞比容；D. 平均红细胞容积；* 代表差异显著（$P<0.05$），
* * 代表差异极显著（$P<0.01$）（黑色柱代表对照组，白色柱代表实验组）

白细胞分类计数结果见图 3-5。实验组草鱼血液单核细胞比例在感染嗜水气单胞菌后第 1 和第 7 d 显著高于对照组，其余时间点均与对照组无差异；实验组草鱼嗜中性粒细胞比例显著高于对照组；血小板比例在感染后期（14~21 d）发生显著变化，趋势为先升高后降低，与对照组相比差异极显著；淋巴细胞比例变化与血小板则相反，实验组与对照组相比淋巴细胞比例在感染后 14~21 d 先降低后升高，差异显著。

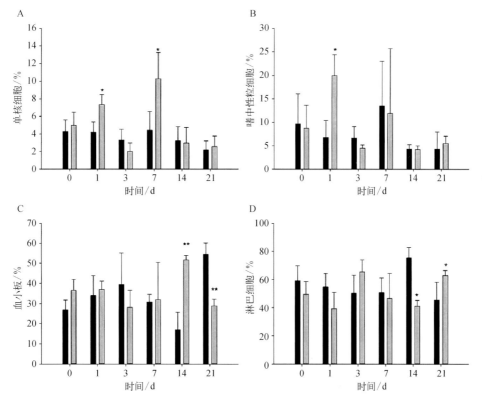

图 3-5　血液分类计数

A. 单核细胞；B. 嗜中性粒细胞；C. 血小板；D. 淋巴细胞；* 代表差异显著（$P<0.05$），* * 代表差异极显著（$P<0.01$）

草鱼血液细胞中红细胞占主要比例,白细胞数量较少。红细胞成椭圆形,少数为纺锤形、圆形等;细胞核一般位于细胞中央,细胞核染成紫色,细胞质染色较浅,显微镜下可见红细胞膜为双层结构。单核细胞体积较大,细胞核偏位,一般约占整个细胞的 1/2 及以上,染色为深紫色。嗜中性粒细胞细胞核偏位,常分为一叶或双叶,占细胞体积不足 1/2。血栓细胞呈长条形,少数为纺锤形、椭圆形;体积较红细胞小,细胞被染成深色,血液中常单个或集群分布。淋巴细胞常为圆形,少数为椭圆形;细胞核占细胞质中的绝大部分,染成深紫色。

（三）血清学检测

血浆总蛋白测定显示(图 3-6),在 0~7 d,实验组草鱼血浆总蛋白量在第 1 d 时最高,与对照组相比差异显著;感染第 3 d 稍有下降,但与对照组相比差异极显著,此后第 7 d 及以后草鱼血浆总蛋白含量趋于平稳,差异均不显著。溶菌酶活性在草鱼感染嗜水气单胞菌后第 3 d 显著上升,随后 4 d 含量下降至最低,与对照组相比差异极显著;第 14~21 d 无显著性差异。实验组草鱼血浆过氧化物酶活性在感染第 1 d 时与对照组相比显著降低,其余时间点与对照组相比无显著性差异。免疫球蛋白 M 在草鱼感染后 0~7 d 呈上升趋势,第 7 d 达到最高,与对照组差异显著,之后 14 d 迅速降低与对照组水平差异不大。实验组草鱼血清总补体量在感染后 0~3 d 有上升趋势,之后 3~14 d 逐渐降低,但差异不显著,直至感染第 21 d 突然出现显著上升。

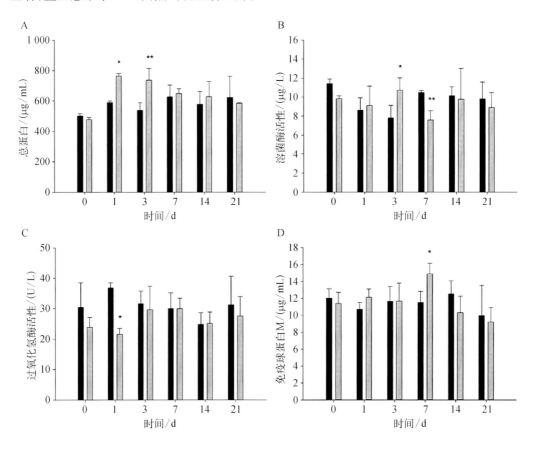

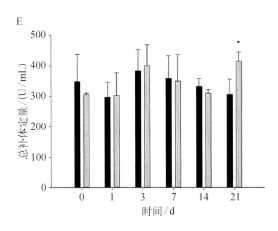

图 3 - 6　草鱼血浆蛋白定量及酶活性测定

A. 总蛋白(μg/mL);B. 溶菌酶活性(μg/L);C. 过氧化物酶活性(U/L);D. 免疫球蛋白 M(μg/mL);
E. 总补体定量(U/mL);* 代表差异显著(0.01<P<0.05), * * 代表差异极显著(P<0.01)

　　结果显示草鱼对嗜水气单胞菌的感染在第 1~3 d 和第 7~21 d 出现强烈免疫反应。免疫球蛋白 M 的上升则标志后天免疫开始发挥作用,表明感染第 3~7 d 为发病高峰期。

第三节　草鱼形态学特征评价

　　鱼类形态特征主要取决于遗传特性,是最直观的种质表现之一,同时也受环境因素影响。形态特征评价具有简便、易行、快速等特点,是草鱼种质资源遗传多样性研究中最传统、最常用的方法,鱼类体重、体长、体高等可量性状既是最基本的测量指标(判别鱼类生长情况的主要指标),也可有效鉴别草鱼种群。

一、形态性状用于种群鉴定

　　草鱼形态特征通常分为可数性状和可量性状,可数性状有侧线鳞数、侧线上鳞数、侧线下鳞数、鳍条数、鳃耙数、脊椎骨数及咽齿数等。可量性状包括 26 个形态参数,有 7 个可量性状和 19 个框架参数,可量性状包括全长(TL)、体长(SL)、体高(BD)、体宽(BW)、头长(HL)、吻长(SnL)及眼径(ED);图 3 - 7 的 9 个框架测量坐标点构成 19 个框架参数。
　　李思发对长江湖口江段、珠江肇庆江段、黑龙江抚远江段草鱼形态差异进行了分析,测量了 10 个形态特征参数,不同水系这 10 个形态特征总体水平上存在极显著差异(P<0.01)。在种群判别上贡献最大的单项形态特征是体长/体高。形态距离与纬度距离呈明显的正相关关系(r=0.84),有力证明了不同水系草鱼是地理上隔离的、遗传性能上互有差别的孟德尔繁育群体。对长江不同江段的草鱼形态学研究发现,都是属于同一自然种群的长江原种。
　　在鱼类形态差异判别上,将可量性状参数和框架结构参数结合的多元分析方法可以取得良好的效果。除此以外,聚类分析具有较直观地分析出分类对象的差异和联系的效果,判别分析利用判别函数和相应的测量指标可将任一待判样本判入其中一个群体,主成分分析能概括不同群体间的形态差异。图 3-7 是李思发等记录的框架测量坐标点。经过详细的外形观察记录,将草鱼主要外观统计如表 3-9。

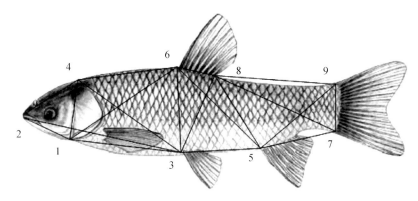

图 3-7　草鱼框架测量

1. 下颌骨最后端;2. 吻最前端;3. 腹鳍起点;4. 额部有鳞片最前端;5. 臀鳍起点;
6. 背鳍起点;7. 尾鳍腹部起点;8. 背鳍末端;9. 尾鳍背部起点

表 3-9　草鱼主要外观统计

体　型	体　色	鳞　片　性　状		胸　鳍	头　型	
圆筒型	体茶黄,背部青灰色,腹部银白	鳞圆中大		距离腹鳍基部较远	头中等大,占体长比例不大	
背鳍条数	臀鳍条数	胸鳍条数	腹鳍条数	侧线鳞数	侧线上鳞数	侧线下鳞数
6~7 (6.39±0.50)	7~8 (7.48±0.51)	16~18 (16.91±0.85)	7~8 (7.48±0.51)	37~43 (40.26±1.76)	6~7 (6.57±0.51)	4~5 (4.52±0.51)
体长/全长	头长/全长		体高/全长	体宽/全长		
0.826±0.039	0.222±0.012		0.205±0.012	0.130±0.009		

注: 括号外数值为测量数据的范围,括号内为测量数据的均值加减标准差

(一) 聚类分析

图 3-8 是杂交组合长江(♀)×珠江(♂)、长江组合、珠江组合草鱼可量性状与框架参数基于欧氏距离的聚类分析结果,杂交组合先与珠江组合聚在一起,然后再与长江组合聚在一起,说明杂交组合形态上接近珠江组合草鱼。

(二) 判别分析

对草鱼长江、珠江和杂交 3 个组合(每个组合选取各 30 尾)26 项形态参数(7 个可量性状和 19 个框架参数)进行统计分析,从上述 26 项参数的变量中选出对判别贡献较大的 8 个形态变量(ED、D24、SnL、D38、D12、D58、D16、D46),并进行判别分析建立函数,在判别公式中 8 个变量分别用 V1~V8 表示,3 个组合的判别公式如下:

长江组合:Y1 = 2 516V1 + 4 378V2 + 2 506V3 + 1 280V4 + 833V5 + 1 992V6 + 1 788V7 + 571V8 - 1 189;

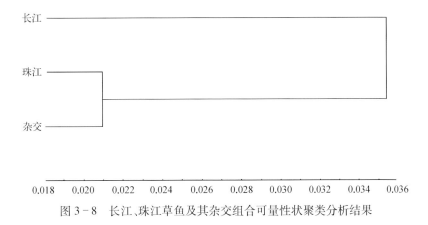

图 3-8 长江、珠江草鱼及其杂交组合可量性状聚类分析结果

珠江组合：Y2 = 2 568V1 + 3 871V2 + 2 625V3 + 1 367V4 + 909V5 + 1 949V6 + 1 713V7 + 617V8-1 206；

杂交组合：Y3 = 2 310V1 + 3 809V2 + 2 553V3 + 1 385V4 + 842V5 + 2 069V6 + 1 732V7 + 637V8-1 200；

通过以上 3 个判别公式可以判别 3 个组合的所属,方法是将可量参数及框架参数的校正值代入以上公式,函数值最大的即为所属。运用草鱼常规可量形态数据和框架参数,进行判别分析,判别结果极显著($P<0.01$),判别准确率 P1 为 86.7%~93.3%,判别准确率 P2 为 82.4%~100%,综合判别率为 90.0%,判别率较高,可见三者之间具有一定的形态差异(表 3-10)。为了简化判别函数并提高判别的实用性,从所有形态参数中选择 8 个贡献率较大的形态变量用于建立三者的判别函数,通过判别函数,我们可以比较简便地将三者大致判别区分,这对今后杂交组合的进一步研究和实际生产具有一定的应用价值。

表 3-10 长江、珠江草鱼及其杂交组合可量性状与框架参数判别结果

组 别	长 江	珠 江	杂 交	判别准确率		综合判别率/%
				P₁/%	P₂/%	
长江(30)	26	1	3	86.7	100	
珠江(30)	0	27	3	90.0	90.0	90.0
杂交(30)	0	2	28	93.3	82.4	
合 计	26	30	34			
%	28.9	33.4	37.8			

（三）主成分分析

对草鱼长江、珠江和杂交 3 个组合的可量性状和框架数据进行方差分析,选择差异极显著($P<0.01$)的 12 个形态参数进行主成分分析,提取 4 个主成分,解释形态变异的贡献率为 57.54%,贡献率较低。利用提取的 4 个主成分作图,其中第 3 主成分对第 1 主成分的散点图较好,但三者存在重叠区域,尤其是杂交组合和珠江组合的重叠更为明显(图 3-9)。

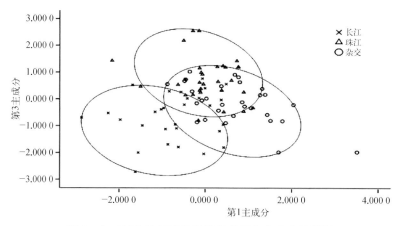

图 3 - 9　长江、珠江草鱼及其杂交组合主成分分析图

二、形态性状与生长性能相关性

（一）形态测量

2013 年 5 月,我们在苏州市申航生态科技发展股份有限公司利用长江水系同一批的47 尾草鱼进行繁殖、孵化获得草鱼苗种,饲养在同一池塘(2 000 m²)。分别于 2013 年 7月、9 月、11 月和 2014 年 5 月随机抽取部分草鱼测量生长数据,其中 2 月龄草鱼 481 尾,4月龄草鱼 619 尾,6 月龄草鱼 490 尾,12 月龄草鱼 451 尾。

对这些草鱼进行体重(y)、体长(x_1)、体高(x_2)、体宽(x_3)四个性状的测量。体重用电子天平进行称量,精确度为 0.1 g,称量体重前用干毛巾将体表水分擦干,将草鱼头部遮盖防止测量时跳动。体长、体高、体宽用游标卡尺进行测量,精确度为 0.02 mm。

各形态性状测定数据均利用 SPSS 19.0 进行数据分析,对形态性状进行统计描述、相关分析和通径分析,计算变异系数、相关系数、决定系数等,以体重为因变量建立多元回归方程。对体重数据进行非参数检验,K - S 检验结果均大于 0.05,符合正态分布可以进行统计分析。

（二）生长性状测量

如表 3 - 11 所示,各月龄体重的变异系数均大于其他形态性状,其他各性状相对于体重的离散程度较低且平稳。如图 3 - 10 所示,体重和体长的增长具有相似的趋势,呈现明显增长,而其他性状的增长不明显。其中 6 月龄到 12 月龄的体重的增长率最低为7.90%,4 月龄到 6 月龄体重的增长率为 100.10%,2 月龄到 4 月龄体重的增长率最高为224.90%,其他性状的增长率均低于体重。

表 3 - 11　不同月龄草鱼 4 个形态与体重性状的表型统计

性　状	2 月龄			4 月龄			6 月龄			12 月龄		
	平均数	标准差	变异系数	平均数	标准差	变异系数	平均数	标准差	变异系数	平均数	标准差	变异系数
体长/cm	5.97	0.40	0.07	8.83	0.78	0.09	11.18	0.91	0.08	11.84	0.90	0.08
体高/cm	1.51	0.11	0.07	2.06	0.32	0.16	2.63	0.22	0.08	2.63	0.25	0.10
体宽/cm	0.92	0.09	0.10	1.35	0.15	0.11	1.62	0.15	0.09	1.70	0.19	0.11
体重/g	4.25	0.68	0.16	13.81	3.63	0.26	27.64	6.06	0.22	29.83	5.73	0.19

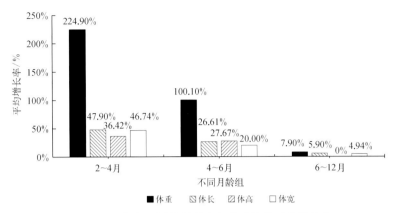

图 3－10　草鱼不同月龄形态与体重性状平均增长率

（三）形态性状与生长性状相关性分析

草鱼不同月龄各性状间的相关系数分析结果见表 3－12。各月龄群体形态性状之间均为极显著相关（$P<0.01$）。2 月龄的体长、体高、体宽与体重的相关系数均为各月龄观测性状中最小的，分别为 0.613、0.626、0.531；在 4 月龄时体长与体重的相关系数最大为 0.970，体宽与体重的相关系数次之为 0.888，体高与体重的相关系数最小为 0.520；6 月龄时体高与体重的相关系数最大为 0.855，体长与体重的相关系数最小为 0.784；12 月龄各性状与体重之间的相关系数则是体长>体高>体宽，分别为 0.928、0.827、0.820。在草鱼生长的不同时期各形态性状与体重均呈极显著相关。

表 3－12　不同月龄草鱼形态与体重性状间的相关系数

性状	2 月龄			4 月龄			6 月龄			12 月龄		
	体长	体高	体宽	体长	体高	体宽	体长	体高	体宽	体长	体高	体宽
体长	1			1			1			1		
体高	0.462**	1		0.496**	1		0.721**	1		0.800**	1	
体宽	0.418**	0.399**	1	0.870**	0.495**	1	0.670**	0.802**	1	0.823**	0.813**	1
体重	0.613**	0.626**	0.531**	0.970**	0.520**	0.888**	0.784**	0.855**	0.797**	0.928**	0.827**	0.820**

注：** 表示差异极显著，$P<0.01$

线性关系显著性检验——F 检验计算结果见表 3－13，各月龄形态性状与体重的线性关系显著性检验值均呈极显著，说明体重与体长、体高和体宽之间存在极显著的线性关系，可以对各月龄的主要形态性状与体重进行通径分析。

表 3－13　不同月龄草鱼形态与体重性状回归方程 F 检验统计量

统计量	2 月龄	4 月龄	6 月龄	12 月龄
$S\tilde{S}_R$	0.567	0.950	0.807	0.881
$S\tilde{S}_r$	0.433	0.050	0.193	0.119
df_R	3	3	3	3
df_r	477	615	486	447
F	208.20**	3 895**	667.38**	1 103.10**

注：** 表示差异极显著，$P<0.01$。$S\tilde{S}_R$：回归平方和，$S\tilde{S}_r$：区组间平房和；df_R：自由度；df_r：区组自由度

如表 3－14 所示各月龄草鱼体长、体高和体宽对体重的直接作用（通径系数）均为极显著（$P<0.01$），2 月龄时各性状对体重的直接作用由大到小的顺序为体高＞体长＞体宽，各性状对体重的间接作用由大到小的顺序为体宽＞体长＞体高；4 月龄时体长对体重的直接作用最大为 0.805，体高对体重的直接作用最小为 0.038，体宽对体重的间接作用最大为 0.719。而 6 月龄时体高对体重的直接作用最大为 0.449，体长次之。12 月龄各性状对体重的直接作用由大到小的顺序为体长＞体高＞体宽，体长的直接作用为 0.702；在各月龄中体宽对体重的直接作用最小，间接作用最大。表明在 2 月龄时对体重影响最大的性状为体高；4 月龄时对体重直接影响最大的性状为体长，体高对体重的直接影响很小；6 月龄以后体高对体重的影响效果在逐渐减小，而体长对体重的直接影响在逐渐变大；12 月龄时对体重的影响作用最大的性状为体长。在不同的生长阶段影响体重的形态性状是不同的，主要以体长和体高对体重的直接作用最大，体宽主要以间接作用影响体重。

表 3－14　各月龄草鱼形态性状对体重的通径分析

年　龄	性　状	相关系数	直接作用	间　接　作　用			
				体　长	体　高	体　宽	总　和
2 月龄	体长	0.613**	0.341**		0.171	0.100	0.272
	体高	0.626**	0.372**	0.157		0.095	0.253
	体宽	0.531**	0.240**	0.142	0.148		0.290
4 月龄	体长	0.970**	0.805**		0.188	0.146	0.334
	体高	0.520**	0.038**	0.399		0.083	0.482
	体宽	0.888**	0.168**	0.700	0.018		0.719
6 月龄	体长	0.784**	0.305**		0.323	0.156	0.479
	体高	0.855**	0.449**	0.219		0.186	0.406
	体宽	0.797**	0.233**	0.204	0.360		0.564
12 月龄	体长	0.928**	0.702**		0.161	0.063	0.224
	体高	0.827**	0.202**	0.561		0.062	0.624
	体宽	0.820**	0.077**	0.577	0.164		0.741

注：** 表示差异极显著，$P<0.01$

计算各月龄形态性状及性状间协同对体重的决定系数如表 3－15。位于各月龄对角线上的数据是单个形态性状对体重的决定系数，非对角线数据为两性状对体重的共同决定系数。2 月龄时各性状对体重的单独决定系数和两性状对体重的共同决定系数都很小，以体高对体重的单独决定系数最大也只有 0.138；4 月龄时体长对体重的单独决定系数最大为 0.648，对体重的决定作用最大，体高对体重的单独决定系数最小仅为 0.001；6 月龄时体长的单独决定系数变小为 0.093，体高的单独决定系数变大为 0.201；12 月龄时体长的单独决定系数变大为 0.493，而体高的单独决定系数仅为 0.041；在各月龄中体长和体高的共同决定系数都比较大分别为 0.117、0.030、0.197、0.227；在 12 月龄时体长和体宽对体重的共同决定系数最大为 0.889；在 4 月龄以后各性状对体重的决定作用发生了变化，在 6 月龄、12 月龄时体高对体重的单独决定系数在逐渐减小。在 12 月龄时，体长和体宽对体重的共同决定系数最大为 0.889。决定程度分析结果与通径分析结果的变化趋势一致。

表 3 - 15 各月龄草鱼形态性状对体重的决定系数

决定系数	2 月龄			4 月龄			6 月龄			12 月龄		
	体长	体高	体宽	体长	体高	体宽	体长	体高	体宽	体长	体高	体宽
体长	0.116	0.117	0.068	0.648	0.030	0.235	0.093	0.197	0.095	0.493	0.227	0.889
体高		0.138	0.071		0.001	0.006		0.201	0.168		0.041	0.025
体宽			0.058			0.028			0.054			0.006

在草鱼一龄前的不同时期体重的增长率存在明显不同,其中 2 月龄到 4 月龄体重的平均增长率为 224.9%,4 月龄到 6 月龄体重的平均增长率为 100.1%,6 月龄到 12 月龄体重的平均增长率为 7.9%,体长与体重存在相似的增长趋势。2 月龄到 4 月龄的平均增长率最大,此时水温在 25~30℃,草鱼摄食活动旺盛因此增长迅速;6 月龄到 12 月龄的增长率最低可能与温度的变化有关。草鱼的生理习性为水温低于 15℃时,停止摄食,6 月龄到 12 月龄这个生长期正处于冬季水温低于 15℃,抑制草鱼摄食使草鱼生长缓慢,因此在草鱼养殖过程中应加强草鱼的越冬管理。分析结果表明各形态性状与体重之间均为极显著的相关性($P<0.01$)。相关分析得出的相关系数仅表明各性状与体重的相关程度,但不能客观地体现各形态性状对体重的影响程度,而通径分析可直接比较原因对结果的效应,根据通径分析结果各月龄形态性状对体重的影响效果不同,2 月龄和 6 月龄草鱼体高对体重的直接作用最大,体长次之;4 月龄和 12 月龄草鱼体长对体重的直接作用最大,而体高对体重的直接作用最小。决定程度分析与通径分析结果一致,草鱼不同生长时期形态性状对体重影响效果存在差异。草鱼一龄前不同生长时期影响体重的形态性状可能与不同时期基因的表达、摄食水平、代谢和环境等相关。

多元回归分析原理中规定只有形态性状与体重之间的偏回归系数达到显著水平以上才允许进行多元回归分析。本研究中对各月龄性状间的偏回归系数显著性检验如表 3 - 16 所示。

一龄前各月龄草鱼 3 个形态性状的偏回归系数显著性检验均为极显著($P<0.01$),各性状均可以被引入回归方程。表 3 - 17 表明通过将形态性状作为自变量逐步引入各月龄的回归方程时相关系数 r 和决定系数 r^2 均在增加,说明所引入作为自变量的形态性状对体重的作用在不断加大。其中 2 月龄各形态性状对体重的调整决定系数最小 $r^2=0.567$,4 月龄各形态性状对体重的调整决定系数最大 $r^2=0.950$,6 月龄、12 月龄各形态性状对体重的修正决定系数分别为 0.807,0.881。r^2 表示利用回归方程进行结果预测的可靠程度,本研究中 4 月龄和 12 月龄的 r^2 均大于 0.85,已有研究表明当 r^2 大于或等于 0.85 时两个变量高度相关,数据显示体长是影响 4 月龄和 12 月龄体重的主要形态性状。

表 3 - 16 各月龄草鱼形态性状对体重的偏回归系数显著性检验

年 龄	性 状	偏回归系数	t 值	显著性
2 月龄	常量	-4.357	-12.508	0.000**
	体长	0.585	9.637	0.000**
	体高	2.285	10.617	0.000**
	体宽	1.796	7.023	0.000**

年　龄	性　状	偏回归系数	t 值	显著性
4 月龄	常量	−25.854	−68.936	0.000**
	体长	3.754	43.712	0.000**
	体高	0.435	3.636	0.000**
	体宽	4.181	9.132	0.000**
6 月龄	常量	−42.832	−27.095	0.000**
	体长	2.025	10.360	0.000**
	体高	12.196	12.298	0.000**
	体宽	9.716	6.838	0.000**
12 月龄	常量	−39.347	−30.997	0.000**
	体长	4.491	22.527	0.000**
	体高	4.550	6.654	0.000**
	体宽	2.381	2.402	0.000**

注：** 表示差异极显著，$P < 0.01$

表 3 – 17　各月龄草鱼形态性状对体重的模型概述结果

模型	2 月龄			4 月龄			6 月龄			12 月龄		
	r	r^2	校正 r^2	r	r^2	校正 r^2	r	r^2	校正 r^2	r	r^2	校正 r^2
1	0.626[a]	0.391	0.390	0.970[a]	0.942	0.942	0.855[a]	0.731	0.731	0.928[a]	0.861	0.860
2	0.725[b]	0.525	0.523	0.974[b]	0.949	0.949	0.889[b]	0.790	0.789	0.938[b]	0.880	0.880
3	0.755[c]	0.569	0.567	0.975[c]	0.951	0.950	0.899[c]	0.808	0.807	0.939[c]	0.882	0.881

注：a. 自变量：体高；b. 自变量：体高,体长；c. 自变量：体高,体长,体宽

分别以各月龄体重（y）为因变量，体长（x_1）、体高（x_2）和体宽（x_3）为自变量建立各月龄的多元回归方程分别为：

2 月龄：$y = -4.357 + 0.585x_1 + 2.285x_2 + 1.796x_3$，调整决定系数为 0.567；

4 月龄：$y = -25.854 + 3.754x_1 + 0.435x_2 + 4.181x_3$，调整决定系数为 0.950；

6 月龄：$y = -42.832 + 2.025x_1 + 12.196x_2 + 9.716x_3$，调整决定系数为 0.807；

12 月龄：$y = -39.347 + 4.491x_1 + 4.550x_2 + 2.381x_3$，调整决定系数为 0.881。

鱼类的主要形态性状对其体重均有不同程度的影响，因此对草鱼体重的直接筛选是否能够取得较大的遗传改进，不仅仅取决于对体重的直接选择，还需要以某些与体重存在显著相关的形态性状作为间接选择。我们得出了草鱼一龄前不同生长阶段体长、体高和体宽与草鱼体重均有显著相关性，同时得出 2 月龄和 6 月龄草鱼体高对体重的直接作用最大，4 月龄和 12 月龄草鱼体长对体重的直接作用最大。

在实际生产中草鱼养殖需要多次分塘，在草鱼夏花和 1 龄前进行分塘筛选可以选择生长性状优良的草鱼继续养殖，淘汰生长差的个体，这时可以利用 4 月龄和 12 月龄草鱼对体重产生影响的主要性状（体长）进行草鱼分塘筛选。

第四章 草鱼分子标记开发

分子标记是草鱼遗传结构评价的基础性工作,利用高质量的分子标记可以高效和高精度地对草鱼种质资源的遗传变异情况进行查看。在草鱼的研究历史中,分子标记的开发经历了蛋白质标记(同工酶)、基于聚合酶链反应的分子标记(随机扩增多态性、微卫星)、基于 DNA 序列的分子标记(线粒体 DNA、插入缺失片段、单核苷酸多态性标记)三个阶段。

第一节 草鱼微卫星标记开发

微卫星是 DNA 分子中的一个片段,以 2~6 bp 的核苷酸序列成首尾相连串联重复均匀地分布在整个基因组中的高度重复序列。微卫星标记根据在基因组上的位置可以分为 1 型和 2 型,1 型微卫星标记是位于基因组外显子区的简单重复序列,又称为表达序列标签微卫星(EST-SSR);2 型微卫星标记是位于基因组内含子区和基因间区的简单重复序列。

基于此,草鱼微卫星开发主要有两种方案:一是通过检索序列数据库获得,二是构建富含微卫星位点的基因组文库,筛选获得微卫星序列,设计特异性引物扩增微卫星位点。

一、开发历史

2001 年,David 第一次利用 47 个鲤鱼微卫星标记,筛选获得 23 个可以对草鱼遗传多样性进行分析的微卫星标记。

2005 年,孙效文团队第一次使用磁珠富集法开发分离草鱼微卫星标记,使用 Sau3A1 酶切草鱼 DNA 构建文库,共获得 130 个微卫星序列,有 83 条序列可以进行引物设计,最终优化成功 30 对微卫星引物用于后续研究。发现双碱基组成微卫星占比为 96.75%,其中,CA 重复序列所占的比例又是 CT 的 7 倍,表明含有 CA 双碱基重复类型的序列是筛选鱼类微卫星位点重点选择的序列。2007 年,孙效文团队采用新型二次筛选方法,将生物素-磁珠吸附微卫星富集法和传统的放射性同位素杂交法相结合构建草鱼基因组微卫星文库。经筛选,获得 10 对微卫星引物可应用于群体遗传多样性研究。2011 年,孙效文团队对三、四核苷酸重复微卫星标记进行了挖掘鉴定,得到 846 个微卫星位点,设计合成 100 对微卫星引物,检测获得 20 对引物用于后续遗传多样性分析。

2007 年,我们第一次在 *Molecular Ecology Notes* 发表草鱼微卫星筛选的研究文章,使用 *Rsa*I 酶切后磁珠富集进行 CA 重复序列微卫星 DNA 文库构建,获得 17 个可进行群体遗传学分析的微卫星序列。2009 年,我们分别建立了磁珠富集文库和头肾 cDNA 文库进行微卫星标记挖掘。建立 CA 和 GA 探针两个磁珠富集文库,从挑选的 2 000 个阳性克隆中获得 510 个多态性微卫星标记;在草鱼头肾 cDNA 文库中获得 5 289 个高质量 EST 序列,挖掘获得 81 个 EST - SSR。随后,这些微卫星标记应用于第一张草鱼遗传图谱的构建。

2011 年,白俊杰团队发表第一篇开发 EST - SSR 的文章,以草鱼脑、肌肉、肝等组织构建 cDNA 文库,筛选微卫星序列共 5 556 个,设计 EST - SSR 引物 118 对,获得 19 对引物能够扩增出带型清晰且多态性较高的谱带。

二、磁珠富集法

磁珠富集法的原理是使用链霉亲和素包被的磁珠亲和捕捉含有生物素标记的寡核苷酸探针分离微卫星片段。主要步骤包括将基因组通过超声波打碎或限制性内切酶酶切,使 DNA 片段化;通过连接酶连接接头序列,聚合酶链反应富集片段,探针杂交;鉴定阳性克隆,测序获得阳性克隆序列;设计引物鉴定分离获得的微卫星序列。

(一) 微卫星序列分离

高质量快速获得基因组 DNA 是微卫星开发的首要步骤,我们对提取方法和保存方式均进行了优化处理。采用传统苯酚-氯仿法提取,用于增加裂解时蛋白酶 K 的用量(每离心管中蛋白酶 K 的添加量增加至 10~15 μL),大幅加快裂解效率;省略不影响后续实验的盐离子和 RNA 去除工作;稀释至 20 ng/μL 的 DNA 溶液放置于 4℃ 一年后,依然保有较高的质量和浓度。图 4 - 1 为实验所提草鱼基因组 DNA 琼脂糖凝胶电泳照片。

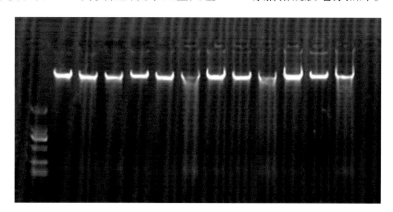

图 4 - 1　草鱼基因组 DNA 琼脂糖凝胶电泳(AGE)照片

分离的具体步骤如下:使用 *Rsa*I 限制性内切酶进行酶切,酶切产物在 T₄ DNA 连接酶的作用下与通用接头进行连接。以连有接头的 DNA 片段为模板,寡核苷酸链 21 mer 为引物,PCR 获取 DNA 预扩增产物。将产物与生物素标记的 (CA)₁₀ 及 (GACA)₆ 探针进行杂交,杂交结束后,以富集溶液为 DNA 模板进行预扩增。扩增产物用同样方法进行二次生物素探针杂交、磁珠富集及 PCR 扩增,获得最终富集扩增产物,凝胶电泳照片如图 4－2 所示。

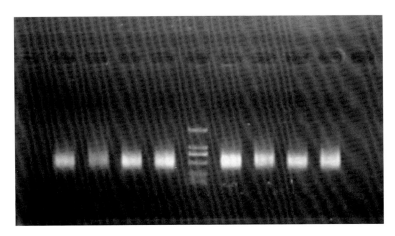

图 4－2　二次富集后的草鱼 PCR 产物琼脂糖凝胶电泳(AGE)照片

将富集扩增好的产物连接入 pGEM－T 载体,转化到大肠杆菌 DH5α 感受态细胞中,建立草鱼基因组的微卫星磁珠富集文库。Sequencher 进行测序结果的峰图分析,SSRHunter 进行微卫星位点探查并记录位点的重复情况,GeneQuest 比对去除冗余序列,得到最终磁珠富集文库微卫星位点 4 968 个。

(二) 微卫星类型分布

在这 4 968 个位点中,以二核苷酸为重复单元的微卫星位点共 4 483 个,占总数的 90.24%;以三核苷酸为重复单元的微卫星位点共 32 个,占总数的 0.64%;以四核苷酸为重复单元的微卫星位点共 447 个,占总数的 9%;以五核苷酸为重复单元的微卫星位点共 6 个,占总数的 0.12%(图 4－3)。

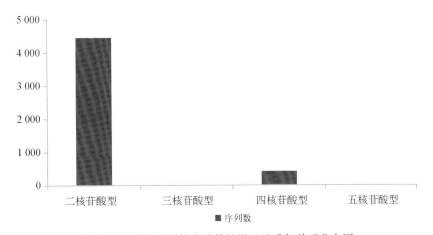

图 4－3　草鱼不同核苷酸数的微卫星重复单元分布图

不同类型的重复单元统计分布发现,二核苷酸重复单元类型中,以 AC 型和 TG 型所占比重最大,分别为 34.3%(1 537 条)和 39.4%(1 765 条);四核苷酸重复单元类型中,

AGAC 和 AGAT 型所占比重最大,分别为 15.4%(69 条)和 15.2%(68 条),其次为 ATCT、GTCT 和 ATAG 型,分别为 11.9%(53 条)、11.4%(51 条)和 10.5%(47 条);三核苷酸重复单元类型中,ATT 型较多(序列数为 5),其余类型出现次数差别不显著;以五核苷酸为重复单元的微卫星序列共 6 条,重复单元分别为 AATAA、ATTCT、GTGAA、TGTGT、TTCAA 和 TTCTA。

(三) 多态性检测

根据所得的微卫星序列,共设计微卫星引物 1 962 对,二碱基文库设计 762 对,四碱基文库设计 1 200 对。利用 Primer Premier 5 进行引物设计,限定条件如下:引物长度在 18~22 bp,扩增产物大小在 100~450 bp,GC% 含量设定在 40%~60%,退火温度相差 2 度以内,错配情况严重度 Hairpin>FalsePriming>CrossDimer>Dimer。

通过琼脂糖凝胶电泳对二碱基文库 762 对全部引物进行分析,获得有清晰扩增条带引物 522 对,引物成功扩增率为 69%,Ci104、Ci240 和 Ci342 微卫星位点 PCR 扩增产物琼脂糖凝胶电泳结果见图 4-4。对这 522 对引物进行聚丙烯酰胺凝胶电泳检测分析,获得多态性微卫星位点共 465 个,占成功扩增引物的 89%,多态性 aGC-342 和 aGC-386 微卫星位点聚丙烯酰胺凝胶电泳图见图 4-5。

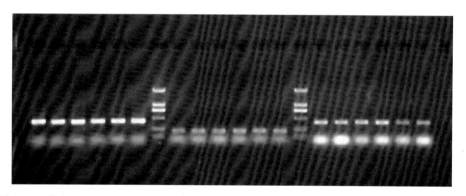

图 4-4　草鱼 Ci104、Ci240 和 Ci342 微卫星位点的 PCR 扩增产物琼脂糖凝胶电泳(AGE)照片

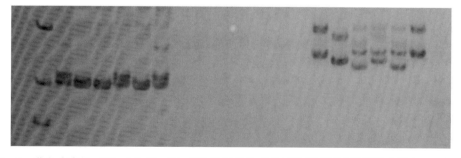

图 4-5　草鱼多态性 aGC-342 和 aGC-386 微卫星位点的扩增聚丙烯酰胺凝胶电泳(PAGE)照片

随机选出 25 个多态性微卫星位点合成荧光引物,以 60 个黑龙江群体草鱼基因组 DNA 为模板进行扩增和 STR 分型。分型数据依次通过软件 GeneMapper 4.0(图 4-6)、PopGen32 和 Cervus3.0 分析。遗传多样性参数见表 4-1。此 25 个微卫星位点全部显示出多态性,每个位点等位基因数量最少为 3 个(Ci30,Ci382),最多为 15 个(Ci661),平均

值为6.52;观测杂合度最小为0.350(Ci30),最大为0.950(Ci380),期望杂合度最小为0.439(Ci30),最大为0.843(Ci661);其中3个位点(Ci216,Ci380,Ci743)表现出偏离群体Hardy-Weinberg平衡(简称H－W平衡)($P<0.05$),可能由于缺少等位基因或实验样本数量不足造成;25个位点中有18个位点显示出高水平的多态信息含量(PIC>0.5)。

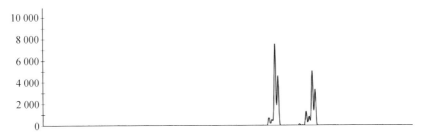

图4-6　草鱼多态性微卫星位点的扩增STR分型分析图片

表4-1　草鱼25个微卫星位点的遗传多样性信息

位点	等位基因数 (Na)	观测杂合度 (Ho)	期望杂合度 (He)	多态信息含量 (PIC)	H－W平衡 (P_{HW})	GenBank 登记号
Ci30	3	0.350	0.439	0.382	0.672 1	JX847625
Ci88	5	0.383	0.549	0.443	0.053 5	JX847626
Ci104	6	0.717	0.667	0.629	0.764 2	JX847627
Ci114	6	0.733	0.748	0.705	0.420 3	JX847628
Ci120	8	0.783	0.821	0.791	0.537 3	JX847629
Ci216	6	0.717	0.579	0.518	0.016 1	JX847630
Ci240	7	0.833	0.799	0.762	0.700 1	JX847631
Ci248	6	0.667	0.625	0.575	0.944 9	JX847632
Ci263	6	0.517	0.587	0.527	0.479 0	JX847633
Ci302	8	0.767	0.781	0.743	0.943 0	JX847634
Ci312	5	0.583	0.503	0.398	0.257 9	JX847635
Ci342	5	0.559	0.528	0.465	0.927 4	JX847636
Ci380	7	0.950	0.551	0.445	0.000 0	JX847637
Ci382	3	0.466	0.498	0.413	0.919 3	JX847638
Ci390	7	0.733	0.746	0.701	0.403 9	JX847639
Ci398	11	0.733	0.785	0.751	0.352 6	JX847640
Ci400	5	0.617	0.528	0.469	0.496 9	JX847641
Ci507	7	0.683	0.665	0.621	0.291 1	JX847642
Ci510	7	0.783	0.746	0.699	0.098 9	JX847643
Ci606	6	0.746	0.663	0.603	0.507 6	JX847644
Ci661	15	0.800	0.843	0.819	0.921 3	JX847645
Ci668	7	0.800	0.714	0.667	0.056 9	JX847646
Ci711	5	0.617	0.589	0.511	0.933 1	JX847647
Ci743	6	0.817	0.748	0.701	0.022 4	JX847648
Ci770	6	0.700	0.651	0.603	0.415 5	JX847649

三、转录组数据库检索

基于转录组数据的微卫星序列主要分布在草鱼功能基因上，编码氨基酸，虽然受到较大的选择压力，变异频率偏低，但是可以更直接准确地标记功能基因，真实地反应草鱼遗传多样性。

(一)微卫星引物筛选

根据 NCBI 系统中的草鱼 EST 数据库，应用 SSR 软件在线查找 EST－SSR，查找使用的标准是：二碱基重复单元重复次数为 5 次以上(包括 5 次)，三碱基以上重复单元重复次数均为 4 次以上(包括 4 次)，包括复合型微卫星。使用 Primer 5.0 进行引物设计，引物长度控制在 $18 \sim 24$ bp，GC 含量在 $40\% \sim 60\%$，Tm 值控制在 $50 \sim 65℃$，产物长度控制在 $100 \sim 350$ bp，最后合成 EST－SSR 引物 46 对。

根据 NCBI 系统中的草鱼 EST 数据库，应用 SSR 软件在线查找 EST－SSR，在 2 400 条 EST 序列中共发现微卫星位点 181 个，占 EST 序列的 7.54%，其中包括二碱基重复序列 116 条，三碱基重复序列 45 条，四碱基重复序列 19 条，五碱基重复序列 1 条；二碱基重复序列最为丰富，共占 64.09%，其中(AC/CA/TG/GT)$_n$形式在二碱基重复中最为常见(表 4－2)。

表 4－2　草鱼 EST－SSR 的类型及分布特点

类　型	数　量	类　型	数　量	类　型	数　量
(AC)$_n$	22	(ATG)$_n$	3	(TCTT)$_n$	1
(CA)$_n$	23	(AAG)$_n$	1	(TTAT)$_n$	1
(TG)$_n$	21	(TTA)$_n$	3	(TCTG)$_n$	1
(GT)$_n$	14	(TAT)$_n$	2	(TGTT)$_n$	1
(AT)$_n$	9	(TTG)$_n$	2	(TTTA)$_n$	9
(TA)$_n$	7	(CAA)$_n$	4	(AAAG)$_n$	1
(AG)$_n$	10	(CTG)$_n$	3	(AACC)$_n$	1
(GA)$_n$	4	(CTT)$_n$	1	(ACAA)$_n$	1
(TC)$_n$	5	(CAT)$_n$	1	(GTTT)$_n$	1
(CT)$_n$	1	(CCG)$_n$	1	(GAAG)$_n$	1
(TAG)$_n$	6	(GAT)$_n$	4	(CATA)$_n$	1
(ATT)$_n$	4	(GAG)$_n$	1	(GTTTT)$_n$	1
(AAT)$_n$	3	(GGA)$_n$	1		
(TAA)$_n$	3	(GAA)$_n$	2		

(二)微卫星多态性检测

检测所使用的草鱼群体 9 个，包括 8 个长江水系群体(长沙草鱼、安庆草鱼、嘉兴草鱼、靖江草鱼、石首草鱼、松江草鱼、瑞昌草鱼和邗江草鱼)，均保存于上海海洋大学水产动物遗传育种中心。其中，长沙群体、嘉兴群体、靖江群体、石首群体、瑞昌群体和邗江群体系原种，安庆群体和松江群体系自繁群体，红色草鱼突变体系红色自发突变体自繁后代，具体的采样数量信息见表4-3。每个群体随机剪取30尾鱼鳍,共270尾,放入95%的乙醇中,保存于-20℃备用。

表4-3　九个草鱼群体采集地点及基本信息

群 体 名 称	取 样 地 点	尾 数	代 号
长沙群体(Changsha group)	湖南省鱼类原种场	580	CSC
安庆群体(Anqing group)	安徽省安庆水产养殖场	550	AQC
嘉兴群体(Jiaxing group)	浙江省嘉兴长江水系四大家鱼原良种场	530	JXC
靖江群体(Jingjiang group)	江苏省靖江四大家鱼原良种场	519	JJC
石首群体(Shishou group)	湖北省石首老河长江四大家鱼原良种场	559	SSC
松江群体(Songjiang group)	上海市松江水产良种场	566	SJC
瑞昌群体(Ruichang group)	江西省瑞昌长江水系四大家鱼良种场	554	RCC
邗江群体(Hanjiang group)	江苏省邗江长江水系家鱼原种场	500	HJC
红色群体(Red group)	广东省南海区沙头镇北村大健鱼苗场	500	HC

在181条含有微卫星的EST序列中,选取46条微卫星序列进行了引物的设计、合成,对30尾草鱼样本进行PCR扩增,最终获得呈多态性的引物9对(表4-4),另有37对引物只能扩增出单一条带或无条带,多态性引物占所有设计引物的19.57%。多态性引物中双碱基重复占88.89%,双碱基重复序列又以$(AC/GT)_n$为主。这9对引物在所研究的9个草鱼群体中均具有群体间相容性高、多态性良好等特征,部分引物在草鱼群体中的扩增图谱见图4-7。

表4-4　草鱼微卫星引物特征

序号	位点	重复序列	等位基因数	退火温度/℃	引物序列(5′→3′)
1	EST363	$(AC)_{11}(AC)_4$	6	57	F：CAGTCATACTATCAACCAGCAA R：TAAATGAGGACGGCAACA
2	EST426	$(CA)_5(CA)_4$	6	55	F：AAACAGCTGCTACCCTTGGA R：TTTGCCAGAAGAGCAAATCA
3	EST307	$(CAG)_5(CAA)_8(CAG)_6$	6	62	F：CCGCCAGCTTTGCGTCA R：CGTGTAGTTGGTAGCAGTCCCT
4	EST222	$(GT)_{20}$	7	60	F：GCCCGTCTACAACCCACA R：AACGGTCAAAGACCTTAACCAA
5	EST3746	$(CA)_{10}(AC)_4$	6	55	F：TCAGGCAGAAGGCAGATA R：CCTCAGTGTTGAATCCCAG
6	EST1573	$(AC)_{10}(AC)_4$	6	55	F：GTCATACTATCAACCAGCAA R：GGAACATCCACCTGAACT
7	EST3643	$(GA)_{12}(G)_6$	7	52	F：GGCTGGATAATATCTTGG R：TAACCAGTGCCATTCATT
8	EST793	$(CT)_6(CA)_{29}$	6	52	F：TGAATAAGATGAGATGGAG R：TTCTGGCTACAGTAGTGAT
9	EST3860	$(TG)_{11}$	4	55	F：AATGGACCAGATGAGGAA R：TCAGGCAGAAGGCAGATA

利用这9对微卫星引物对8个长江水系草鱼群体和1个红色草鱼自然突变群体共270尾样品进行扩增分析,每个位点检测到的等位基因数4~7个不等,共检测出54个等位基因。在9个草鱼群体中,长沙草鱼、安庆草鱼、嘉兴草鱼、靖江草鱼、石首草鱼、松江草

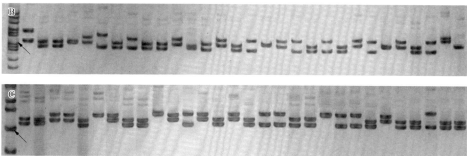

图4-7　红色草鱼(A)和EST307(B)在普通草鱼群体、EST3746(C)
在红草鱼群体中的PAGE图谱(见彩版)

鱼、瑞昌草鱼、邗江草鱼、红色草鱼9个群体的平均等位基因数(Na)分别为4.67、5.22、5.33、5.00、4.89、4.78、4.89、4.67和2.56,平均期望杂合度(He)分别为0.639 7、0.654 3、0.683 1、0.635 6、0.673 7、0.648 3、0.666 4、0.712 9和0.469 6,平均多态信息含量(PIC)分别为0.578 7、0.612 6、0.628 3、0.589 4、0.621 7、0.595 6、0.613 6、0.658 2和0.394 9,除了红色草鱼突变群体外基本都为较高的多态性(PIC>0.5),能够在分子水平上准确反映各地理群体间和群体内的遗传关系。

四、建立标准微卫星标记

目前,微卫星DNA标记技术仍然存在着一些问题,如不同课题组微卫星标记使用引物的不同,有时会导致所得试验结果差异较大,微卫星位点数量和位置的选择也会对结果的精确性产生影响。为了使得不同课题组使用微卫星标记的研究更加有可比性和提高分析的准确性,我们挑选出分布于遗传连锁图谱各连锁群的条带清晰且高多态性的微卫星标记,进行优化组合后,建立了一套由20个微卫星标记组成的多重PCR反应体系,用于草鱼种质资源遗传结构分析。

(一)位点筛选标准

为了评估不同地域草鱼群体的遗传变异情况,引物初筛所用草鱼样本选择来自长江(邗江和木洞)群体、珠江群体和黑龙江(嫩江)群体,共4个大尺度跨域的野生草鱼样本,确保尽可能全面地表现出所选引物的杂合度及多态性水平,避免所选引物只对单一群体表现出杂合性或多态性,造成引物选择初期的人为失误。所建立微卫星多重PCR体系意在快速、客观地分析草鱼群体的遗传变异情况。杂合度越高,说明群体的遗传变异程度越大,遗传多样性越高,所检测微卫星位点更具有实效意义,反之,说明群体遗传变异趋于相同,所检测微卫星位点的实效意义就小。

因此,所筛选微卫星标记的自定标准为:对 4 个野生草鱼基因组 DNA 的扩增结果中,杂合比例大于等于 75%,且杂合位点中至少有 3 个不同位点值;扩增峰值形状修长、无杂带且易于辨认。符合以上全部标准的位点作为备选微卫星标记,用以建立多重 PCR 体系。

(二) 多重 PCR 体系建立

从已构建好的草鱼遗传连锁图谱和微卫星磁珠富集文库中挑选出杂合度高且位点丰富的多态性微卫星标记共 53 个:草鱼遗传连锁图谱 38 个,微卫星文库 15 个。经 4 个野生草鱼基因组 DNA 扩增后筛选,得到备选多态性微卫星标记共 32 个,表现出良好的位点杂合性和等位基因数。

通过对多重 PCR 反应体系的大批次摸索、检测和调试,最终确定 5 组草鱼微卫星多重 PCR 体系,基本信息如表 4-5 所示,每组多重 PCR 体系包含了 4 对扩增产物互不重叠且条带清晰可辨的微卫星引物,如图 4-8 所示,20 对引物的具体 GeneMapper 峰值信息如图4-9 所示。本研究通过 5 组多重 PCR 体系,实现草鱼 20 个微卫星位点的有效扩增,获得清晰的分型色谱图,对快速、高效、精准地检测草鱼不同群体的遗传多样性和遗传结构提供了强大且有效的基础保证。

表 4-5 草鱼微卫星多重 PCR 体系及各位点信息

位点编号	退火温度/℃	浓度/$(\mu mol \cdot L^{-1})$	荧光标记种类	参考产物长度/bp
Set A				
CID0474		0.075	FAM	126~158
CID0173	55	0.175	FAM	212~254
CID1533		0.100	FAM	306~336
CID0869		0.150	HEX	434~442
Set B				
CID0042		0.150	FAM	124~132
CID0347	55	0.100	HEX	184~208
CID0615		0.125	HEX	228~256
CID1528		0.125	FAM	320~338
Set C				
CID0047		0.100	HEX	134~150
CID0382	55	0.100	FAM	200~214
CID1531		0.150	HEX	360~384
CID1532		0.150	FAM	448~456
Set D				
CID0283		0.125	HEX	138~174
Ci390	55	0.150	HEX	198~222
Ci398		0.150	HEX	270~304
CID1535		0.075	FAM	314~336
Set E				
CID1512		0.100	FAM	132~154
Ci240	55	0.125	FAM	199~235
Ci120		0.175	FAM	274~298
CID0598		0.100	HEX	316~352

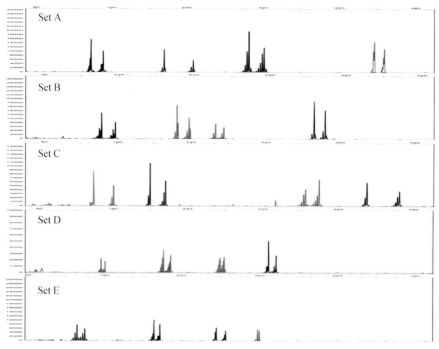

图 4-8　草鱼 5 组微卫星多重 PCR 体系的分型图

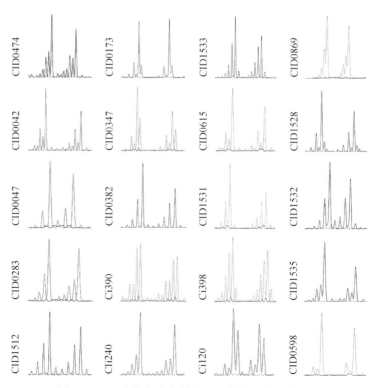

图 4-9　20 个草鱼多态性微卫星位点的详细分型图

选择长江流域的沅江群体、成都群体、洪湖群体和安乡群体各 20 个草鱼基因组 DNA 对建立的多重 PCR 体系进行多态性及稳定性检测,所选群体全部为养殖群体,总计 80 个基因组 DNA。20 对微卫星引物的详细扩增结果见表 4 - 6,等位基因数(Na)在 8~28,有效等位基因数(Ne)介于 3.09~19.66,观测杂合度(Ho)介于 0.713~0.975,期望杂合度(He)介于 0.681~0.955,多态信息含量(PIC)介于 0.652~0.947,20 个微卫星位点全部属于高度多态性位点(PIC>0.5)。此 20 个多态性微卫星位点的等位基因数、杂合度和多态信息含量均属于较高水平,能够提供丰富的遗传信息,适用于草鱼群体的遗传多样性和遗传结构检测分析。

表 4 - 6　多重 PCR 体系中草鱼微卫星位点的多态信息含量、杂合度及等位基因数

位　点	等位基因数 (Na)	有效等位基因数 (Ne)	观测杂合度 (Ho)	期望杂合度 (He)	多态信息含量 (PIC)
CID0474	16	5.81	0.863	0.833	0.807
CID0173	20	8.53	0.938	0.888	0.873
CID1533	28	19.66	0.838	0.955	0.947
CID0869	13	6.27	0.888	0.846	0.821
CID0042	15	7.89	0.825	0.879	0.861
CID0347	9	3.09	0.713	0.681	0.652
CID0615	19	11.87	0.938	0.922	0.910
CID1528	16	6.56	0.750	0.853	0.832
CID0047	12	6.44	0.863	0.850	0.826
CID0382	14	7.53	0.850	0.873	0.853
CID1531	25	12.33	0.950	0.925	0.914
CID1532	23	12.62	0.863	0.927	0.916
CID0283	21	8.23	0.900	0.884	0.868
Ci390	12	8.78	0.838	0.892	0.875
Ci398	18	6.26	0.813	0.845	0.824
CID1535	20	7.72	0.863	0.876	0.859
CID1512	21	14.66	0.975	0.938	0.928
Ci240	21	6.44	0.850	0.850	0.833
Ci120	8	5.48	0.775	0.823	0.794
CID0598	20	9.49	0.850	0.900	0.885

根据测序分型结果统计:多重 PCR 体系多态性检测共点样 400 孔,测序分型成功样品共 400 个,检测峰值全部清晰、明显,不同个体峰值高低略存差异,说明多重 PCR 体系中各成分浓度摸索较合理,适用于大规模草鱼群体的遗传多样性检测分析。

我们开发建立的这套草鱼多重 PCR 体系,能够检测出较多等位基因、高杂合度和高多态性水平,有效保证微卫星位点检测的精准性,大幅度缩短 PCR 实验和 STR 分型检测所耗费的时间,满足草鱼不同群体的遗传变异检测及后续实验分析,可作为专门进行草鱼群体遗传性实验的标准微卫星多重 PCR 体系。本书第五章将对基于这套多重 PCR 标准微卫星草鱼检测体系在群体内、群体间和种以上水平的遗传多样性水平进行详细阐述。

第二节 草鱼亲子鉴定技术

草鱼种质创制过程中为了增加有效亲本数量和减少亲本死亡率,一般使用多组亲鱼进行自然产卵。这样也可以使繁育的后代从受精卵孵化、鱼苗培育、鱼种培育等阶段都放在同一个环境下,减小了环境效应。但是,这就需要开发新的方法对同一养殖环境中父母本和子代的关系进行鉴定。亲子鉴定技术可以通过对子代个体遗传特征的分析确定可能的父母本,进行草鱼的亲缘关系确定。

一、开发历史

Wright 和 Bentzen 在 1994 年发表文章,建议在大西洋鲑的育种中利用微卫星标记进行亲子鉴定。1998 年 Herbinger 发表第一篇文章,利用 4 个微卫星标记在虹鳟鱼中进行亲子鉴定。2006 年开始,中国的相建海等陆续在凡纳宾对虾、中国对虾、三疣梭子蟹等物种上利用微卫星进行亲子鉴定。2010 年开始,尹家胜、陈松林等开始在哲罗鱼、大菱鲆等鱼类中进行微卫星亲子鉴定技术。

我们首次构建基于 12 个微卫星位点(3 个 4 重 PCR 体系)的亲子鉴定技术,文章在 2013 年 1 月发表于 *Aquaculture International*。白俊杰团队、汪亚平团队也分别在 2013 年 7 月、12 月发表相关草鱼亲子鉴定的报道。

二、微卫星位点筛选

对遗传连锁图谱及新开发的微卫星标记进行筛选,获得具有扩增效率高、多态性高、退火温度范围相近、片段大小不同等特点的微卫星标记,依次增加 PCR 体系的引物对数,根据多重 PCR 扩增效果,最终确定 3 组多重体系,如表 4-7 所示;每个多重 PCR 体系的扩增产物包括 4 个长度互不重叠的微卫星片段,如图 4-10 所示;为了便于对分型色谱的观察,片段长度相邻的位点对应上游引物的 5′端采用不同荧光标记(FAM 或 HEX)。为了提高多位点扩增效率,采用降落 PCR 扩增程序,设置不同的温度梯度,缓解引物间对模板和其他成分的竞争,保证多位点间扩增的均衡。通过对反应条件的优化和摸索,如图 4-10 所示,3 组多重 PCR 体系可有效扩增 12 个微卫星位点,获得较理想的分型色谱图,并极大节约时间和经费。

利用 12 个微卫星位点对 150 尾亲本的扩增结果,获得 97.7% 的分型成功率,对微卫星的等位基因信息的统计分析显示,所选用的 12 个微卫星标记均具有高度多态性(表 4-9)。各位点等位基因数(Na)范围为 15~28 个(均值为 21.83 个);观测杂合度(Ho)范围为 0.76~0.96(均值为 0.88);期望杂合度(He)范围为 0.75~0.93(均值为 0.88);多态性信息指数(PIC)范围为 0.73~0.93(均值为 0.87);无效等位基因频率(Fnull)范围为 0.008~0.032(均值 0.014)。对各位点的 Hardy-Weinberg 平衡检测显示仅 1 个位点(CID0909)极显著偏离($P<0.01$)。

表 4－7　草鱼微卫星多重 PCR 体系及各位点多态性信息

位点	退火温度/℃	浓度/(μmol·L⁻¹)	等位基因(Na)	观测杂合度(Ho)	期望杂合度(He)	多态性信息指数(PIC)	H－W平衡	无效等位基因频率(Fnull)
Set A								
CID0012		0.25 0.25	26	0.83	0.85	0.84	NS	0.01
CID0001		0.30 0.30	20	0.76	0.75	0.73	NS	0.02
CID0017	56	0.20 0.20	21	0.89	0.91	0.90	NS	0.01
CID0044		0.20 0.20	19	0.83	0.87	0.86	NS	0.03
Set B								
CID0036		0.40 0.40	24	0.96	0.90	0.89	NS	0.03
CID0004		0.30 0.30	24	0.92	0.91	0.90	NS	0.01
CID0002	55	0.35 0.35	26	0.95	0.93	0.93	NS	0.01
CID1528		0.15 0.15	15	0.84	0.82	0.80	NS	0.01
Set C								
CID0058		0.35 0.35	22	0.93	0.91	0.90	NS	0.008
CID1525		0.40 0.40	19	0.85	0.88	0.86	NS	0.012
CID0909	56	0.15 0.15	18	0.94	0.92	0.91	＊＊	0.012
CID1529		0.25 0.25	28	0.91	0.93	0.92	NS	0.012
均值			21.83	0.88	0.88	0.87		0.014

注：NS 表示不显著偏离 Hardy－Weinberg 平衡；＊＊表示极显著偏离 Hardy－Weinberg 平衡

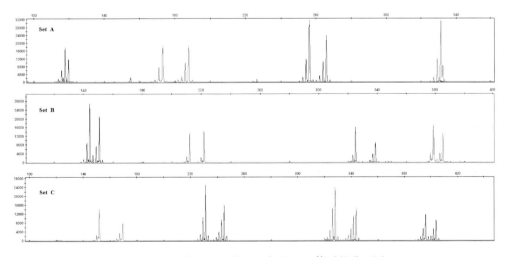

图 4－10　草鱼 3 组微卫星多重 PCR 体系的分型图

扫一扫 见彩图

对 12 个微卫星位点进行等位基因频率分析,结果显示应用于亲权鉴定的累积排除率可达 99.99% 以上,其中第 1 亲本、第 2 亲本及配对亲本的无效排除率分别为 4.11E－6、1.00E－8 和 1.57E－14,说明该 12 个微卫星位点能为亲权鉴定提供足够的判定信息。

三、模拟亲权鉴定分析

通过 150 尾草鱼亲本进行一致性分析,共计 11 175 对中有 20 对个体在 4 到 6 个位点(均值为 4.65)上存在相同基因型,结果显示所检测亲本具有较低遗传一致性。基于亲本等位基因频率进行模拟分析(模型设置:已知亲本性别,95% 置信度),结果显示母本的单独鉴定成功率、父本的单独鉴定成功率和配对亲本鉴定成功率分别是 99.92%、99.91% 和 100%。

基于模拟分析的模型参数,分别利用 18 亲本(9 尾雌鱼,9 尾雄鱼)和 150 亲本(87 尾雌鱼,63 尾雄鱼),对 3 组繁殖组合的 252 个子代进行亲权鉴定,获得相同的分析结果,如表 4－8 所示。根据交配设计和子代收集的信息,对鉴定结果进行验证,发现在 3 个繁殖组合间未发现错误的配对情况。针对所有子代的分析,结果显示 99.6%(251/252)个体的配对亲本获得准确鉴定;对于 P1、P2 和 P3 组合的独立分析,分别获得 100%(84/84)、100%(84/84)和 98.8%(83/84)的配对亲本鉴定准确率。研究还发现,在 P3 繁殖组合中,有 1 尾模糊配对(表 4－9,标记 1*),对样品收集信息进行验证,发现该模糊配对与真实亲本一致。

利用对 252 子代的亲权分析,对多重 PCR 体系不同组合方式的鉴定能力进行比较,结果显示利用 2 个多重 PCR 体系的基因型数据进行亲权分析时,均能获得较高的鉴定成功率,配对亲本的鉴定成功率为 99.2% 到 100%,如表 4－8 所示。通过 PAPA2.0 软件对 12 个微卫星位点进行累积鉴定成功率分析,结果显示 8 个位点即能实现亲权分析 100% 的鉴定成功率,如图 4－11 所示。

表 4－8　草鱼亲权鉴定多重 PCR 体系不同组合的鉴定成功率(95% 置信度)

鉴定成功率	多重 PCR 体系的不同组合			
	A 和 B	A 和 C	B 和 C	全部
母本	0.968(244/252)	0.992(250/252)	0.988(250/252)	0.996(251/252)
父本	0.996(251/252)	0.988(249/252)	0.996(251/252)	0.996(251/252)
配对亲本	1.000(252/252)	0.992(250/252)	0.996(251/252)	0.996(251/252)

在 18 尾备选亲本和 150 尾备选亲本的情况下,利用 12 个微卫星位点对 252 尾子代个体的亲权鉴定分析获得相同结果,并取得 99.6% 的鉴定成功率,亲权鉴定分析表现出很高的稳定性和一致性。

在 3 个繁殖组合中,其中 P3 繁殖组合的子代为人工授精获得,亲本对子代的贡献率由实验设计决定,而 P1 和 P2 繁殖组合为人工配组后随机产卵受精,亲本对子代的贡献率有一定的随机性。本文利用 P1 和 P2 繁殖组合的亲权鉴定结果,基于各亲本的子代数,对

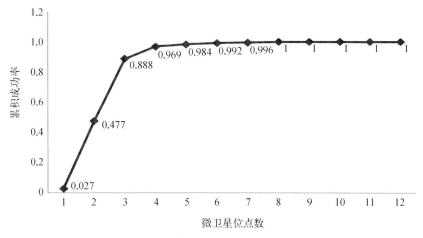

图4-11 草鱼亲子鉴定12个微卫星位点的累积成功率分析

父母本的子代贡献率进行卡方检验,并作列联分析。P1 和 P2 繁殖组合的所有子代来自 4 个母本和 6 个父本;对母本和父本贡献率的卡方检验均显示均极显著不平衡(母本$\chi^2 = 33.6$,$P<0.01$;父本$\chi^2 = 112.9$,$P<0.01$);列联分析显示相同结果,如图4-12。

四、实际生产鉴定效果

实验鱼繁殖和培育在苏州市申航生态科技发展股份有限公司进行,从 2008~2010 年收集的长江水系草鱼亲本中,随机挑选

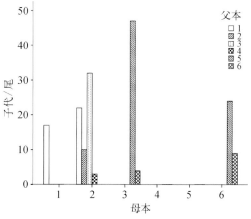

图4-12 草鱼基于父母本对子代贡献率的列联分析

150尾(87尾雌鱼,63尾雄鱼)(详见本文第五章,表5-1),所有亲本使用 PIT 电子标记进行鉴别,剪取胸鳍(约 1 cm×1 cm)无水乙醇固定,4℃保存备用。

利用9尾雌鱼和9尾雄鱼,成功获得 3 个繁殖组合(P1、P2 和 P3)。在 P1 和 P2 组合中,分别以不同雌雄比例的草鱼亲本,通过混合产卵方式,获得家系材料。在 P3 组合中,通过人工授精方式,依据预先的交配设计,顺利获得 2 个全同胞家系和 1 个父系半同胞家系,共计 4 个全同胞家系(表4-9)。

表4-9 草鱼繁殖交配设计及亲权鉴定结果

雄 鱼		雌 鱼								鉴定成功个体	成功率 Pi/%
		G1H07	G1H08	G2H07	G2H08	G2H09	G2H10	G3H07	G3H08	G3H09	
P1	G1H09	17	22								
	G1H10	0	10								
	G1H11	0	32								84/84	100
	G1H12	0	3								

雄 鱼		雌　　　鱼								鉴定成功个体	成功率 Pi/%
		G1H07	G1H08	G2H07	G2H08	G2H09	G2H10	G3H07	G3H08	G3H09	
P2	G2H11			47	0	0	24				84/84	100
	G2H12			4	0	0	9					
P3	G3H10							21		×	21/21	100
	G3H11								16	25+1*	41/42	97.6
	G3H12							×	21		21/21	100

注：有数字项为交配设计；×为部分因子设计中简化部分；* 为最似亲本的模糊配对

利用自主开发的 SSR 标记，筛选出高度多态性、扩增效率高、退火温度相近的 12 对微卫星引物，建立了 3 组多重 PCR 反应体系，配对亲本鉴定准确率达到 100%，率先应用对人工建立的组合后代进行亲子鉴定，解决了如何筛选组合后代中有效亲本的问题。

第三节　草鱼 SNP 标记

单核苷酸多态性（single nucleotide polymorphism，SNP）指在基因组上单个核苷酸的变异，数量多，多态性丰富。SNP 多态性根据在基因组分布的位置可分为基因编码区 SNPs（c SNPs）、基因间 SNPs（i SNPs）和基因周边 SNPs（p SNPs）三类。自 2010 年草鱼 SNP 分子标记开发以来，已经逐渐应用于遗传图谱构建、全基因组关联分析和重要经济性状 QTL 定位的研究工作中。

一、开发历史

2010 年，白俊杰团队在中国水产学会学术年会报道基于 454 高通量测序数据库，获取 13 个多态性位点。2014 年，白俊杰团队利用 21 个 SNP 标记对 6 个草鱼群体进行遗传结构分析。

2015 年，李家乐团队从草鱼转录组数据 108 452 个 SNP 变异位点中挑选 60 个位点，设计引物 39 对，利用 SNaPshot 技术进行 SNP 分型，共成功分型 30 个 SNP 位点；其中，7 个位点表现为低度多态性，23 个位点表现为中度多态性。

二、SNP 标记开发

（一）基于转录组数据

1. 样品来源

实验用鱼为长江水系野生群体子一代，47 尾草鱼养殖于苏州市申航生态科技发展股份有限公司。2013 年，剪取草鱼胸鳍，用无水乙醇固定，4℃保存备用。

2. 草鱼转录组中 SNP 分析

利用 NextSeq500 技术得到 264 839 673 bp 的草鱼转录组,转录组中共有 108 452 个 SNP 突变位点,突变率仅 0.040 6%,这些突变位点共分布在 37 661 个 contigs 中,平均每条 contig 中有 2.88 个。其中点突变位点 100 309 个,占所有突变位点的 92.49%;转换(71 218 个)与颠换(22 793 个)比为 3.12,转换位点占总突变位点的 65.67%。预筛选用于本实验的 60 个 SNP 位点及成功分型的 30 个 SNP 位点中转换颠换比分别为 3.28 和 5。

3. SNP 分型结果及特征分析

使用 SNaPshot 技术对 39 个位点进行分型,共有 25 个位点成功分型。对成功分型的 25 个 SNP 使用 Cervus 3.0 和 PopGen 32 软件进行特征分析,结果显示:观测杂合度(Ho)从 0.021 3 到 0.553 2,平均为 0.345 4;期望杂合度(He)从 0.021 3 到 0.505 9,平均为 0.375 6;多态信息含量(PIC)从 0.020 8 到 0.375 0,平均为 0.292 3。25 个位点中,PIC 含量低于 0.25 的有 6 个,介于 0.25~0.50 的有 19 个,未发现 PIC 含量高于 0.50 的位点。用 Chi‑square test 进行 H‑W 平衡分析,发现 5 个位点显著偏离($P<0.05$)(表 4‑10)。

(二)基于简化基因组数据

简化基因组测序是通过只对非重复或低重复基因组区域进行测序来降低测序基因组复杂程度的一种低成本、高通量的方法,被广泛应用于 SNP 开发与基因型鉴定。我们采用 PstⅠ‑HF 和 MspⅠ 双酶切来自 6 个野生群体(嫩江、邗江、九江、石首、肇庆、越南)和 3 个养殖群体(马来西亚、印度、尼泊尔)共 197 尾草鱼基因组 DNA,构建了 RAD‑Seq 测序文库。每个个体平均产生了 $10.17×10^6$ 个原始 reads,经过过滤后,平均每个个体获得了 $9.21×10^6$ 个 reads。将这些 reads 与草鱼基因组进行了比对,共获得了 458 544 个 RAD 标签,通过 9 个群体的多态性分析,获得了 280 544 个 SNP 位点。平均每个 RAD 标签上有 0.61 个 SNP 位点。经过严格筛选后,获得具有完整基因型结果的 43 310 个 SNP 位点。

第四节　草鱼其他遗传标记

除了微卫星和 SNP 标记外,在草鱼的标记开发历史过程中,还经历了基于蛋白质为研究对象的遗传标记主要是同工酶标记,基于聚合酶链反应的 RAPD 标记和基于 DNA 序列的线粒体 DNA 标记、InDel 标记等。这些标记参与很多早期草鱼遗传多样性评价、遗传结构评估、种质鉴定的研究工作。

一、同工酶标记

1959 年,Moller 与 Markert 用淀粉凝胶电泳法发现乳酸脱氢酶(LDH)在不同个体及不同种内以不同的形式存在,并提出了同工酶的概念。1982 年,中国科学院水生生物研究所朱蓝菲第一次对草鱼的同工酶谱进行分析,发现 LDH 同工酶谱是由 54 条区带所组成。

1992 年,吴力钊和王祖熊采用淀粉、聚丙烯酰胺凝胶电泳分析了长江中游武汉江段草鱼天然种群中 10 种同工酶约 28 个基因座位。研究发现该种群的多态座位比例为 16.7%,

表 4－10　25 个草鱼 SNP 位点遗传多态性信息

位　点	来　源	类　型			Ho	He	PIC	P_{HW}
SNP 01	c15872_g1_i1	A/G	F: CTCCAGTAGCGGATTCTGTTGAT R: TGGCAAGTACACAGAGAAGG	CAGCATGGATATGCAAACGG	0.478 3	0.504 5	0.374 5	0.721 0
SNP 02	c45582_g1_i1	C/T	F: CGGTCCACTCTTTCTCTTGTAG R: ACACAGGGAAAAGTGGTCAC	ATGAAGGAGGAGGATCTCGCT	0.333 3	0.495 7	0.369 8	0.031 6
SNP 03	c63270_g1_i1	G/A	F: CAATGTGGAGCAGCTCAGAAT R: GTCGTGTTCCCGCTCATCC	TCACTGGTATGCGTGTTGCGAGAT	0.148 9	0.208 9	0.185 3	0.040 0
SNP 04	c34879_g1_i1_1	G/C	F: CAAAGTTGCCCAGAGTGGC R: CAGTCCTGCGTGCGTCTCATT	CGATGACTGCTACACCTCTGC	0.553 2	0.505 1	0.374 9	0.509 8
SNP 05	c59524_g1_i1	T/C	F: AGGCTAATGGGCGAATAAATA R: TGGAATGCGGAATCAACC	CGGACACCTCCTGCCAGA	0.212 8	0.362 4	0.294 3	0.003 9
SNP 06	c64889_g1_i1	T/C	F: GGTCTTGCGTTTGCCTAT R: CGGTGTTCAACCTTAATGC	ACCAGTTAATTGATACGGACTCAAT	0.319 1	0.326 0	0.270 5	0.882 6
SNP 07	c65639_g1_i1	C/T	F: TCATTGGTCAGGCTCTTGTA R: AAAGGAGGAAGGTGAAGACA	TCTTTTGGAGCTCCTCTTCATCATC	0.521 7	0.496 9	0.370 7	0.731 6
SNP 08	c75400_g1_i1	G/A	F: CGGTCAAAACCCAGCAGC R: GACTCAGATACAGTGGCCAGGTG	CAGATACGCCCTCCACA	0.021 3	0.021 3	0.020 8	1.000 0
SNP 09	c76315_g2_i3	C/T	F: CTTAGAGGGTGTTGCGAGGTTG R: TGAGTGGCGCGGGTGGGAGT	GCTCCTCGGAATGGCTAT	0.386 4	0.492 9	0.368 6	0.146 6
SNP 10	c51969_g2_i1	G/A	F: GCACTTTAGCCGTGTCCA R: CCGATGTTCCTCCTCCTC	AAGGTCCTCAGTGCCAGGATC	0.478 3	0.481 6	0.362 9	0.962 0
SNP 11	c61288_g1_i1	T/C	F: TTGTCTCCAGTATCATACACCAC R: CGGACAGTGTAAGAGCGGATA	ACCGGGACTGACGGCTCC	0.239 1	0.379 1	0.304 7	0.010 7
SNP 12	c67494_g1_i1	G/A	F: GGGCACCAGACTGTCCAC R: TAAGCAGCGTAGGCGTGT	TCTTGCCATGGCCTCTCTCAC	0.166 7	0.230 3	0.201 7	0.061 6
SNP 13	c75299_g4_i3	T/C	F: CGCTCTCCACCCAGATTG R: ACGGTTCCTCCCTTCCAC	ATGTCTCTGTGAGGACTAAGATCTGAC	0.390 2	0.505 9	0.374 9	0.138 4

续 表

位 点	来 源	类 型		Ho	He	PIC	P_{HW}
SNP 14	c7024_g1_i1	A/T	F: GTCAGTCCACAGGCACGA R: AAATCTCTGCCCGCCAGTA	CGGCACGTAAATGTCTTCTATA	0.400 0	0.349 6	0.285 9	0.322 6
SNP 15	c34879_g1_i1	C/T	F: CTCTTCTGACGGAATGAT R: CCTTTGTCGCTATTGGTG	CTACCTCTTTGGAGCACTTCAC	0.533 3	0.505 4	0.374 9	0.707 4
SNP 16	c7024_g1_i1_1	C/T	F: TTTTCTCTCAGTCGCCGTTGC R: ATACGCTGGGTAAAGACACG	GCGAAGCTCTTCAGCTCGT	0.142 9	0.340 8	0.280 0	0.000 1
SNP 17	c21922_g1_i1	G/A	F: CAAAGTTAGCAGCATCCATGA R: GACCAAGCGCTGGGAAGAAG	AGCAGGTCCTGAAGTTCACC	0.234 0	0.208 9	0.185 3	0.388 6
SNP 18	c59337_g2_i1	G/A	F: TTTGTTGATAAATGTAGGCAGTC R: TCTGGAACAGTATGCTATGAGAG	GACCTCCGGTCATCATCTGAAT	0.425 5	0.422 8	0.330 8	0.964 0
SNP 19	c65475_g1_i1_1	G/C	F: CAGTCGCTCTCGAGAGCAGTAA R: GGCTTGGTTCCCATTGTAGAG	TTTATCTCGGAGGGAACTCTGCT	0.510 6	0.499 7	0.372 2	0.878 9
SNP 20	c65827_g1_i1	A/G	F: CTTCAGGTCTTTCTCAATGG R: TGCTCTTGTGTTCGCTGT	GGGCAAGTATATGGGAGGCAC	0.413 0	0.356 2	0.290 3	0.269 1
SNP 21	c67238_g1_i1	T/C	F: CCAATGTCCATCGCAAAC R: CGTGACCCGTAATGTTCAG	CGCCCTGTTCCGAACTCC	0.510 6	0.503 3	0.374 0	0.919 7
SNP 22	c67325_g1_i1	G/A	F: TCCTGGTTCTCCATGTCG R: CCCACATACAGCAGAGTCAA	GAGCCGCCAGAGACCGTTCC	0.489 4	0.472 4	0.358 2	0.803 6
SNP 23	c68303_g1_i1_2	G/A	F: AGCGTGTCTCTCTTTTGTCGTAG R: CCGCAGAAGCGACACATC	TGGCTTTGTGTGAGCGTTC	0.152 2	0.245 3	0.213 2	0.007 6
SNP 24	c69146_g1_i1	C/T	F: GGCATCACAGAGAACACACT R: CCAAGTCGGGAGTCATTAGC	CTAGAGGGCCGGTCATCTCTGA	0.553 2	0.453 9	0.348 2	0.128 6
SNP 25	c71481_g2_i1	T/G	F: GCACCTGTTTGACACACG R: CCTGGAAATGCACCCTGAT	ATTCTCTGTCATCCCTCCAAAAG	0.021 3	0.021 3	0.021 3	1.000 0

平均杂合度为 0.073 9。他们推测,近交可能是导致草鱼人工繁殖种群中遗传变异降低的主要原因。建议生产上采用数量大、来源广的亲鱼进行人工繁殖,并定期用天然种群更换或补充繁殖用亲鱼来保持和增加人工繁殖种群遗传变异性。

1996 年,夏德全利用淀粉凝胶电泳技术,对天鹅洲通江型长江故道草鱼的 4 种同工酶进行分析,计算种群遗传变异率。同年,李思发使用聚丙烯酰胺凝胶电泳对长江中游和下游的草鱼种群进行了遗传变异分析,发现遗传距离 D 值小于 0.001。由此,初步认定长江中下游的草鱼属于一个没有显著遗传分化的种群,称之为"长江种群"。

1997 年,李思发对长江原种与封闭人工繁殖群体子三代 1 龄草鱼鱼种进行生长性能和同工酶电泳分析。结果显示,原种草鱼的绝对增长、相对增长、绝对增重、相对增重均高于封闭人工繁殖群体子三代,但这些差异均未达到统计学显著差异。同工酶分析结果显示草鱼封闭人工繁殖群体对原种的亲缘关系都较远,表明在生化遗传上已出现有别于原种种群的变化。

2004 年,罗琛运用聚丙烯酰胺凝胶电泳技术,分析雌核发育草鱼与普通草鱼在 LDH、EST、SOD 同工酶谱的差异。在雌核发育草鱼中发现一条特殊的酶带 SOD‒G,SOD‒G 在所检测的雌核发育草鱼中均存在,但在普通草鱼中未有发现。初步认为 SOD‒G 可以作为雌核发育草鱼群体的生化遗传标记。

二、线粒体 DNA 标记

自从 1963 年线粒体 DNA(mitochondrial DNA,mtDNA)被发现以来,mtDNA 所具有的结构简单、重组率低和进化速度快特征,使其成为分子群体遗传学和分析系统学研究的重要标记。

1991 年,吴乃虎首次使用差速离心和 DNaseⅠ核酸酶处理,成功从草鱼新鲜肝脏组织分离到线粒体 DNA,可以直接用于构建酶切图谱和线粒体基因的克隆。分别使用限制性内切酶 BamHⅠ、EcoRⅠ、HindⅡ、HindⅢ和 PstⅠ消化分离纯化的草鱼肝 mtDNA,第一次获得草鱼线粒体 DNA 酶切图谱,根据酶切结果,推算出草鱼肝 mtDNA 大小为 16.3 kb。应用 Southern 印迹技术,第一次分离鉴定草鱼 mtDNA 细胞色素氧化酶亚基 1 基因(CO1 基因)。

1994 年,长江水产研究所晏勇使用 10 种限制性内切酶(BamHⅠ,BglⅠ,BglⅡ,ClaⅠ,EcoRⅠ,HindⅢ,PvuⅡ,SacⅠ,XbaⅠ,XhoⅠ)酶切草鱼肝脏 mtDNA,计算出草鱼 mtDNA 大小为15.5 kb,与 1991 年的研究结果有大小差别,表明草鱼种内不同个体的 mtDNA 可能存在多态性。

1997 年,殷文莉进一步用 10 种限制性内切酶(PstⅠ,BamHⅠ,XbaⅠ,BglⅠ,HindⅢ,BglⅡ,PvuⅡ,XhoⅠ,EcoRⅠ,SalⅠ)对草鱼肝脏线粒体 DNA 进行分析,根据单酶切和双酶切结果建立草鱼 mtDNA 的限制性酶切图谱。在与吴乃虎的研究结果对比中发现 Hind3 酶切片段不一致,表明两地的草鱼 mtDNA 分子结构和大小发生变异,提示草鱼 mtDNA 可以作为不同地域草鱼种质的鉴定依据。

1998 年,李思发第一次在群体水平上对长江中、下游地区草鱼群体进行遗传多样性分析,结果表明长江中下游草鱼 mtRNA 限制性酶切位点、酶谱、基因型、基因型多样性指数和核苷酸多样性指数分别为 54、16、7、0.231 和 0.002，表明遗传多样性不甚丰富；进行 1 000 个随机变换的卡方检验（$P=0.432$）、Phi_{st} 指数（$P=0.456$）和 F_{st} 指数（$P=0.723$）进一步检测群体的遗传差异，均显示长江中下游草鱼群体无显著差异，基因型分布无区域性。

2008 年，王成辉确定了草鱼完整线粒体 DNA 基因组序列，并对线粒体蛋白编码基因和核基因进行了系统发育分析。草鱼线粒体 DNA 全长 16 609 bp，包含 13 个蛋白编码基因，22 个 tRNA，2 个 rRNA 和 1 个非编码基因控制区。

张四明、吴海防和代应贵等分别对长江中游群体、江西瑞昌、湖南长沙、天津宁河、贵州都柳江流域群体草鱼进行了 mtDNA 遗传变异分析，均表明草鱼的 mtDNA 遗传多样性较低。

罗琛和陈大庆在对雌核发育和亲本放流草鱼的 mtDNA 遗传结构和遗传多样性分析时发现雌核发育草鱼与普通草鱼在 mtDNA 遗传结构上一致，草鱼亲本放流对野生群体的 mtDNA 遗传多样性和遗传结构也没有影响。

三、RAPD 标记

DNA 随机扩增多态性分子标记（random amplified polymorphic DNA，RAPD）是建立在聚合酶链反应（PCR）基础之上，用寡聚核苷酸为引物，通过专门的 PCR 反应扩增获得长度不同的多态性 DNA 片段的基因组分子技术。

1998 年，薛国雄第一次用 120 个含 10 碱基的随机引物对长江、珠江、黑龙江三大水系的草鱼进行 RAPD 分析，结果显示每一个水系均有其特征性基因图谱，可作为种群鉴定依据。该研究还发现长江和珠江遗传距离较小，黑龙江水系草鱼与前两者遗传距离较远。

1998 年，章怀云利用 RAPD 标记对草鱼和鲤鱼的群体遗传变异情况进行分析，获得大量草鱼特异性分子标记，同时发现草鱼的遗传变异度低于鲤鱼。

2001 年，张四明利用 RAPD 对长江中游、汉江和湘江水系的草鱼群体进行遗传多样性分析，结果表明 2 个流域群体间的遗传分化水平较低，可能与地理位置较接近有关；同时发现草鱼遗传多样性较低，遗传多样性从大到小是瑞昌>汉江>湘江>嘉鱼。

2004 年，张德春利用 40 个 10 碱基随机引物对长江中游草鱼自然群体和人工繁殖群体的遗传多样性进行分析，相关研究比较后发现长江草鱼遗传多样性水平不够丰富，人工繁殖群体草鱼遗传多样性水平明显高于自然群体。

四、InDel 标记

插入缺失标记（insertion-deletion，InDel）是指在近缘种或同一物种不同个体之间基因组同一位点的序列发生不同大小核苷酸片段的插入或缺失，是同源序列比对产生空位的现象。InDel 在基因组中分布广泛、密度大、数目众多。InDel 多态性分子标记是基于插入/缺失位点两侧的序列设计特异引物进行 PCR 扩增的标记，其本质仍属于长度多态性标记，可利用便捷的电泳平台进行分型。

（一）位点筛选

根据已发表草鱼遗传连锁图谱和参考基因组,对草鱼 3 个 scaffolds（CI01000095,CI01000225 and CI01000230)中插入/缺失型突变进行筛选和验证。通过初步分析,发现 3 个 scaffolds 中插入/缺失大于或等于 4 bp 碱基以上的位点共 85 个,经序列分析和引物设计,成功设计引物 36 对(其余 49 个位点为 SSRs 或不能成功设计引物)。

（二）多态性验证

PCR 后用 1.5% 琼脂糖凝胶电泳检测,发现 36 对引物扩增结果均为单一条带,PCR 产物交上海生工生物工程技术服务有限公司进行测序;同时,对 36 对引物的上游引物 5′端进行荧光修饰(HEX 或 FAM)。重新使用荧光引物扩增,发现 PCR 产物条带与普通引物一致。表明荧光引物可对插入/缺失型突变位点进行扩增。

36 对引物在 32 个草鱼个体重新进行 PCR 扩增,混样进行分型,STR 分型结果在 Genemapper 4.0 中统计。统计结果经软件 Cervus 3.0 和 Popgen 32 进行分析,结果见表 4-11。36 个位点的平均有效等位基因数、观测杂合度、期望杂合度、多态信息含量分别为 1.497 6、0.319 0、0.297 0 和 0.234 9;其中 3 个位点显著偏离 H-W 平衡($P<0.05$),另有 3 组位点(ID13 与 ID24,ID20 与 ID21,ID39 与 ID64)表现显著连锁不平衡($P<0.05$)。综上,使用 STR 分型技术可有效对草鱼基因组中插入/缺失型突变进行分型;本研究初步筛选的 85 个突变位点中有 36 个突变位点成功被分型(表 4-11)。虽然成功分型率较低,但位点本身特征为重要因素,且基因组中插入/缺失型突变位点很多,使用本研究提出的 STR 分型技术可对草鱼基因组中插入/缺失型突变位点进行规模化开发。

表 4-11　草鱼 36 个插入缺失位点信息

位点	来源	上游引物	下游引物	Ta	Ne	H-W平衡
ID1	CI01000095	TATTTCCATCCCAGAGTGAAT	CACACTGCTCAAGTTACTGCTA	50.0	1.031 7	1.000 0
ID2	CI01000225	GACAAACTTTGCTTTTCCAG	GTATAAACTCCCTTTATGTTGATT	48.0	1.098 1	0.822 6
ID5	CI01000225	TGATATTCAGGAAAACAGCA	CCTTTGCTATATTTCACCTGT	50.0	1.952 3	0.000 1 *
ID6	CI01000225	CACGAAAGACAGTGTGCTAA	CGTGTTCGAGCGTACATT	48.0	1.678 7	0.207 9
ID10	CI01000225	AATCAGCCAATCAGAATCCA	TGTATGTGATGGCTTCAGGAG	52.0	1.992 2	0.172 6
ID11	CI01000225	ACATAACCCTTTCCATTAAGTTC	CTGGAAGAGACAGACTTGAATG	50.0	1.716 7	0.807 6
ID12	CI01000225	AACCTTGTACTTCGTCTGCTG	GTATGTGTCCAATTCACAGGAA	54.0	1.398 0	0.266 0
ID13	CI01000225	CCACAAAGGAGGGAATGAAT	CACCTTGAGACCAGTGCTTA	51.0	1.204 7	0.089 7
ID14	CI01000225	GGACCCAATCTAATCGGAGTG	CAGGACTACACACTCTTACTGTTTCAC	52.0	1.639 7	0.441 5
ID15	CI01000225	GCTTGTACCAAAACCGACCTTA	TCATCTTGGCCAGGCTGAG	52.0	1.853 4	0.434 0
ID17	CI01000225	TTTGAGAGACAGAACACACGG	GAGTTTCGCTTCTTGTCAGTG	50.0	1.398 0	0.871 5
ID18	CI01000225	GCAAAGCAAGATGGAGGAGAAA	ACAAGAAGACAGGGCGGGATA	52.0	1.519 3	0.129 1
ID19	CI01000225	TCACTCATACGCAGGGTTAG	ACATCCCAGAGTCATACAAGAG	50.0	1.031 7	1.000 0
ID20	CI01000225	TCTCTGTGTCTGTAAAACCTGC	CAAAAAAAGCCAGGAGACAA	51.0	1.064 4	0.898 1
ID21	CI01000225	CTCCTTTAGTCTTGTCTCCTGG	CCTGAATGTACTGTATGTCTCTTTG	50.0	1.064 4	0.898 1
ID24	CI01000225	CCTAGACTCACTGGTAAAGG	CAAGCACTCAAAGGAAGA	48.0	1.031 7	1.000 0
ID29	CI01000230	CTCTGGAGGTGAATCTGACAA	TATTCCATTTTCCGCTTGA	50.0	1.882 4	0.639 8
ID32	CI01000230	TCGTATTTGCTGATGAATGATT	GGGCGACGCTCTCTAAAG	52.0	1.280 0	0.487 5

续 表

位点	来 源	上 游 引 物	下 游 引 物	Ta	Ne	H－W 平衡
ID38	CI01000230	CGGGGCTTGATTTTGTCT	TCCTCCCTCTTGCAGCAT	52.0	1.031 7	1.000 0
ID39	CI01000230	CTTCTCATCCAAACTCGTG	CAATTCCTGTTTTACAGTGC	52.0	1.204 7	0.595 8
ID41	CI01000230	CTTGAGTATGGAGGGTTTG	TCATTCACTGTCGCCTAA	48.0	1.969 2	0.472 3
ID44	CI01000230	GCCTGTTAGCATTGTTTGA	AAAGGGCAAATACAACCA	45.0	1.519 3	0.559 4
ID46	CI01000095	ATGTGCAAGACTTCAGATTC	TCACTCTGGGATGGAAAT	46.0	1.478 7	0.168 5
ID47	CI01000225	CAGGGTAAGAACACAAAAC	GGCAAATGACTGACAATCT	48.0	1.724 1	0.218 1
ID48	CI01000225	GAGCAGACCAAGCGAAAC	CGCATTCTCCATCTTCATT	48.0	1.033 9	1.000 0
ID49	CI01000225	AAACAATCCCACAAACGC	ACAGAATGCTTCATATAGTCAGAG	48.0	1.997 8	0.413 4
ID50	CI01000225	TCGGTTTCTACAGCGTCTC	CTGACCTTTTCCATTTGTGA	48.0	1.952 3	0.000 1 *
ID51	CI01000230	GTGAACTGTGAGCAGAGCC	GGCAGTTTCCACCATTGT	50.0	1.952 3	0.755 9
ID52	CI01000230	TGGTGAGCAGAAGAGACTAAAAC	GCAGATTCGCACGGTTTC	48.6	1.932 1	0.395 1
ID55	CI01000095	GCAAAAAGTTCTGGGGTAA	AAGCATCCAAAACACACCA	47.1	1.822 1	0.003 9 *
ID56	CI01000225	AGGCACTGGCAAAATGTC	TGATGGACCCCACTGAAT	53.0	1.642 3	0.063 7
ID58	CI01000225	CAGTCCACAGTCTTACGGC	CAGGGAAAAGAGGAAGGTAT	51.5	1.280 0	0.348 0
ID61	CI01000225	TAGTTGCCACAGGTGAGAG	CAGCTCATCTATGCCTTTTA	47.0	1.982 6	0.068 2
ID62	CI01000225	TGTTCCTCCTTAAAGCACA	GTCTTGACAACAGAACTCCATA	47.0	1.168 3	0.670 4
ID63	CI01000230	AGAGTTCGTATTGCTCCTGTG	GCCAAAGAAAGGGAAACG	51.5	1.204 7	0.595 8
ID64	CI01000230	CACCACCATCAAATGTCAAC	TCAGCCGAACAGATAAACC	47.0	1.180 3	0.658 6

注："＊"表示显著偏离 H－W 平衡

第五章 草鱼种质资源遗传结构评价

草鱼种质资源遗传结构评价是种质创制过程中的重要内容,主要包括群体间遗传多样性和遗传分化程度两部分内容。草鱼野生群体呈现较高的多样性水平,表现出良好的种质状况。草鱼养殖群体存在杂合度降低、遗传多样性下降的现象,可以利用分子标记研究养殖群体和野生群体之间的遗传差异,确定减缓遗传多样性下降和纯合速度的繁殖方案。草鱼群体遗传分化不仅与群体本身的适应能力有关,也受环境因素影响,对遗传分化的研究可以为不同地域的合理引种提供数据支撑。

第一节 研 究 历 史

1978 年,Utter 发表第一篇关于草鱼遗传结构的文章,研究人工繁育草鱼群体多态座位比例及平均杂合度。

1986 年,李思发等发表《长江、珠江、黑龙江三水系的鲢、鳙、草鱼原种种群的生化遗传结构与变异》,在 1982~1984 年课题"长江、珠江、黑龙江鲢、鳙、草鱼原种收集与考种"的基础上,对长江、珠江、黑龙江的草鱼种群生化遗传结构及其变异特点进行分析。确定长江和珠江群体为中央群体,黑龙江为边缘群体,要重点关注边缘群体的资源保护工作。与 Utter(1978)的数据相比较,发现人工繁育会导致草鱼群体遗传多样性降低。

2001 年,张四明等第一次使用基于 PCR 的 RAPD 分子标记分析草鱼遗传结构,发现长江水系草鱼群体遗传分化程度较低。2002 年,张四明又第一次使用线粒体 DNA 的 RFLP 分子标记分析长江水系草鱼群体遗传分化程度,进一步证实了长江水系草鱼群体遗传分化程度较低。2004 年,廖小林使用微卫星标记也证实了该观点。

2006 年,张志伟等采用 RAPD 标记、SRAP 标记和 SSR 标记对长江草鱼原种和封闭人工繁殖群体间的亲缘关系和遗传多样性分析发现人工繁殖群体与原种的亲缘关系较远,养殖群体具有较低遗传多样性水平,而野生群体杂合度和遗传多样性水平相对较高,且草鱼养殖和野生群体间具有较高分化,养殖群体间具有较低分化。

近些年,我们利用 SSR 和 mtDNA 标记分别对长江、珠江及黑龙江水系的 8 个草鱼野生群体的遗传多样性及遗传结构进行分析,进一步补充和完善对草鱼种质资源的相关研究,发现中国草鱼野生群体具有较高的遗传多样性,地理群体间存在遗传分化,具有进一步遗传改良的潜力。

第二节　草鱼野生群体遗传结构分析

20 世纪 80 年代开始,李思发等对长江、珠江、黑龙江水系草鱼野生种群的遗传多样性状况和种群结构已进行了详尽的研究。为了反映近年草鱼野生种质资源分布情况,设定有效保护和合理开发各水系草鱼种质资源方案,仍然需要系统评估中国三大水系和三大水系以外地区的草鱼野生群体的遗传结构。

一、基于微卫星标记

(一) 野生群体收集

8 个草鱼野生群体为 2008～2010 年收集于长江、珠江及黑龙江水系,活体培育于苏州市申航生态科技发展股份有限公司,并被用作筛选亲本(表 5-1)。

表 5-1　草鱼样本采集信息

群　体	采样地	经纬度	样本数
邗江 HJ	江苏邗江	32.35N,119.43E	41
吴江 WJ	江苏吴江	31.06N,120.53E	49
九江 JJ	江西九江	29.72N,115.96E	45
石首 SS	湖北石首	29.74N,112.39E	11
木洞 MD	重庆木洞	29.57N,106.85E	24
万州 WZ	重庆万州	30.83N,108.45E	48
肇庆 ZQ	广东肇庆	23.08N,112.53E	59
嫩江 NJ	黑龙江嫩江	49.21N,125.22E	48

(二) 群体多样性分析

8 个草鱼野生群体的遗传多样性(表 5-2)显示,肇庆群体的平均等位基因数(Na)最多(18.25),石首群体最少(10.42);万州群体的平均有效等位基因数(Ne)最多(8.95),嫩江群体最少(6.12);吴江群体的 Shannon 多样性指数(I)最高(2.414),嫩江群体的最低(1.993);九江群体的平均观测杂合度(Ho)最高(0.893),万州群体最低(0.839);万州群体的平均期望杂合度(He)最高(0.885),嫩江群体的最低(0.831);万州群体的多态信息含量(PIC)最高(0.864),嫩江群体的最低(0.802)。总体上,8 个群体均具有较高的遗传多样性,其中长江水系的 6 个群体和肇庆群体的多样性水平没有明显差异,并高于嫩江群体。

长江水系的 6 个群体和珠江水系的肇庆群体的遗传多样性水平差异不大,普遍高于黑龙江水系的嫩江群体,支持李思发等利用形态学手段的研究结果,推断黑龙江群体属自然分布区的边缘群体,嫩江群体位于黑龙江水系最大支流松花江的北源,与属于中央群体的长江、珠江水系的群体存在较大差异。

表 5 - 2　草鱼 8 个群体的遗传多样性

参数	邗江	吴江	九江	石首	木洞	万州	肇庆	嫩江
Na	15.50	17.33	16.33	10.42	13.25	16.92	18.25	11.42
Ne	8.24	8.78	8.13	7.24	7.89	8.95	8.83	6.12
I	2.321	2.414	2.335	2.101	2.224	2.401	2.413	1.993
Ho	0.884	0.878	0.893	0.886	0.869	0.839	0.844	0.847
He	0.875	0.882	0.870	0.878	0.874	0.885	0.882	0.831
PIC	0.845	0.862	0.850	0.822	0.841	0.864	0.863	0.802

（三）群体间遗传分化

群体间遗传分化结果（表 5 - 3）显示,九江和石首群体、万州和木洞群体间的遗传分化指数（F_{st}）为负值,说明两对群体间无遗传分化,其余群体间的遗传分化指数介于 0.001 2~0.041 1,属于轻微程度的分化（$F_{st}<0.05$）；其中石首与木洞、万州群体间,肇庆与万州、木洞群体间的遗传分化不显著（$P>0.05$）,其余群体间的遗传分化显著或极显著。嫩江群体与其他 7 个群体表现出极显著的分化,归因于黑龙江水系种群相对独立的边缘分布造成自然地理隔离,发生基因交流的可能性较小。AMOVA 分析如表 5 - 4 所示,1.91% 遗传变异来自群体间的遗传分化,达到极显著水平（$P<0.01$）。

群体间遗传距离（表 5 - 3）表明,木洞和万州群体间遗传距离最小（$D_A=0.067\ 5$）,嫩江和肇庆群体间遗传距离最大（$D_A=0.349\ 3$）。基于群体间遗传距离（D_A）构建的 UPGMA 聚类树（图 5 - 1）显示,长江上游的两个群体（木洞、万州）首先聚类,并依次与长江中游两个群体（九江、石首）和长江下游两个群体（吴江、邗江）聚类,然后与肇庆群体聚类,最后与嫩江群体聚类。

表 5 - 3　草鱼群体间 Nei's 遗传距离和 F 统计值

遗传距离 ＼ 遗传分化指数	邗江	吴江	九江	石首	木洞	万州	肇庆	嫩江
邗江		0.011 8 **	0.016 9 **	0.015 4 **	0.014 9 **	0.015 2 **	0.023 1 **	0.041 1 **
吴江	0.113 0		0.010 9 **	0.006 8 *	0.009 4 **	0.010 1 **	0.018 6 **	0.034 1 **
九江	0.140 9	0.103 8		−0.003 2	0.008 4 **	0.009 0 **	0.018 1 **	0.037 8 **
石首	0.194 8	0.147 5	0.080 7		0.001 2	0.003 8	0.011 9 *	0.029 9 **
木洞	0.165 0	0.133 9	0.105 7	0.127 4		−0.000 1	0.003 0	0.039 5 **
万州	0.151 2	0.105 6	0.097 6	0.139 3	0.067 5		0.003 0	0.035 1 **
肇庆	0.285 9	0.265 4	0.248 4	0.290 5	0.153 6	0.139 0		0.035 6 **
嫩江	0.304 1	0.248 0	0.283 9	0.310 6	0.316 6	0.272 8	0.349 3	

注：Nei's 遗传距离（D_A,对角线以下）及 F 统计值（F_{st},对角线以上）

* 表示分化达到显著水平（$P<0.05$）；** 表示分化达到极显著水平（$P<0.01$）

表 5 - 4　草鱼群体的微卫星分子分析结果

变异来源	自由度	平方和	方差组分	百分率/%
群体间	7	92.482	0.100 52 **	1.91
群体内个体间	318	1 644.670	0.013 11	0.25
个体内	326	1 677.500	5.145 71 **	97.84
总变异	651	3 414.652	5.259 33	

注：** 表示变异来源达到极显著（$P<0.01$）

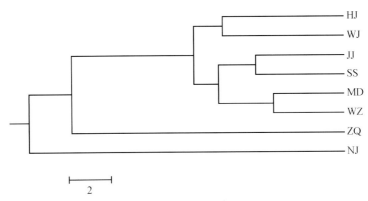

图 5-1　基于草鱼群体间 Nei's 遗传距离的 UPGMA 聚类树

HJ:邗江;WJ:吴江;JJ:九江;SS:石首;MD:木洞;WZ:万州;ZQ:肇庆;NJ:嫩江

　　执行 2~8 的假设 K 值,设 10 次重复,根据 K 值对应参数的趋势分析,发现 K=5 时出现明显折点,推断本研究所有参试个体最佳分组为 5 个理论群。图 5-2 给出了最小分组 K=2 及最佳假设 K=5 的遗传结构对照图。由图可知,长江、珠江和黑龙江水系的个体划分明显;嫩江、肇庆群体的个体遗传结构相对独立。来源长江水系不同江段的个体间存在一定程度的混杂,上游、中游及下游的个体遗传结构区分不甚明显。一方面可能由于草鱼具有较强的迁徙和适应能力,导致群体混杂现象;另外人工增殖放流也可能加大了基因交流的水平。而肇庆、嫩江群体中个体的遗传结构相对单一,这可能由于独立的水系分布阻碍了自然条件下的基因交流。

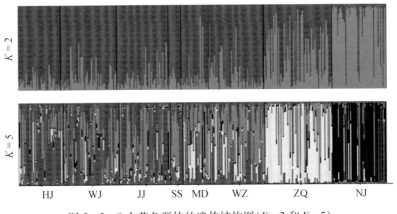

扫一扫 见彩图

图 5-2　8 个草鱼群体的遗传结构图(K=2 和 K=5)

HJ:邗江;WJ:吴江;JJ:九江;SS:石首;MD:木洞;WZ:万州;ZQ:肇庆;NJ:嫩江

二、基于线粒体 DNA

　　线粒体 DNA 具有严格的母系遗传特点,同时具有拷贝数高、DNA 分子量小、缺乏重组、结构和组织简单而高度保守、DNA 突变率高等一系列优点。控制区(D-loop)是线粒体 DNA 上的一段非编码区,受进化压力小、遗传变异程度高,并且进化速率快,是其他区段的5倍,常被用于群体水平的遗传变异分析。采用PCR扩增和DNA测序技术,对长江、珠江和黑龙江水系的8个草鱼野生群体以及2个筛选群体的线粒体D-loop区部分片段进行了遗传结构分析。同时初步分析草鱼在经过2个世代的筛选工作后群体遗传结构的变化,为今后制定出更加合理有效的筛选方案提供参考。

(一)草鱼D-Loop区的变异特征

草鱼D-Loop区序列分析表明,A+T含量达到66.72%,明显高于G+C含量,表现出明显的AT偏好,这与其他脊椎动物线粒体控制区(D-loop)核苷酸的组成特点相一致。当基因序列的碱基转换(Ts)与颠换(Tv)的比值小于2时,被认为突变达到饱和状态,该序列则不适合用于系统进化分析。草鱼D-Loop区序列的Ts/Tv的比值为3.83,说明草鱼的D-Loop区的突变未达到饱和,可以用作遗传变异和系统进化分析。

在364尾野生草鱼中检测出31个单倍型,其中共享单倍型14个,占单倍型总数45.16%,Hap-1、Hap-6、Hap-20和Hap-21为优势单倍型,分别占37.64%、11.81%、20.06%和13.74;其中7个单倍型(Hap-2、Hap-3、Hap-4、Hap-5、Hap-12、Hap-16和Hap-18)为2个群体所共享,5个单倍型(Hap-7、Hap-9、Hap-10、Hap-20和Hap-21)为3个群体所共享,2个单倍型(Hap-1和Hap-6)为5个群体所共享;其他17个单倍型为各个群体所特有,除了肇庆群体未检测到特有单倍型外,其余7个群体均具特有单倍型。2个筛选群体间存在1种共享单倍型Hap-15。

(二)遗传多样性

整体单倍型多样性和平均核苷酸多样性分别为0.785和0.003 5,各群体的单倍型多样性介于0.182~0.708,核苷酸多样性介于0.001 2~0.003 7(表5-5)。其中,石首群体的遗传多样性水平最低(Hd=0.182,π=0.001 2),肇庆群体的单倍型多样性最高(Hd=0.708),嫩江群体的核苷酸多样性最高(π=0.003 7)。群体的Tajima's D值显示,邗江、吴江、九江和石首群体为负值,其余群体为正值。

表5-5 草鱼8个群体D-Loop区序列遗传多样性参数

群 体	多态性位点数(S)	单倍型个数(h)	单倍型多样性(Hd)	核苷酸多样性(π)	平均核苷酸差异数(K)	Tajima's D值
邗江 HJ	12	9	0.624	0.002 2	1.945	−0.892
吴江 WJ	12	11	0.474	0.001 8	1.610	−0.981
九江 JJ	12	10	0.598	0.002 6	2.314	−0.488
石首 SS	6	2	0.182	0.001 2	1.091	−1.851*
木洞 MD	8	4	0.533	0.002 7	2.377	0.351
万州 WZ	8	5	0.553	0.003 3	2.965	1.774
肇庆 ZQ	8	8	0.708	0.003 5	3.175	2.233*
嫩江 NJ	14	7	0.584	0.003 7	3.296	0.320
总 体	29	31	0.785	0.003 5	3.159	−0.788

注: *表示显著差异($P<0.05$)

除石首群体外,其余7个草鱼野生群体的单倍型多样性介于0.474~0.708;其中吴江群体的单倍型多样性最低,可能与太湖流域具有悠久的圩田养鱼历史有关,适宜的生长环境和养殖草鱼逃逸可能对该水域的草鱼群体造成影响,形成太湖流域较小的繁殖群体,从而导致遗传多样性的降低。对长江水系的几个群体进行比较发现,上游的2个群体的遗传多样性水平较低,可能与长江上游水文条件及水利设施对其的影响有关。邗江群体与九江群体分布于长江干流,基础群体相对较大,可能是造成其单倍型多样性比长江水系其他群体较高的原因。

(三) 遗传分化

我们利用 Arlequin 软件计算8个草鱼群体间的遗传分化指数(F_{ST}),利用 MEGA 计算 Kimura 双参数模型(Kimura 2 Parameter, K2P)遗传距离,结果显示群体间遗传距离介于0.0015~0.0049,其中石首群体与吴江群体间的遗传距离最近,嫩江群体与邗江群体的遗传距离最远,如表5-6所示;对遗传距离与地理距离进行相关分析,发现两者具有极显著的相关性($r=0.67, P<0.01$);基于群体间的遗传距离构建 NJ 系统发育树显示,长江中下游的4个群体(邗江、九江、吴江和石首群体)先聚集,再与肇庆群体聚集,然后与长江上游2个群体聚集(木洞和万州群体),最后与嫩江群体聚集,如图5-3所示。肇庆群体与长江中下游4个群体间的遗传距(0.0029~0.0033)较近,这一方面支持珠江水系的草鱼种群起源于长江水系中下游草鱼种群扩散的说法。

表5-6　草鱼野生群体间的 K2P 遗传距离和遗传分化指数 F_{ST}

遗传距离	遗传分化指数	邗江 HJ	吴江 WJ	九江 JJ	石首 SS	木洞 MD	万州 WZ	肇庆 ZQ	嫩江 NJ
邗江 HJ			0.024 *	-0.003	0.060	0.416 **	0.412 **	0.081 **	0.398 **
吴江 WJ		0.002 0		0.004	-0.006	0.505 **	0.490 **	0.129 **	0.473 **
九江 JJ		0.002 4	0.002 2		0.039	0.430 **	0.425 **	0.060 **	0.410 **
石首 SS		0.001 7	0.001 5	0.001 9		0.598 **	0.559 **	0.191 **	0.533 **
木洞 MD		0.003 6	0.003 4	0.003 7	0.003 1		0.034	0.365 **	0.080
万州 WZ		0.004 3	0.004 1	0.004 2	0.003 9	0.003 1		0.366 **	-0.005
肇庆 ZQ		0.003 3	0.003 1	0.003 3	0.002 9	0.004 4	0.004 5		0.355 **
嫩江 NJ		0.004 9	0.004 7	0.004 7	0.004 5	0.003 6	0.003 5	0.004 8	

注: * 表示遗传分化显著($P<0.05$); ** 表示遗传分化极显著($P<0.01$)

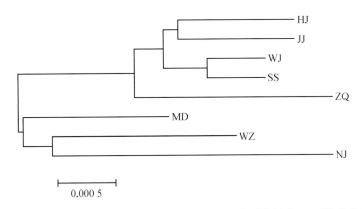

图5-3　草鱼野生群体基于 mtDNA D-Loop 区序列变异的 NJ 系统发育树

HJ: 邗江;WJ: 吴江;JJ: 九江;SS: 石首;MD: 木洞;WZ: 万州;ZQ: 肇庆;NJ: 嫩江

对草鱼各群体间的遗传分化指数进行计算,发现各群体间呈现不同程度的分化水平。其中长江中下游4个群体(邗江、吴江、九江和石首群体)之间除了邗江群体与吴江群体间发现显著遗传分化($P<0.05$)外,其余群体间遗传分化均不显著($P>0.05$);长江上游2个群体(木洞和万州群体)及与嫩江群体之间遗传分化不显著($P>0.05$),其余群体间的遗传分化水平均达到极显著水平。对草鱼8个群体进行分子遗传方差分析(AMOVA),发现群体间的方差组占30.56%,遗传分化指数 F_{st} 为0.306,并达到极显著水平($P<0.01$),说明在整体水平上草鱼野生群体间存在一定的遗传分化。

基于草鱼31个单倍型构建的MP进化树,显示31个草鱼单倍型被分为2个主要分支(LGA和LGB)。2个分支中的单倍型分布不具有明显地域性,其中分支A(LGA)包括23个单倍型(占单倍型总数的74.19%),有264尾鱼(占个体总数的72.53%),为优势分支;分支B(LGB)包括8个单倍型(占单倍型总数的25.81%),有100尾鱼(占个体总数的27.47%)。分支A、分支B内的平均K2P遗传距离分别为0.0025和0.0036,分支A与分支B之间平均K2P遗传距离为0.0085。计算分支间的遗传分化指数发现两者分化水平极显著($P<0.01$)。

分别对2个分支进行Tajima's D中性检验表明,分支A的Tajima's D值为负值(-1.948,$P<0.05$),呈现显著的中性偏离;分支B的Tajima's D值为负值(-1.168,$P>0.05$),未达到统计学上显著水平。对分支A和分支B分别进行核苷酸错配分布比较发现,分支A和分支B的核苷酸错配呈单峰类型分布(分支B的单峰分布稍显不规则),与扩张模型的期望分布相对吻合,支持分支A和分支B发生过种群的扩张。对各草鱼群体进行核苷酸错配分布分析结果显示,每个群体的分布图均呈双峰型分布,推测群体水平未发生扩张现象。利用单倍型构建的网络图(图5-4)显示,单倍型的进化和分布情况与

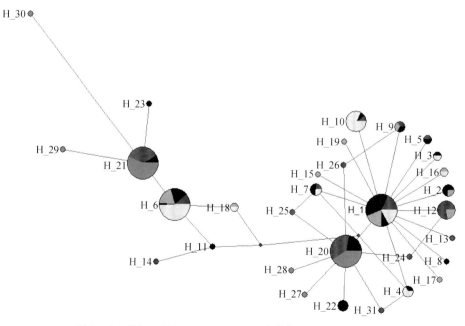

图5-4 草鱼mtDNA D-Loop区31个单倍型的网络结构图

MP进化树中的2个分支相吻合,并发现2个分支分别具有2个优势单倍型,2个中介向量居于优势单倍型之间。根据Network软件默认设置(每20 180年发生1个突变位点),估算两个分支间的分化时间,发现分化时间介于距今126 350~65 626年前,依此推测两个单倍型分支的分化发生在第四纪更新世(距今200万年~1万年)晚期。推测研究发现的两个单倍型分支中,一个分支的进化路线可能是在第四纪冰川期由长江中游经长江下游往珠江水系方向演化,而另一个分支则可能是在第四纪更新世由长江中游向长江上游和经过江河平原向古嫩辽河扩散演化。

第三节　草鱼养殖群体遗传结构分析

草鱼体型较大,且繁殖周期较长,人工繁殖的亲鱼不易于频繁更新换代,导致大多数养殖场使用同一批野生原种草鱼繁殖多代,且后代较大概率在性成熟后继续近交,使草鱼养殖资源出现理论性迅速衰减,遗传变异指数大大减弱,甚至近交后代再放流到自然环境后会造成草鱼自然群体遗传信息的严重污染。因此,草鱼养殖群体的遗传多样性检测和遗传变异分析工作需要有效加强和落实,意在监测草鱼群体整体遗传资源的变动水平,同时,也为草鱼优良遗传资源的发现和利用做好保护和推进工作,完善和发掘合理捕捞及种质创制的新方案,为草鱼人工养殖的可持续发展打下坚实的理论基础。

一、群体遗传多样性

实验所用草鱼样本来源于国内外9个草鱼养殖群体,沅江、成都、洪湖和安乡样本收集于2008~2010年,天津、韶关、越南、印度和尼泊尔样本收集于2013年,具体地理位置和信息详见表5-7,每个地域的草鱼样本均收集于当地水产养殖场,经人工繁殖多代后的子代。实验样本为剪取的鳍条组织,固定于无水乙醇中,4℃保存。

表5-7　草鱼样本采集信息

群　体	采　样　地	经　纬　度	样本数
沅江 YJ	湖南省沅江市	28.85N,112.36E	66
成都 CD	四川省成都市	30.73N,104.11E	57
洪湖 HH	湖北省洪湖市	30.02N,113.72E	67
安乡 AX	湖南省常德市安乡县	29.40N,112.13E	66
天津 TJ	天津市武清区	39.38N,117.05E	66
韶关 SG	广东省韶关市	24.94N,114.07E	58
越南 YN	越南北宁市	21.12N,105.98E	65
印度 YD	印度戈勒克布尔市	26.76N,83.37E	26
尼泊尔 NB	尼泊尔黑道达市	27.42N,85.03E	36

所采用的20个SSR位点所选九个草鱼养殖群体中的PCR反应结果显示,期望杂合度最小0.564,最大0.953,观测杂合度最小0.552,最大0.972,有效等位基因数最小2.29,

最大 21.02,等位基因数最小 13,最大 35,多态信息含量最小 0.542,最大 0.950,全部是高度多态性 SSR 位点,PIC>0.5。6 个位点(CID0173、CID0869、CID0047、CID0382、Ci390 和 Ci398)极显著偏离 Hardy－Weinberg 平衡($P<0.01$)。

如表 5－8 所示,沅江群体的多态信息含量和平均期望杂合度最高(PIC＝0.851,He＝0.870),尼泊尔群体最低(PIC＝0.627,He＝0.673);安乡群体的平均观测杂合度最高(Ho＝0.861),印度群体最低(Ho＝0.685);沅江群体的 Shannon 值最高(I＝2.351),尼泊尔群体最低(I＝1.393);沅江群体的平均有效等位基因数最多(Ne＝8.89),尼泊尔群体最少(Ne＝3.57);沅江群体的平均等位基因数最多(Na＝16.90),印度群体最少(Na＝6.05)。由此看出,所检测的 9 个草鱼养殖群体均具有较高的遗传多样性,长江流域、天津和越南养殖群体的多样性水平没有明显差异,PIC 指数均较高,广东韶关的养殖群体的多样性水平相对略低,印度和尼泊尔养殖群体的多样性水平最低。

表 5－8　草鱼 9 个养殖群体的遗传多样性信息

参数	沅江	成都	洪湖	安乡	天津	韶关	越南	印度	尼泊尔
Na	16.90	14.60	16.50	13.05	13.85	10.30	12.25	6.05	6.60
Ne	8.89	7.38	8.56	6.86	7.03	4.99	7.22	3.63	3.57
I	2.351	2.175	2.300	2.131	2.123	1.802	2.085	1.403	1.393
Ho	0.849	0.835	0.844	0.861	0.851	0.795	0.846	0.685	0.697
He	0.870	0.843	0.863	0.847	0.835	0.776	0.836	0.695	0.673
PIC	0.851	0.820	0.843	0.824	0.812	0.745	0.811	0.639	0.627

9 个群体均反映出理想的遗传多样性,表现出种质状况较可观,具备筛选的价值和开发潜力。通常研究者对野生草鱼群体的遗传多样性检测较多,侧面反映出草鱼养殖群体经多代自繁,或存在较低的多样性水平。但是所选 9 个草鱼养殖群体中,除印度和尼泊尔群体,剩下的 7 个群体都反映出较为可观的位点杂合度,说明草鱼养殖群体仍然维持在较丰富的遗传多样性水平,此外,遗传多样性水平高可能也与位点本身有关,因此对于野生草鱼的资源保护行动不可怠慢。印度与尼泊尔群体的等位基因数、杂合度和多态信息含量相对较低,可能与检测样本的数量、养殖场草鱼来源情况及地域性草鱼整体遗传信息有关。

经检测发现,国内 6 个草鱼养殖群体中,除广东韶关群体外,其余 5 个养殖群体的遗传多样性水平均较高,且差异不大,可能与长江流域本身草鱼种质资源丰富有关,另一方面,由于珠江流域所采集群体个数少(仅广东韶关养殖群体),无法客观、全面地比较其遗传多样性水平。越南养殖群体的遗传多样性水平与国内长江流域的养殖草鱼群体相近,鉴于越南境内四分之一为河流平原区,且地处热带季风气候区,温度适宜,水草茂盛,能够为野生草鱼提供良好的栖息、繁殖环境,因此推测越南境内草鱼的野生和养殖群体具有较好的遗传多样性水平。

种群瓶颈效应,是指某个种群的数量由于突然的灾难所造成的死亡或不能生育造成减少 50%以上或者数量级减少。种群瓶颈可能促成遗传漂变,种群瓶颈发生后,可能造成种群的灭绝,或种群恢复但仅存有限的遗传多样性。如果某一群体在正常的突变-漂移平衡状态中,那么其中 SSR 位点应该出现相近概率的杂合不足和过剩,发生瓶颈效应后,会造成杂合过剩的现象,原因是等位基因缺失速度较快,而杂合度下降速度较慢,因此,在推断群体数量突然减少时,我们经常通过杂合过剩来得知。三种瓶颈效应模型中,根据突变-漂移假设,无限等位基因和逐步突变模型属于极端模型,而双相突变模型被认为是结合了另外两种模型的综合模型,其中 SMM 模型较适用于较大群体数的长期动态分析,对群体短时期内的瞬间变化估算能力较差。本部分所用多态性微卫星位点杂合度均较高,且采样全部为养殖群体,较适用于研究群体在短时间的遗传信息变化,所以通过双相突变和无限等位基因这两种模型来检测所得到的结论更具准确性。

表 5-9 20 个草鱼 SSR 位点的瓶颈效应分析情况

位点	H_E	IAM 模型			TPM 模型			SMM 模型		
		H_{EQ}	DH/sd	P	H_{EQ}	DH/sd	P	H_{EQ}	DH/sd	P
CID0474	0.830	0.744	0.833	0.176	0.844	−0.345	0.304	0.898	−3.605	0.004**
CID0173	0.880	0.848	0.585	0.301	0.914	−1.860	0.064	0.940	−2.320	0.007**
CID1533	0.953	0.876	1.759	0.000**	0.931	1.568	0.012*	0.951	0.190	0.560
CID0869	0.868	0.737	1.185	0.030*	0.842	0.653	0.297	0.897	−1.095	0.083
CID0042	0.879	0.785	1.079	0.063	0.875	0.094	0.474	0.917	−1.367	0.025*
CID0347	0.564	0.668	−0.776	0.181	0.791	−3.797	0.006**	0.864	−11.370	0.000**
CID0615	0.909	0.781	1.481	0.001**	0.869	1.207	0.070	0.914	−0.332	0.324
CID1528	0.834	0.766	0.709	0.249	0.863	−0.759	0.159	0.909	−4.248	0.004**
CID0047	0.845	0.761	0.876	0.142	0.854	−0.216	0.339	0.903	−2.256	0.009**
CID0382	0.871	0.742	1.262	0.024*	0.842	0.663	0.274	0.898	−1.467	0.095
CID1531	0.928	0.847	1.425	0.004**	0.914	0.650	0.305	0.941	−0.863	0.089
CID1532	0.920	0.844	1.337	0.014*	0.915	0.254	0.495	0.940	−1.113	0.044*
CID0283	0.841	0.820	0.292	0.501	0.898	−2.387	0.029*	0.931	−5.713	0.002**
Ci390	0.880	0.676	1.572	0.000**	0.792	1.477	0.012*	0.863	0.623	0.324
Ci398	0.853	0.791	0.791	0.206	0.876	−0.771	0.199	0.919	−4.611	0.001**
CID1535	0.877	0.828	0.765	0.218	0.904	−1.247	0.098	0.933	−1.896	0.005**
CID1512	0.931	0.848	1.476	0.001**	0.914	0.858	0.199	0.940	−0.397	0.140
Ci240	0.812	0.853	−0.755	0.171	0.918	−5.917	0.001**	0.942	−4.666	0.009**
Ci120	0.810	0.673	1.038	0.107	0.794	0.271	0.477	0.864	−1.981	0.050
CID0598	0.897	0.801	1.210	0.016*	0.884	0.455	0.381	0.921	−1.245	0.070

H_E:期望杂合度;H_{EQ}:平均期望杂合度;DH/sd:H_E 和 H_{EQ} 差和标准偏差的比值;*差异性表现为显著,$P < 0.05$;**差异性表现为极显著,$P < 0.01$

经过瓶颈效应分析(表 5-9)可以看出,无限等位基因模型里,有 18 个位点表现出杂合过剩,双相突变模型里,有 11 个位点显示不同程度的杂合过剩。所以,SSR 位点变异情况说明所研究的 9 个草鱼养殖群体大多数位点已表现出杂合过剩,反映出群体数量出现不同程度减少。

突变-漂移平衡的 IAM 和 TPM 检测反映,无限等位基因模型里,9 个群体全部表现为杂合过剩,其中安乡和越南群体尤为严重,符号检验中,除成都群体外(推测可能其亲本野生群体未受长江三峡截流影响),剩下的群体全部不同程度地偏离突变-漂移平衡,显著或极显著,Wilcoxon 符号秩次检验里,9 个群体全部偏离突变-漂移平衡极显著;双相突变模型中,除成都和韶关群体表现出相似的杂合过剩和不足比例,剩下的 7 个群体全部表现为杂合过剩,符号检验中,9 个群体全部偏离突变-漂移平衡不显著,Wilcoxon 符号秩次检验中,除了越南群体极显著偏离平衡,其余 8 个群体全部偏离突变-漂移平衡不显著。

突变-漂移平衡的无限等位基因模型检验里,所有群体不同程度地显著偏离平衡,说明所有群体在较近的一段时期内全部经历了不同程度的瓶颈效应,群体数量发生减少;而在 TPM 模型检验中,大部分群体均不显著偏离平衡(除越南群体在 Wilcoxon 符号秩次检验中极显著偏离平衡),反映出研究群体在较近的一段时间内群体数量未曾减少,没有发生过瓶颈效应。样本收集来源可能是导致两种检测方法出现差异性的原因,即养殖场选用野生草鱼经过不同世代繁殖后的养殖使得草鱼群体的数量发生人为改变,遗传基因在非自然环境下丢失及增加,导致瓶颈效果分析出现偏差;另一方面,由于水利设施的修建及水体污染等问题造成的生境破坏及环境恶化,野生草鱼群体的生存受到严重干扰,遗传基因的正常世代传递和改变(遗传漂变)受到威胁。鉴于瓶颈效应的微卫星位点分析结果,草鱼养殖群体由于人为干扰,近期经历过瓶颈效应,群体数量发生下降,草鱼养殖群体的遗传信息保护策略急需建立和加强。作为评估种群发展趋势的一种方法,瓶颈效应分析可为野生及养殖草鱼种质资源保护提供有效且宝贵的参考意见。

二、群体间遗传分化

由于生物群体在不相隔的地理环境中生活,长期的生活习性或环境因素造成生物群体发生分化,此种现象被称为群体分化。而由这种群体分化导致了不同生物群体之间的等位基因频率发生变化而最终形成差异,称为群体的遗传分化。在研究群体遗传分化时,我们通常用遗传分化系数(F_{st})、遗传距离(D_A)等指标进行衡量。

所用微卫星位点为自主建立专门检测草鱼群体多态性的多重 PCR 引物组(全部为高度多态性位点),大大降低因群体样本数较少而带来的影响,降低遗传参数的变异系数,在检测个体数相对偏少的情况下(印度和尼泊尔群体)也可获得较准确的遗传评估。研究发现 9 个养殖草鱼群体的平均遗传分化系数 F_{st} 值为 0.063 5,属于低度遗传分化(0.05<F_{st}<0.15)。群体间 36 组 F_{st} 值中,中度遗传分化的有 2 组,占 6%,低度遗传分化的有 17 组,占 47%,轻微遗传分化有 17 组,占 47%(表 5-10)。研究得出,来源于不同水域的不同群体大多表现出较高的遗传分化程度,印度与国内群体间,尼泊尔与国内群体间的遗传分化相对较大,国内群体间,尤其是来自相同水域的群体间,遗传分化相对较低。

表 5-10　9 个草鱼群体间 F 统计值(F_{st})和 Nei's 遗传距离

遗传距离 ＼ 遗传分化指数	沅江	成都	洪湖	安乡	天津	韶关	越南	印度	尼泊尔
沅江		0.010 6	0.006 0	0.020 2	0.015 4	0.047 6	0.019 3	0.081 5*	0.103 3*
成都	0.109 5		0.017 9	0.025 7	0.007 0	0.044 5	0.014 0	0.082 8*	0.111 5*
洪湖	0.087 3	0.155 7		0.024 4	0.021 8	0.055 3*	0.026 5	0.096 5*	0.102 6*
安乡	0.175 2	0.199 3	0.201 7		0.031 3	0.079 4*	0.034 9	0.095 9*	0.120 3*
天津	0.130 8	0.078 8	0.171 0	0.226 0		0.054 0*	0.021 8	0.083 4*	0.111 8*
韶关	0.268 0	0.242 2	0.318 4	0.482 6	0.291 8		0.060 6*	0.150 7**	0.165 5**
越南	0.158 6	0.119 4	0.204 5	0.252 4	0.157 8	0.334 6		0.092 2*	0.115 7*
印度	0.372 0	0.367 7	0.475 4	0.455 7	0.366 5	0.727 3	0.420 7		0.134 5*
尼泊尔	0.456 3	0.489 3	0.447 3	0.560 7	0.484 9	0.766 9	0.512 8	0.442 2	

注：** 表示中度分化(F_{st}值介于 0.15~0.25),* 表示低度分化(F_{st}值介于 0.05~0.15),无标注为轻微分化

　　UPGMA 聚类树(图 5-5)显示沅江、成都、洪湖、安乡和天津群体首先聚在一起,分析可能由于养殖群体来源都为长江及附近水系流域;随后依次与韶关和越南群体聚在一起,分析韶关群体有可能种质资源来自珠江水域,因此,在遗传距离上远于长江水域群体,而越南群体来源为东南亚平原流域,遗传距离与国内群体间差异较大;最后印度和尼泊尔群体与国内群体的遗传距离最远,分析可能与喜马拉雅山脉的地理隔离有关,无法过多的进行基因交流导致。研究发现,与中国南部平原相连的越南草鱼群体与国内群体遗传距离较近,与中国西南部山脉隔离的印度和尼泊尔草鱼群体与国内群体遗传距离较远,结果符合地理距离和遗传距离的相关性分析。

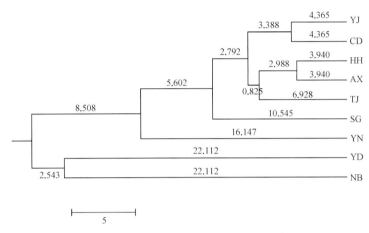

图 5-5　9 个草鱼养殖群体遗传距离的 UPGMA 聚类树

沅江:YJ;成都:CD;洪湖:HH;安乡:AX;天津:TJ;韶关:SG;越南:YN;印度:YD;尼泊尔:NB

　　根据 K 值及其对应参数 Var[LnP(D)]均值的趋势分析,K=6 时表现出明显转折,理论群体数为 6 的概率较大。分析不同 K 值的结构图(图 5-6),发现沅江、成都、洪湖和天津群体的遗传结构较为接近,彼此都存在着较多相互交叉和渗透;安乡、韶关和越南群体的遗传结构较为独立,但与上述四个群体间同样存在少量交叉和渗透,其中越南群体和长江群体以及天津群体的遗传信息渗透较为广泛;而印度和尼泊尔群体的遗传结构与其余七个群体间差异较大,几乎没有彼此的交叉和渗透。根据印度和尼泊尔群体的 Nei's 遗传距离和遗传分化指数发现,两群体间的遗传距离和遗传分化指数都较大,对比 K 值结构图及其相关参数折线图,判断 K=6 时为最佳群体数。

　　调查发现,人工养殖草鱼多为繁殖几代内的野生捕捞草鱼,甚至野生草鱼原种用作亲本,因此养殖草鱼的遗传结构可以间接反映野生草鱼的遗传信息。研究分析,长江水域的沅江、成都、洪湖,以及天津和越南群体的遗传信息渗透较明显,一推测为越南草鱼群体为长江水系草鱼群体分离出去的一支亲缘较近群体,而越南草鱼群体中的遗传物质仅为长江水系草鱼群体的一部分,遗传信息含量较少;另一推测,长江水系草鱼群体曾和越南草鱼群体发生遗传信息交流,如引进一部分越南草鱼群体进入长江流域,或为早期时候草鱼种群的自然游动、繁殖所导致遗传物质的交流。韶关和安乡群体的遗传结构较独立,但是有少部分来自长江水域群体的遗传信息渗透,推测由于人为养殖所致的混杂,或野生原种草鱼群体的相互自然交流。印度和尼泊尔的采样地点虽然距离较近,但遗传结构极其独

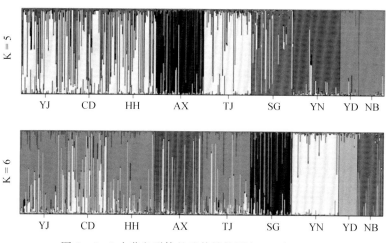

图5-6　9个草鱼群体的遗传结构图(K=5和K=6)

沅江: YJ;成都: CD;洪湖: HH;安乡: AX;天津: TJ;韶关: SG;越南: YN;印度: YD;尼泊尔: NB

立,尼泊尔群体中有一小部分遗传信息和印度群体相一致,根据其 Nei's 遗传距离、遗传分化系数和遗传结构图,推断两养殖群体的最初来源可能为遗传结构相差较大的野生群体,由于地理隔离和人工养殖模式的干预,导致形成遗传结构相对独立的两个草鱼群体,另一方面,由于此两个群体的遗传多样性指数也较低,推测两个群体或许经过人工养殖造成的多代近交,使得印度和尼泊尔两养殖群体相互间的遗传物质交流更加匮乏,遗传分化程度加剧。

我们利用自主开发的多重 PCR 体系,对来自长江流域(沅江、成都、洪湖和安乡)、天津、韶关以及越南、印度和尼泊尔共 9 个草鱼养殖群体进行了遗传多样性和遗传结构分析。遗传多样性分析显示,所有位点均为高度多态性位点(PIC 介于 0.542～0.950),9 个养殖群体显示出较高的遗传多样性水平(Ho 介于 0.552～0.972),国内 6 个以及越南群体的遗传多样性水平相对较高。瓶颈效应显示,9 个群体杂合过剩严重,除成都群体外,其余群体都不同程度偏离突变-漂移平衡,说明由于人为因素,草鱼养殖群体数量近期发生骤降,遗传基因的正常世代传递和改变(遗传漂变)受到严重威胁。群体遗传分化指数(F_{st})和 AMOVA 分析结果表示,群体内以及群体间均显示出极显著遗传分化,整体分化水平较高(群体间 53% 达到了低度或中度遗传分化,$F_{st} > 0.05$)。遗传距离分析和 UPGMA 聚类树结果显示,国内 6 个群体间遗传距离较近;越南和国内群体遗传距离相对较近,印度和尼泊尔群体较为独立。遗传结构分析显示,9 个群体被划为 6 个理论群,安乡和韶关群体较独立,其余 3 个长江流域和天津群体遗传信息相似,国内群体(除韶关外)与越南群体遗传信息渗透广泛,印度和尼泊尔群体遗传结构独立性极高。

第四节　草鱼种质创制过程遗传结构的变化

优良种质资源是草鱼种质创制的基础,充分挖掘利用草鱼优良种质资源内在遗传多样性,丰富种质资源库和拓宽草鱼遗传多样性,诱导产生自然界稀缺或用常规育种方法难

扫一扫 见彩图

以获得的新基因类型,可以为草鱼种质创制提供更多的基础材料。

一、拓宽遗传多样性

1959年第一次草鱼人工繁殖工作成功突破后,1966年湖南省水产研究所郭汉青第一次进行了草鱼与鳙的杂交工作。杂交是培育优良品种迅速而有效的方法,杂交能改变后代的基因组合,增加基因的杂合性。杂交种的变异性与可塑性大,生活力、生长速度等重要遗传性状也可得到提升,通过定向培育容易形成新的优良性状和特征。通过杂交可以综合不同来源的遗传信息,使不同等位基因重组,增加遗传多样性。

2008年5月至11月我们用培育于苏州市申航生态科技发展股份有限公司的长江、珠江原种(个体大小相近、年龄相同的亲本),同步进行催产。最终获得长江♀×珠江♂杂交组合(YZ)、长江♀×长江♂自繁组合(YY)及珠江♀×珠江♂自繁组合(ZZ)。鱼苗点腰平游后进行网箱培育至夏花,分别采样。样品用无水乙醇固定,保存于4℃。

对各组合每个位点进行 Hardy - Weinberg 平衡的 χ^2 检验,除 YY 自繁组合中的 ci03 位点外,3个组合其他位点的检验结果均表现出明显的平衡偏离;对各位点进行多群体检测(multi-group test)发现,各位点都表现明显的平衡偏离。YZ 杂交组合的遗传多样性最高,ZZ 自繁组合遗传多样性最低。杂交组合的平均观测杂合度和平均期望杂合度均高于两个自繁组合,说明杂交能有效地增加遗传结构变异,提高遗传多样性。杂交组合的平均多态信息含量高于两个自繁组合,进一步说明杂交组合在遗传多样性和遗传信息方面的有效提高。

YZ 杂交组合与 ZZ 自繁组合间遗传距离最远(Ds=0.163 4),3个组合间的遗传变异AMOVA 分析结果,组合间遗传变异占总变异的 5.25%,且达到极显著水平($P<0.01$)。聚类结果显示,YZ 杂交组合先与 YY 自繁组合聚到一支再与 ZZ 自繁组合聚合(图5-7),由此可见,杂交组合与 YY 自繁组合亲缘关系更近。

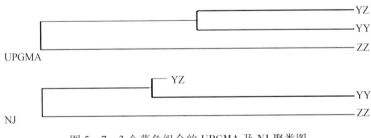

图5-7　3个草鱼组合的 UPGMA 及 NJ 聚类图

二、提升基因型纯合度

雌核发育是鱼类单性生殖中一种重要的生殖方式,人工诱导雌核发育就是采用物理、化学方法使精子遗传失活,然后刺激正常的卵子,再通过物理、化学、生物方法使单倍性胚胎的染色体加倍从而发育成雌核二倍体。理论上,在雌核发育过程中,雌雄原核并没有融合,而雌核发育个体后代的遗传物质都来自母本,在种质创制中多利用这一点来加快亲本的纯合速度。

2004年罗琛运用聚丙烯酰胺凝胶电泳技术,分析雌核发育草鱼与普通草鱼LDH、EST、SOD同工酶谱的差异。在雌核发育草鱼中发现一条特殊的酶带SOD-G,SOD-G在所检测的雌核发育草鱼中均存在,但在普通草鱼中未有发现。初步认为SOD-G可以作为雌核发育草鱼群体的生化遗传标记。

(一) 长江水系优良草鱼的遗传纯化

我们以上海海洋大学青浦鱼类育种试验站保存的长江水系优良草鱼F2代为繁殖用鱼。对照组为草鱼F2代亲本自交后代;实验组为紫外线灭活团头鲂(*Megalobrama amblycephala*)精子激活草鱼F2代亲本卵子,冷休克抑制第二极体排出的方法建立草鱼雌核发育群体。每群体各取样30尾,每尾剪取少许鱼鳍放入95%乙醇中保存于-20℃备用。

团头鲂精子的灭活:缓慢挤压成熟的雄性团头鲂的腹部,将挤出的白色精液均匀分布于玻璃培养皿中,与Hank's缓冲液按1:4的比例稀释。稀释好的精液厚度控制在0.1~0.2 mm,然后将玻璃培养皿平放于冰袋上,置于两支15 W紫外灯装置中照射10~20 min,距离约为15 cm;为使精子照射均匀,每隔1.5 min轻摇培养皿一次,显微镜下观察其活力,最后将处理好的精液保存于4℃冰箱。

卵子染色体的加倍:挤取雌性草鱼的卵子,与经紫外线照射的团头鲂精子充分混合,加水激活2 min后,将受精卵浸于控温水浴循环槽中,4~6℃冷休克处理12 min,处理完的受精卵置于室温下继续培养,每4 h换水,并挑弃死卵直至出苗,然后放于24 m² 水泥池养殖。取6月龄的草鱼对照群体、雌核发育草鱼群体、草鲂杂交后代群体和团头鲂各5尾,从尾静脉采血,然后取1 μL血样加入1 mL DAPI染液中,避光染色30~60 s,用500目过滤管过滤至上样管内,然后用Partec CyFlow倍性分析仪进行DNA含量检测。

在后代中存在形态差异明显的2种类型:一种与草鱼体形相似,应为减数雌核发育草鱼后代(图5-8 a~c);另一种为高背体型,体形明显偏高,可能属草鲂杂交后代(图5-8 d~f)。Partec CyFlow倍性分析仪测定草鱼减数雌核发育后代不同群体的相对DNA含量,统计结果见表5-11。结果显示,普通草鱼与减数雌核发育草鱼的相对DNA含量分别为23.01、22.72(图5-9),二者的DNA含量接近;而高背体型子代相对DNA含量为25.38,介于草鱼与团头鲂(DNA含量28.21)之间(图5-9),应属于草鲂杂交后代。

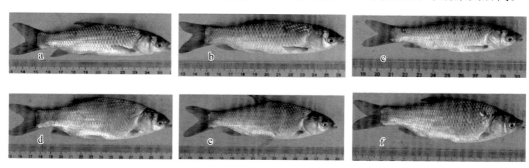

图5-8　草鱼雌核发育后代的外观形态(见彩版)

a~c. 雌核发育草鱼;d~f. 草鲂杂交后代

表 5-11 草鱼雌核发育后代的相对 DNA 含量统计

样 品	倍 性	平均检测细胞数	相对 DNA 含量
草鱼对照	二倍体	2 863	23.01±1.12
团头鲂对照	二倍体	2 500	28.21±1.21
雌核发育草鱼	二倍体	3 050	22.72±1.03
草鲂杂交后代	二倍体	3 264	25.38±1.26

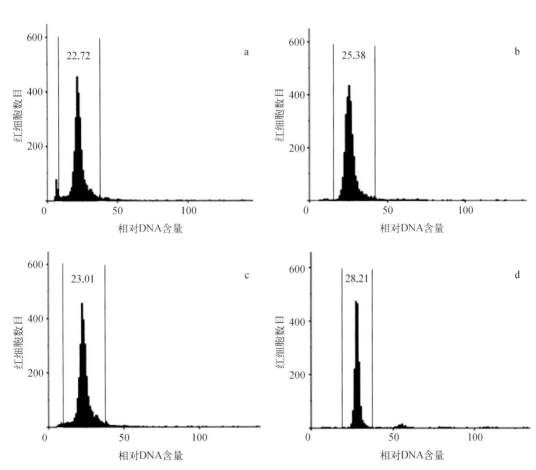

图 5-9 草鱼雌核发育后代的相对 DNA 含量(DAPI 染色)
a：雌核发育草鱼;b：草鲂杂交后代;c：草鱼对照,d：团头鲂对照

选取 17 个 SSR 位点进行草鱼不同群体多样性分析,由表 5-13 知,等位基因总数为 59,有效等位基因总数为 43.18,多态信息含量(PIC)介于 0.000~0.736 8,只有 MFW1 位点在草鱼群体中表现为纯合,其他位点均为多态位点。根据 PIC>0.5 为高度多态位点,因此采用 PIC 位于 0.35~0.75 的 14 个 SSR 位点(17 329、EST0222、EST0426、EST1573、EST3643、EST793、EST3746、EST0307、EST0363、HLJC20、HLJC222、HLJC26、HLJC137、HLJC151)对雌核发育后代不同群体进行遗传多样性分析。

表 5 - 12 草鱼 17 个微卫星座位上遗传多样性参数

位 点	等位基因数	有效等位基因	基 因 频 率		多态信息含量
17329	2	1.993 8	0.527 8	0.472 2	0.374 2
EST0222	5	4.422 6	0.166 7	0.300 0	0.736 8
			0.233 3	0.216 7	
			0.083 3		
EST0426	4	2.620 1	0.461 1	0.394 4	0.542 3
			0.111 1	0.033 4	
EST1573	4	3.365 9	0.372 2	0.300 0	0.645 9
			0.250 0	0.077 8	
EST3643	4	3.239 4	0.283 3	0.205 6	0.636 1
			0.088 9	0.422 2	
HLJC20	5	4.060 2	0.133 3	0.372 2	0.716 4
			0.116 7	0.238 9	
			0.138 9		
HLJC222	3	1.980 7	0.388 9	0.594 4	0.388 0
			0.016 7		
EST793	4	2.770 7	0.511 1	0.277 8	0.583 3
			0.116 7	0.094 4	
EST3746	4	2.392 6	0.577 8	0.250 0	0.523 1
			0.144 4	0.027 8	
HLJC26	4	2.793 6	0.488 8	0.305 6	0.580 3
			0.150 0	0.055 6	
HLJC137	4	2.190 1	0.055 6	0.561 1	0.453 3
			0.372 2	0.011 1	
HLJC151	4	3.009 5	0.072 2	0.450 0	0.608 5
			0.166 7	0.311 1	
			0.711 1	0.055 6	
			0.233 3		
EST0307	3	1.775 5	0.222 2	0.111 2	0.378 3
			0.533 3	0.133 3	
5476	4	2.747 6	0.255 6	0.744 4	0.587 4
			1.000 0		
EST0363	2	1.614 2	0.094 4	0.905 6	0.308 1
MFW1	1	1.000 0	0.372 2	0.300 0	
HLJC145	2	1.206 3	0.250 0	0.077 8	0.156 4
共 计	59	43.182 8			

采用 14 个多态性 SSR 位点在 3 个群体中检出的等位基因数、有效等位基因数、观测纯合度、期望纯合度、观测杂合度、期望杂合度和多态信息含量见表 5 - 13。每个位点检测到的等位基因数 2~4 个不等。在 3 个草鱼群体中，雌核发育草鱼，草鲂杂交后

表 5-13 草鱼雌核发育后代不同群体的遗传多样性参数

位点	等位基因数			有效等位基因			期望纯合度			期望杂合度			多态信息含量		
	A	B	C	A	B	C	A	B	C	A	B	C	A	B	C
17329	2	2	2	1.997 8	1.923 1	1.800 0	0.492 1	0.511 9	0.548 0	0.507 9	0.488 1	0.452 0	0.374 7	0.364 8	0.345 7
EST0222	3	3	4	2.825 7	2.651 0	3.428 6	0.657 1	0.366 7	0.279 7	0.342 9	0.633 3	0.720 3	0.573 4	0.551 6	0.658 9
EST0426	2	3	3	1.683 8	1.624 5	2.419 4	0.587 0	0.609 0	0.403 4	0.413 0	0.391 0	0.596 6	0.323 6	0.351 4	0.509 4
EST1573	3	4	3	2.219 5	3.982 3	2.381 0	0.558 8	0.238 4	0.410 2	0.441 2	0.761 6	0.589 8	0.464 6	0.701 9	0.491 8
EST3643	3	3	4	2.298 9	2.651 0	3.938 7	0.574 6	0.366 7	0.241 2	0.425 4	0.633 3	0.758 8	0.489 1	0.551 6	0.698 7
HLJC20	4	3	4	2.586 2	2.486 2	3.930 1	0.623 7	0.392 1	0.241 8	0.376 3	0.607 9	0.758 2	0.537 0	0.516 9	0.698 1
HLJC222	2	2	3	1.991 2	1.642 3	2.187 1	0.506 2	0.602 3	0.448 0	0.493 8	0.397 7	0.552 0	0.373 9	0.314 6	0.440 2
EST793	4	4	4	1.419 6	2.593 7	3.742 2	0.699 4	0.375 1	0.254 8	0.300 6	0.624 9	0.745 2	0.281 6	0.537 0	0.684 0
EST3746	4	4	4	1.464 6	2.496 5	2.889 2	0.677 4	0.390 4	0.335 0	0.322 6	0.609 6	0.665 0	0.296 0	0.515 4	0.590 1
HLJC26	4	2	4	2.662 7	2.000 0	2.965 4	0.635 0	0.491 5	0.326 0	0.365 0	0.508 5	0.674 0	0.569 6	0.375 0	0.599 9
HLJC137	2	2	4	1.945 9	2.000 0	2.331 6	0.505 6	0.491 5	0.419 2	0.494 4	0.508 5	0.580 8	0.368 0	0.375 0	0.519 1
HLJC151	2	2	4	1.997 8	1.923 1	2.825 7	0.507 9	0.511 9	0.342 9	0.492 1	0.488 1	0.657 1	0.374 7	0.364 8	0.588 5
EST0307	2	2	3	1.219 5	1.724 1	2.486 2	0.816 9	0.572 9	0.392 1	0.183 1	0.427 1	0.607 9	0.163 8	0.331 8	0.525 8
EST0363	2	4	4	1.142 4	3.448 3	3.734 4	0.873 4	0.278 0	0.255 4	0.126 6	0.722 0	0.744 6	0.116 8	0.656 9	0.682 9
平 均	2.79	2.86	3.57	1.961 1	2.367 6	2.932 8	0.622 5	0.442 7	0.349 8	0.377 5	0.557 3	0.650 2	0.379 1	0.464 9	0.573 8

注:A. 雌核发育草鱼;B. 草鲂杂交后代;C. 草鱼对照群体

代和草鱼对照群体的平均等位基因数依次为 2.79、2.86、3.57;平均有效等位基因数依次为 1.961 1、2.367 6、2.932 8;平均期望纯合度依次为 0.622 5、0.442 7、0.349 8;平均期望杂合度依次为 0.377 5、0.557 3、0.650 2;平均多态信息含量依次为 0.379 1、0.464 9、0.573 8。从这些遗传参数中可得出,这 3 个群体的遗传多样性从高到低依次为草鱼对照群体>草鲂杂交后代>雌核发育草鱼。用 Popgene(Version 1.32)软件计算草鱼 3 个群体间的 Nei's 相似性和遗传距离,结果表明雌核发育草鱼、草鲂杂交后代和草鱼对照群体的遗传相似性分别为 0.757 9、0.750 1;雌核发育草鱼和草鲂杂交后代的遗传相似性为 0.800 6。与草鱼对照群体相比,雌核发育草鱼群体的遗传多样性显著下降,表明通过减数雌核发育方法可获得纯合性较高的草鱼个体。本研究构建了草鱼后代不同群体的 DNA 指纹模式图,筛选到不同群体的 9 个特异微卫星标记,为草鱼优良群体的筛选提供了基础资料。

(二) ENU 突变优良草鱼的遗传纯化

我们利用 28 个微卫星标记对 ENU 诱变草鱼群体和雌核发育 ENU 诱变草鱼群体遗传结构进行分析,从每个个体基因纯合率和每个微卫星位点纯合率的角度探讨人工诱导雌核发育对 ENU 诱变草鱼基因纯合的效果。分析发现 28 个多态性 SSR 位点在雌核发育群体和诱变草鱼群体中检测等位基因数、有效等位基因数、期望纯合度、期望杂合度和多态信息含量均有显著差异。雌核发育 ENU 诱变草鱼群体和诱变草鱼群体的平均等位基因数分别为 3.714 3、5.178 6;平均有效等位基因数分别为 2.185 7、4.002 8。在 2 个草鱼群体中,雌核发育 ENU 诱变草鱼群体与诱变草鱼群体相比,平均期望纯合度由 0.281 4 提高到 0.512 2;平均期望杂合度由 0.718 6 下降到 0.487 8;平均多态信息含量由 0.660 6 下降到 0.428 2。从这些遗传参数中可得出,雌核发育 ENU 诱变草鱼群体的遗传多样性明显降低。

在 28 个微卫星位点中,雌核发育 ENU 诱变草鱼群体中的个体具有 14～23 个纯合位点,占总位点的 50.00%～82.14%,平均每个个体有 18.64 个位点纯合,由此可见雌核发育 ENU 诱变草鱼群体中没有完全纯合的个体;而诱变草鱼群体中个体具有 2～8 个纯合位点,占总位点的 7.14%～28.57%,平均每个个体有 4.60 个位点纯合,表明雌核发育 ENU 诱变草鱼群体的纯合度得到明显提高。从每个个体在微卫星位点的纯合率看(图 5-10),雌核发育群体中个体的纯合度在 0.50～0.82,诱变草鱼群体中个体的纯合度在 0.07～0.29。雌核发育群体中个体的纯合度均小于 1.00,说明没有完全纯合的个体,同时诱变草鱼群体中个体的纯合度均大于 0.00。

三、野生与筛选群体比较分析

(一) 野生和筛选群体来源

邗江、九江、石首、吴江、F1 代和 F2 代 6 个群体从苏州市申航生态科技发展股份有限公司采集(表 5-14)。对本实验中的所有样品剪取草鱼胸鳍组织,保存于无水乙醇中,随后采用海洋动物组织基因组 DNA 提取试剂盒提取基因组 DNA,通过 1% 的琼脂糖凝胶电泳检测其完整性,经 NanoDrop 2000C 分光光度计检测其纯度及浓度,并将 DNA 样品稀释成 20 ng/μL,于 -20℃ 保存备用。

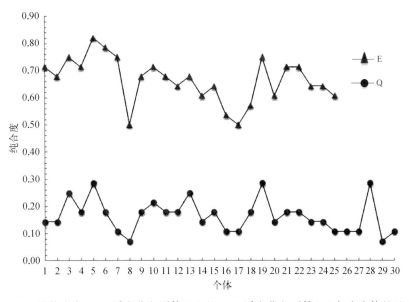

图 5-10　雌核发育 ENU 诱变草鱼群体(E)和 ENU 诱变草鱼群体(Q)每个个体的纯合率

表 5-14　草鱼样品采样地点和数量

群　　体	经　纬　度	样本数量
邗江 HJ	32.21N,119.25E	27
九江 JJ	29.43N,116.00E	28
石首 SS	29.44N,112.30E	27
吴江 WJ	31.00N,120.39E	27
F1	30.58N,120.38E	57
F2	30.58N,120.38E	59

(二) 平衡检测

通过各个位点 Hardy-Weinberg 平衡的卡方检验发现,4 个野生群体中偏离 Hardy-Weinberg 平衡的位点为 5~12 个,F1 代和 F2 代群体中偏离平衡的位点递增到 15 个和 14 个。此结果首先可能由于 F1 代和 F2 代筛选群体的基因型频率发生了改变所导致,这说明经过人工定向 2 代的筛选使群体的遗传结构已经发生了一些变化,体现了一定的人工定向筛选效应;本实验繁育过程中的雌雄比大约为 1∶1,但个头越大、体重越重、肥满度越高的个体在竞争时更具有优势,往往后代越多,因此在随机交配的情况下会出现后代各家系数目不均衡的现象,进而导致群体遗传漂变的发生,使其后代出现偏离 Hardy-Weinberg 平衡的位点增多。野生群体偏离 Hardy-Weinberg 平衡位点的近交系数(F_{is})中 $F_{is}>0$ 的比例占到 75.76%,而筛选群体偏离 Hardy-Weinberg 平衡位点的近交系数(F_{is})中 $F_{is}>0$ 的比例高达 89.66%,$F_{is}>0$ 表明群体存在杂合子缺失的现象,这与 2 个筛选群体的遗传多样性下降的结果相一致。我们认为 F1 代和 F2 代筛选群体存在这种不平衡的遗传结构是由于样本量、人工筛选、交配方案和近亲交配等多种因素所共同造成的,这为今后制定出更加合理有效的筛选方案提供有效的参考。

（三）群体遗传多样性

等位基因数、杂合度和多态性信息含量是群体遗传多样性评价的重要参数。根据 Barker 对于微卫星选择的标准,每个微卫星标记至少应有 4 个等位基因才能较好的评估群体遗传多样性,本研究中群体的平均等位基因数(N_a)高于 Barker 所界定的标准(N_a = 17.050),数据表明本实验所采用的多重 SSR - PCR 体系基本能够有效和灵敏的反应草鱼群体的大部分遗传信息。本部分中,6 个草鱼群体平均每个位点的等位基因数(N_a)为 17.050,平均每个位点的有效等位基因数(N_e)为 10.733、平均每个位点的观测杂合度(H_o)为 0.780、平均每个位点的期望杂合度(H_e)为 0.903、平均每个位点的多态性信息含量(PIC)为 0.876。6 个群体具有较高的遗传多样性,具有进一步筛选的价值。

进一步分析 6 个群体遗传多样性参数的差异,结果显示,6 个群体间只有平均期望杂合度(H_e)和平均等位基因丰度(A_r)差异显著($P<0.05$),其余遗传多样性参数在群体间无显著性差异($P>0.05$),其中 F1 代群体的平均等位基因丰度(A_r)显著低于邗江、九江和吴江群体,并且发现 2 个筛选群体除了在平均等位基因数(N_a)水平上,其余各遗传多样性参数均小于 4 个野生群体。在筛选的过程中,我们发现 F1 代群体的平均等位基因丰度(A_r)显著低于邗江、九江和吴江群体,而 F2 代群体没有表现出显著差异,这可能是由于采样、近交等因素导致的较小误差所造成的,但总体上来看,F1 代和 F2 代筛选群体的遗传多样性相比野生群体还是有下降的趋势。

（四）群体间遗传分化

遗传分化是指共同的等位基因有不同的频率,或者某些地方种群具有其他种群中所没有的某些稀有等位基因。群体遗传学中衡量群体间分化程度的指标有很多种,最常用的就是 F_{st} 指数。从配子间亲缘关系角度分析,F_{st} 相当于地方群体中携带的一对等位基因是同源的概率,即从两个地方群体中任意抽取的两个配子是同源的概率。从两个地方群体中任意抽取的两个配子是同源的概率大,表明两个地方群体的遗传组成相似,分化程度低;反义,分化程度高。实际研究中,F_{st} 为 0~0.05:群体间遗传分化很小,可以不考虑;F_{st} 为 0.05~0.15,群体间存在中等程度的遗传分化;F_{st} 为 0.15~0.25,群体间遗传分化较大;F_{st} 为 0.25 以上,群体间有很大的遗传分化。6 个草鱼群体的 AMOVA 分析结果(表 5 - 15)显示,来自群体间的变异达到 3.75%,96.25%的变异是来自群体内个体间,其结果显示各个群体间的遗传分化程度较低。6 个群体间 F_{st} = 0.038($P<0.01$),表明 6 个群体间遗传分化程度处于较低的水平。进一步分析各个群体间遗传分化指数(F_{st}),只有石首群体与 F1 代和 F2 代群体之间的遗传分化指数(F_{st})大于 0.05,处于中等分化,其余两两群体间的遗传分化指数(F_{st})均小于 0.05,其分化程度较低。

表 5 - 15　草鱼 6 个群体间遗传差异的分子方差分析（AMOVA）

变异来源	自由度	平方和	变异组分	变异百分比
群体间	5	159.981	0.335 71V_a	3.75
群体内	428	3 684.007	8.607 49V_b	96.25
总　体	433	3 843.988	8.943 2	

注: F_{st} = 0.038($P<0.01$);V_a 为群体间方差组分,V_b 为群体内方差组分

量化群体间遗传分化程度的另一个参数是遗传距离(genetic distance),它常用群体中等位基因频率的函数来度量。最理想的遗传距离度量方法使遗传距离取值范围为[0,1]。0 表示两个个体或群体中所有遗传标记都存在,1 表示在两个个体或群体中没有共同的遗传标记。

F2 代群体相比 F1 代群体与 4 个野生群体之间的遗传分化大,从 Nei's 标准遗传距离(D_n)角度来看,2 个筛选群体与野生群体之间的遗传距离高于野生群体之间的遗传距离,这与分析群体间遗传分化指数(F_{st})时得出的结论相同。根据 Nei's 标准遗传距离(D_n)建立的 UPGMA 系统发育树得到了相同的结果,即 2 个筛选群体和野生群体之间的亲缘关系比 4 个野生群体之间的亲缘关系要远。以上研究表明,在人工定向筛选压力下,2 个筛选群体与野生群体之间已经出现了一定水平的遗传分化,而且 F2 代群体相比 F1 代群体分化的更明显,2 代筛选群体的遗传结构已发生变化,但由于筛选世代较短和筛选方案等原因,这种分化仍不显著,总体尚处于较低水平,进一步表明本实验所研究的筛选群体还有进一步筛选的潜力。

综上所述,本研究采用多重 SSR – PCR 方法对草鱼 4 个野生群体和 2 个筛选群体进行了遗传变异分析。结果表明,经过 2 个世代筛选后,2 个筛选群体相比 4 个野生群体其遗传多样性虽有部分下降,但仍处于较高水平;2 个筛选群体的遗传结构已发生变化,但遗传分化尚不明显,因此我们可以认为在现阶段草鱼筛选过程中,筛选群体仍具有一定的筛选价值,这为今后进一步开展草鱼种质创制工作打下了坚实的基础,更加促进草鱼种质创制工作的进一步发展,为后续开展相关研究工作做铺垫,也为其他物种的筛选工作提供了参考。

第六章　草鱼经济性状遗传参数估算

通过对草鱼经济性状分析,挖掘草鱼优秀品质的潜力,为草鱼种质资源的高效利用和合理开发提供数据参考。草鱼重要的经济性状包括生长和肌肉品质,都属于数量性状,呈连续变异特征,其遗传机制较为复杂。数量性状变异的遗传动态,可以通过评价遗传参数来分析和预测。遗传参数包括遗传力、重复力、遗传相关、遗传进度以及选择指数等。草鱼生长性状具有中高遗传力水平,变异度高,合理估算生长性状的遗传参数,可以获得较为理想的筛选效果。不过,肉质性状与生长性状常常表现为负的遗传相关,提高生长速度的同时,常伴随着肉质的下降。

第一节　草鱼生长性状

生长性状是鱼类养殖生产的重要指标,是影响鱼类养殖产量的性状,也是种质资源评价与种质创制的重要性状之一。通过对草鱼生长性状遗传参数进行分析,可为草鱼生长性状的筛选工作提供参考资料。

一、遗传力

(一) 40 日龄草鱼

实验使用亲本为珠江水系肇庆群体的 59 尾草鱼亲本(32 尾雌鱼,27 尾雄鱼)。2011年 5 月 18 日,于苏州市申航生态科技发展股份有限公司开展繁殖工作,通过人工催产和人工授精,所有亲本均同批完成催产,催产前对每尾亲本进行称重并记录。人工授精过程,用干燥洁净的注射器收集雄鱼精液,并于 4~8℃冰盒避光暂存;然后对催产成熟的雌鱼逐个挤卵,根据雌鱼卵子量的多少,分别与 2~4 尾雄鱼的精液混合,授精配对方案遵循随机原则,每个交配单元用 250 mL 烧杯量取 2 杯受精卵,在同一孵化缸内孵化。5 月 23日,鱼苗利用 2 个常规池塘(4 亩 *,池塘 A 和池塘 B)培育,7 月 4 日,对 2 个池塘的 40 日龄草鱼苗拉网采样,为了便于后期实验(实验室采用 96 孔 PCR 板),每个池塘随机采集864 尾鱼苗,共计 1 728 尾 40 日龄草鱼苗,并测量每尾采样鱼苗的体长和体重数据,测量工具分别是游标卡尺(精确到 0.002 cm)和电子天平(精确到 0.01 g)。

---

 * 1 亩 ≈ 666.7 m²

家系信息通过草鱼亲子鉴定技术,构建鱼苗与亲本的系谱关系,获得 1 704 尾子代个体具有准确家系信息(表 6-1),其中池塘 A 有 853 尾,池塘 B 有 851 尾。共有 59 个全同胞家系(20 尾母本和 15 尾父本),其中 36 个家系内个体数少于 10 尾。利用 SPSS16.0 软件对亲本的子代贡献率进行卡方检验,结果显示亲本的贡献率极不平衡($P<0.01$)(表 6-1)。由于实验中对每个交配单元受精卵的采集经过均一化操作,所以子代个数的不平衡间接反映了各家系存活率上存在的显著差异。

表 6-1　草鱼亲权鉴定获得各交配组合的子代个数

| | | 父本　Sire | | | | | | | | | | | | | | |
		ZJ6	ZJ8	ZJ9	ZJ11	ZJ12	ZJ21	ZJ23	ZJ26	ZJ28	ZJ31	ZJ33	ZJ41	ZJ47	ZJ52	ZJ59	总数
母本	ZJ1	0	0	0	0	0	0	0	0	0	0	0	0	0	1	0	1
	ZJ3	0	0	0	0	0	0	0	0	0	1	0	0	0	0	0	1
	ZJ7	0	0	8	0	0	0	0	0	0	0	0	0	0	0	0	8
	ZJ10	0	0	89	5	39	0	0	0	0	0	1	0	0	0	0	134
	ZJ15	0	51	0	0	0	1	0	22	6	5	0	97	0	0	0	182
	ZJ17	0	0	0	0	0	0	0	0	0	0	0	0	3	0	6	9
	ZJ18	0	0	0	0	0	0	0	0	0	0	0	0	1	0	0	1
	ZJ20	0	0	0	0	0	0	8	0	0	0	0	0	119	0	1	128
	ZJ25	0	0	0	0	0	0	0	0	0	0	0	0	0	0	1	1
	ZJ27	0	0	0	0	0	0	24	3	0	0	0	0	242	0	40	309
	ZJ29	0	0	0	0	0	0	0	0	0	0	0	0	1	0	1	2
	ZJ30	0	151	0	0	0	0	0	62	8	6	0	158	0	0	0	385
	ZJ36	0	0	0	0	0	0	0	0	0	0	0	0	1	0	3	4
	ZJ37	0	2	0	0	0	0	0	0	2	0	0	15	0	0	0	19
	ZJ38	0	0	0	0	0	0	46	0	1	0	0	0	194	0	63	304
	ZJ39	0	2	0	0	0	0	0	0	0	0	0	76	1	0	0	79
	ZJ40	0	3	6	5	11	0	0	0	1	0	0	1	0	0	0	27
	ZJ43	10	0	0	0	0	0	0	0	0	2	0	0	2	0	0	14
	ZJ55	0	0	34	13	34	0	0	0	0	0	0	0	0	0	0	82
	ZJ56	0	0	13	0	1	0	0	0	0	0	0	0	0	0	0	14
总数		10	209	150	23	85	1	78	87	18	14	2	347	564	1	115	1 704

　　通过自然对数转换后的生长数据符合正态分布。利用 ASReml 3.0 软件分别基于动物模型(animal model)和母性效应模型(maternal effects model)进行分析,采用限制性最大似然法(restricted maximum likelihood, REML)迭代运算估计早期阶段幼苗受到的母性效应。通过母性效应模型分析,结果显示体长、体重和肥满度的遗传力估计值分别为 0.251、0.265 和 0.150;剔除母性效应后,通过动物模型分析,结果显示体长(standard length, SL)、体重(body weight, BW)和肥满度(condition factor, CF)的遗传力估计值分别为 0.304、0.307 和 0.150(表 6-2)。对各生长性状的 2 种模型进行拟合度检验均未发现显著差异。其中体长的 2 种模型拟合度检验,$\chi^2 = 2(1\ 180.61 - 1\ 179.91) = 1.4 < \chi^2_{0.05(1)} = 3.84$,说明 2 种模型对家系资料的拟合效果之间的差异无统计学意义($P>0.05$),因此遗传力估计值应该采用参数较少的动物模型的分析结果。对遗传力估计值进行 t 检验,体长和体重达到极显著($P<0.01$),肥满度达到显著($P<0.05$)。

表 6 - 2　草鱼 40 日龄生长性状的方差组分估计结果

	加性效应(α^2)	母性效应(m^2)	残差项(e^2)	表型方差(p^2)	遗传力(h^2)
体长(SL)	0.096 2	0.004 3	0.283 2	0.383 6	0.251±0.204
体重(BW)	0.171 7	0.002 9	0.474 3	0.648 9	0.265±0.196
肥满度(CF)	0.012 8	0.000 0	0.072 5	0.085 3	0.150±0.070*
母性效应模型　(Log L = 1 180.61　SL)					
体长(SL)	0.007 9		0.018 1	0.026 0	0.304±0.110**
体重(BW)	0.078 9		0.178 1	0.257 0	0.307±0.111**
肥满度(CF)	0.012 8		0.072 5	0.085 3	0.150±0.070*
动物模型　(Log L = 1 179.91　SL)					

注：* 表示显著水平($P<0.05$)；** 表示极显著水平($P<0.01$)

(二) 2 龄草鱼

实验亲本为长江中下游 4 个群体(邗江、吴江、九江和石首群体)草鱼亲本,实验于 2010 年 5 月在苏州市申航生态科技发展股份有限公司开展。考虑到亲本量大,无法对所有亲本开展同步催产繁殖,实验设计了 4 个繁殖组(繁殖组 1、繁殖组 2、繁殖组 3 和繁殖组 4),分 2 批次实施,每批次催产 2 个繁殖组,其中 1 组采用部分因子交配设计(partly factorial)开展人工授精,另 1 组采用自然产卵(mass spawning)实施。在亲本选择时,设计不同草鱼群体间的交配组合,用于开展对不同组合后代生长性状的比较。早期的鱼苗培育,4 个繁殖组分池培育。于 10 月龄,随机采集繁殖组 1 和繁殖组 2,并对生长性状测量,用于遗传参数等研究;按照繁殖亲本数量的比例,随机挑选 4 个繁殖组的个体,进行 PIT 标记后同池混养,用于后期筛选。于 18 月龄,对所有存活个体进行测量并采样,用于遗传参数估计和种质创制等研究。

10 月龄样本为 937 尾个体,18 月龄样本为 2 454 尾个体。原始生长数据显著偏离正态分布(Shapiro - Wilk, $P<0.01$),经自然对数(Ln)转换后符合正态分布。亲子鉴定分析发现,10 月龄 937 尾个体来自 41 个全同胞家系(22 母本和 19 父本),18 月龄 2 454 尾个体来自 104 个全同胞家系(44 母本和 37 父本)。草鱼 10 月龄和 18 月龄生长性状的遗传参数估计值如表 6 - 3 所示,选用动物模型分析,结果显示 10 月龄和 18 月龄生长性状的遗传力介于 0.229~0.345,经 t 检验均达极显著($P<0.01$)。

表 6 - 3　草鱼 2 龄阶段生长性状的遗传方差分析

	性　状	加性效应 a^2	残差项 e^2	表型方差 P^2	遗传力 h^2
	体重	0.073 0	0.142 8	0.215 8	0.338±0.096**
10 月龄	体长	0.008 0	0.015 2	0.023 1	0.345±0.096**
	体高	0.008 3	0.019 7	0.028 0	0.295±0.088**
	体宽	0.009 3	0.031 2	0.040 5	0.229±0.075**
18 月龄	体重	0.163 8	0.337 4	0.501 2	0.327±0.064**
	体长	0.017 3	0.038 8	0.056 1	0.308±0.061**

注：** 表示极显著($P<0.01$)

二、遗传相关性

40 日龄体长、体重和肥满度的表型和遗传相关采用多性状混合模型来估计，遗传相关系数（rg）和表型相关系数（rp）的计算公式为：

$$r_{xy} = \frac{\sigma_{xy}^2}{\sqrt{\sigma_x^2 \sigma_y^2}}$$

式中，x 和 y 分别为用于相关分析的两个性状，σ_x^2 为 X 性状的遗传（或表型）方差组分，σ_y^2 为 Y 性状的遗传（或表型）方差组分，σ_{xy}^2 为两性状间的遗传（或表型）协方差组分。相关系数的 t 检验为：

$$t = \frac{r_{xy}}{S_{r_{xy}}} \qquad df = n - 2$$

式中，$S_{r_{xy}}$ 为相关系数的标准误，n 为遗传（或表型）效应的组数。

表型和遗传相关分析结果如表 6－4 所示，草鱼 40 日龄体长和体重间具有极显著的表型和遗传相关，分别为 0.958（P<0.01）和 0.838（P<0.01）。

表 6－4　草鱼 40 日龄生长性状的表型相关（对角线上）和遗传相关（对角线下）

	体　长	体　重	肥满度
体长		0.958±0.009 **	0.071±0.004 **
体重	0.838±0.182 **		0.309±0.041 **
肥满度	0.368±0.487	0.524±0.419	

注：* 表示显著水平（P<0.05）；** 表示极显著水平（P<0.01）

10 月龄和 18 月龄生长性状间的遗传和表型相关分析结果如表 6－5 所示，生长性状间表型相关介于 0.870~0.977，遗传相关介于 0.889~0.984，均达极显著（P<0.01）。

表 6－5　草鱼 2 龄阶段不同生长性状间表型相关及遗传相关

遗传相关 ＼ 表型相关		体　重	体　长	体　高	体　宽
10 月龄	体重		0.977±0.004 **	0.958±0.003 **	0.876±0.009 **
	体长	0.889±0.063 **		0.949±0.004 **	0.870±0.009 **
	体高	0.984±0.010 **	0.957±0.022 **		0.887±0.008 **
	体宽	0.975±0.020 **	0.945±0.034 **	0.979±0.017 **	
18 月龄	体重		0.921±0.004 **		
	体长	0.968±0.012 **			

注：** 表示极显著（P<0.01）

三、基因型与环境互作

利用 SPSS16.0 软件的 GLM 模型分析遗传与环境的互作效应，利用固定模型进行检验各效应的显著水平。模型设计如下:$Y_{ijk}=\mu+F_i+P_j+I_{ij}+e_{ijk}$,其中,$Y_{ijk}$ 为个体观察值,μ 为总体均值,F_i 为家系的遗传效应,P_j 为池塘的环境效应,I_{ij} 为家系与池塘的互作效应,e_{ijk} 为随机残差。考虑到部分家系个体数和 2 个池塘中分布的不均衡,模型分析中删除少于 10 尾鱼苗和只存在于 1 个池塘中的家系(36 个家系)。利用 DPS7.05 数据处理系统绘制体重平均值与 IPCA1(第一互作主成分)的 AMMI 模型双标图,对家系稳定性进行分析。本实验的 2 个池塘分别编辑为 2 个环境(e2 和 e3),为了便于分析,加入了 2 个池塘对应家系的均值组(e1)。

以家系、池塘及两者的互作效应为模型参数,对草鱼 40 日龄体长和体重进行一般线性模型方差分析,结果如表 6-6 所示。家系效应、池塘效应及其家系与池塘的互作效应均达到极显著水平($P<0.01$)。如图 6-1、图 6-2 所示,池塘间、家系间在体长和体重方面均具有明显差异,池塘与家系间存在交互作用,不同家系的稳定性也存在差异。

表 6-6　草鱼 40 日龄生长性状家系与池塘效应的方差分析

性　状	变异来源	自由度	均　方	方差组分	显著性(Sig.)
体长	池塘	1	9.605	0.041	0.000
	家系	22	2.206	0.044	0.000
	池塘×家系	22	0.534	0.010	0.007
	误差	1476	0.282	0.281	
体重	池塘	1	37.259	0.143	0.000
	家系	22	2.624	0.042	0.000
	池塘×家系	22	1.012	0.023	0.000
	误差	1476	0.408	0.407	

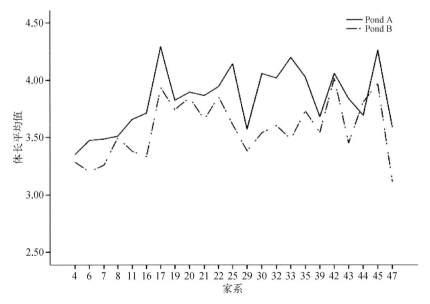

图 6-1　草鱼 40 日龄 2 个池塘中各家系的体长平均值比较

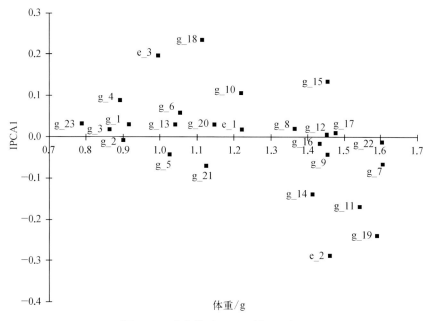

图 6 - 2　草鱼体重 AMMI 模型双标图

第二节　草鱼肌肉相关性状

　　鱼肉是一种高蛋白低脂肪食物,含有人体必需的 8 种氨基酸,鱼肉组织柔软,易于被人体消化吸收。草鱼为草食性鱼类,被誉为"水中牛羊",肉质较好,易被广大养殖者及消费者接受,是我国内陆居民的重要食用鱼类。加大对草鱼肉质品质的研究,已是当前水产生物资源利用和开发的现实需要。

一、肌肉性状影响因素

(一) 环境因素
　　程汉良等对野生和养殖草鱼肌肉常规营养成分、氨基酸含量和组成进行了测定和比较分析,发现野生草鱼肌肉中蛋白质含量显著高于养殖草鱼($P<0.01$),水分和粗脂肪含量显著低于养殖草鱼($P<0.05$);氨基酸总量和必需氨基酸总量显著高于养殖草鱼($P<0.05$);野生草鱼肌肉中饱和脂肪酸(SFA)显著高于养殖草鱼;单不饱和脂肪酸(MUFA)总量显著低于养殖草鱼($P<0.01$);野生草鱼 n-3 多不饱和脂肪酸总量显著高于养殖草鱼($P<0.01$),而 n-6 多不饱和脂肪酸显著低于养殖草鱼($P<0.05$)。施文正等针对野生和养殖草鱼肌肉中部分挥发性成分进行了比较研究发现,能有效区分出野生草鱼和养殖草鱼背肉、腹肉和红肉间挥发性成分的差别,野生草鱼与养殖草鱼在 3 种肌肉中含有挥发性成分种类存在明显差异。

李小勤等就盐度对草鱼肌肉品质的影响开展了相关研究,表明适当的盐度环境能改善草鱼肉质。相对于低盐度条件,在盐度为 10.0‰ 的实验组草鱼肌肉成分中水分含量显著增加,粗蛋白含量降低;经不同盐度水体暂养后草鱼肌肉品质得到改善,主要表现为脂肪含量显著降低($P<0.01$),胶原蛋白含量增加,肌纤维耐折力提高,肌纤维直径减小等变化。荣建华等认为低温贮藏能显著影响草鱼肉肌原纤维蛋白结构和功能变化,从而影响鱼肉品质。

(二)营养要素

饲料中各种营养物质的含量及组成,对草鱼肌肉品质也有显著影响。曹俊明等研究发现高蛋白饲料一定程度上能提高全鱼和肌肉的粗蛋白含量,并显著增加肝脏脂质积累。成永旭等研究发现不同脂肪源对草鱼肌肉和肝脏脂肪含量均有影响。Du 等研究表明饲料中添加不同水平的脂肪对鱼肉水分和脂肪含量有显著的影响,还会引起鱼体不同程度的脂肪肝,因此认为草鱼能量需求不高。曹俊明和吉红等研究发现不同脂肪酸对草鱼组织营养成分组成也有显著影响。田丽霞等研究发现不同种类淀粉对草鱼肠系膜脂肪沉积和鱼体组成的影响存在显著差异。Liang 等研究发现随淀粉含量增加促进脂肪沉积,导致鱼体和肝脏脂肪含量及肠系膜脂肪指数的升高。

苏传福等研究发现饲料中添加适量铁(最适为 300 mg/kg)能提高体蛋白、肌肉蛋白及灰分含量,并降低脂肪含量。赵宇江等研究发现饲料中添加铜对鱼体粗蛋白、铁和锌的含量有显著影响。Liang 等研究发现一定范围内提高饲料中磷含量能降低体脂含量,并显著影响肌肉中灰分含量和钙、磷和铁等元素含量。研究发现,如维生素 A、维生素 B_{12}、维生素 D_3、维生素 E 和生物素(维生素 H)等对草鱼主要营养成分含量影响均不显著($P>0.05$);而草鱼肌肉保鲜肉滴水损失和冷冻渗出率随维生素 E 添加量的增加而降低,并能提高鱼肉的抗氧化能力。Yang 等研究发现饲料中添加适量赖氨酸和蛋氨酸表现为水分和肌肉蛋白含量的显著上升。赵叶等研究发现饲料中添加谷氨酸可改善生长中期草鱼肌纤维结构和肌肉质构特性,并能提高肌肉中风味物质(肌苷酸)的含量,从而改善肌肉品质。此外,研究发现在饲料中添加黄霉素和肉碱等生物活性物质对草鱼肌肉营养成分有显著影响,其中黄霉素能显著降低草鱼肌肉蛋白含量,适量肉碱能降低肌肉和肝脏脂肪含量及促进脂肪降解。

(三)饵料类型

李宾等研究发现不同剂量植物蛋白原料的饲养草鱼全鱼和肌肉粗蛋白及粗脂肪含量存在显著差异。毕香梅等研究发现青草饲喂的草鱼的水分、灰分、粗蛋白和粗脂肪含量显著高于人工配合饲料饲喂的草鱼。郭建林等研究发现不同精、青饲料比例对草鱼肌肉营养成分也有显著影响。程静等研究发现在饲料中添加适量的蚯蚓和蚯蚓粪有改善草鱼肌肉品质的趋势,能显著提高草鱼肌肉粗蛋白含量及氨基酸含量。

1973 年中山市"五七"干校(现长江管理区)通过投喂蚕豆实现草鱼的脆化养殖,"脆肉鲩"表现为肉质紧密而脆,鱼肉丝不易拉断,肉味鲜美,颇受消费者青睐。李宝山等研究发现投饲蚕豆能使草鱼肌肉粗脂肪含量和肌肉水分显著降低,胶原蛋白含量和肌纤维直径显著增加,必需氨基酸含量显著增加,肌肉硬度和黏性也有显著提高。

二、遗传力

2014 年 5 月,我们于苏州市申航生态科技发展股份有限公司对长江水系野生草鱼群体开展人工繁殖,实验选取了 24 尾亲本(12 尾雌鱼、12 尾雄鱼)。繁殖过程采取人工激素结合水流刺激进行催产,在约 20 m³ 圆形水泥池中随机自然交配。受精卵置于孵化桶(约 1 m³ 容积铁皮桶),经过 2 d 连续的流水孵化(22~24℃)。水花鱼苗在富含浮游生物的土池培育,饲养密度为 10 万/亩,早期通过泼洒豆浆肥水和饲喂,然后转食人工配合饲料。2014 年 6 月,将夏花鱼苗(40 日龄)运往上海海洋大学滨海水产科教创新基地进行培育,饲养密度为 1 万尾/亩左右,每日饲喂 2 次(分别为 8:00 和 15:30)。2014 年 9 月,随机收集 288 尾幼鱼,测量体长(standard length, SL)和体重(body weight, BW)数据,并计算肥满度(condition factor, CF),公式为:CF=(BW/SL³)×100。测量工具分别为游标卡尺(精确到 0.002 cm)和电子天平(精确到 0.01 g);取背部肌肉冷冻保存用于肌肉成分检测;并剪取尾鳍保存于无水乙醇固定,于 4℃ 保存。对收集的 288 尾草鱼的背部肌肉,使用凯氏定氮法和索氏抽提法分别测定粗蛋白含量(protein content, PC)和粗脂肪含量(fat content, FC),相关工作由青岛科标化工分析检测有限公司完成。

经亲子鉴定,288 尾子代中 273 尾获得准确亲本信息,成功率为 94.79%。根据鉴定结果,273 尾子代来自 8 尾母本与 9 尾父本,共计 16 个全同胞家系,各家系子代数介于 7~55 尾。草鱼各性状的方差组分及遗传力估计如表 6 - 7 所示。在各性状遗传力估值中,肥满度、粗蛋白含量和粗脂肪含量的属中等遗传力水平($0.15 \leqslant h^2 < 0.30$),分别为 0.17±0.09、0.17±0.14 和 0.20±0.12。相对于各性状的遗传力估计值,标准误较大。t 检验显示,2 个肌肉成分指标(PC 和 FC)的遗传力未达到显著水平($P>0.05$)。

表 6 - 7　草鱼 5 个性状的方差组分估计结果

	加性方差	母性方差	残　差	表型方差	遗传力
肥满度(CF)	0.18	0.03 *	0.82	1.02	0.17±0.09 *
粗蛋白含量(PC)	0.41	0.07 *	1.94	2.42	0.17±0.14
粗脂肪含量(FC)	0.54	—	2.17	2.71	0.20±0.12

注：* 分别表示估值达到显著($P<0.05$)

三、遗传相关性

草鱼各性状间的表型和遗传相关系数如表 6 - 8 所示。其中,体重和体长间的表型和遗传相关系数最高,分别为 0.96±0.08 和 0.82±0.15;表现为高度正相关,统计检验达到极显著水平($P<0.01$)。肥满度与体重间存在极显著的正相关关系($P<0.01$),表型和体重遗传相关系数均较低($r<0.30$);肥满度与体长的表型和遗传相关系数更低($P>0.05$)。2 个肌肉成分指标(PC 和 FC)与 3 个生长相关性状(BW、SL 和 CF)间的表型和遗传相关系数较低。其中,2 个肌肉成分指标(PC 和 FC)与肥满度间的相关系数均达显著水平(P<0.05),与体长间的表型和遗传相关系数最低(P>0.05)。

表 6 - 8　草鱼 5 个性状的表型相关和遗传相关

表型相关 遗传相关	体　重	体　长	肥满度	粗蛋白含量	粗脂肪含量
体重		0.96±0.08**	0.29±0.06**	0.05±0.05	0.17±0.08*
体长	0.82±0.15**		0.06±0.05	0.00±0.06	0.10±0.07
肥满度	0.26±0.06**	0.08±0.07		0.15±0.05**	0.26±0.06**
粗蛋白含量	0.05±0.08	0.00±0.09	0.17±0.08*		0.15±0.05**
粗脂肪含量	0.18±0.07*	0.11±0.07	0.29±0.06**	0.12±0.07	

注: * 表示相关系数达显著(P<0.05)和 ** 表示相关系数达极显著水平(P<0.01)

第三节　草鱼抗病性状

根据 2017 年《中国水生动物卫生状况报告》,当年因病害造成的草鱼养殖经济损失达 11.9 亿元。提高草鱼的抗病性,增加养殖成活率对草鱼产业健康发展至关重要。抗病性状呈非连续分布,具有一个潜在的连续变量,由多基因控制其遗传基础。深入了解草鱼抗病性状遗传变异是创制草鱼优质品种的重要基础。

一、细菌感染处理

感染实验采用体内注射嗜水气单胞菌的方式,通过预实验确定感染剂量,预实验随机选择同批 100 尾实验鱼,分为 5 组,以不同剂量进行感染预实验,确定半致死浓度。最终确定感染剂量为 $1×10^7$ CFU/mL,感染方式为胸鳍基部注射,感染量为 1 mL/10 g(根据鱼体重进行换算)。感染前停食 48 h,感染实验时为保持环境的一致性,感染后放入暂养箱内,用加热棒保持水温 25℃。感染实验后对每小时的死亡情况进行记录,并对死亡鱼的生长数据进行测量,包括体重、体长、体高、体宽和存活时间;同时剪取鳍条装入 5 mL 装有乙醇的冷冻管中,编号保存于 4℃冰箱内。体重测量用精确度为 0.1 g 的电子天平称量;体长、体高、体宽用精确度为 0.02 mm 的游标卡尺进行测量;存活时间以小时计算。感染后 7 h 后开始出现死亡,180 h 后死亡情况稳定,之后 24 h 未见死亡,死亡个体为 590 尾,存活个体为 457 尾。

二、家系存活率

体重的变异系数为 0.30,大于其他形态性状,说明在此阶段草鱼的体重存在明显的差异,而存活时间的变异系数最大为 0.88,表明草鱼感染嗜水气单胞菌后的抗病能力上存在显著差别,是具有一定选择空间的性状(表 6 - 9)。

表6-9 4月龄草鱼生长性状及抗病存活时间参数的描述性统计结果

性 状	均 值	标准差	变异系数
体重/g	13.52	4.11	0.30
体长/cm	8.69	0.90	0.10
体高/cm	2.10	0.29	0.14
体宽/cm	1.34	0.15	0.11
存活时间/h	91.79	80.81	0.88

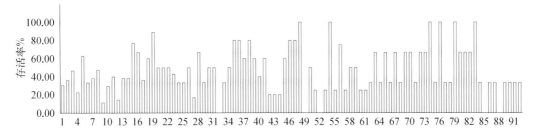

图6-3 草鱼92个家系的存活率

图6-3中展示92个家系的抗病存活率,不同家系的抗病存活率存在明显的差别,48号、54号、74号、76号、79号和83号家系的抗病存活率为100%。而32号、49号、52号、85号和88号家系的抗病存活率为0。其余家系的抗病存活率在11.11%~88.89%。以上家系信息见表6-10。

表6-10 草鱼存活率为100%和0%的家系信息

家系编号	母 本	父 本	子代抗病存活率
48	F97832	M51696	100%
54	F51566	M97893	100%
74	F52122	M97893	100%
76	F52661	M97846	100%
79	F53108	M97890	100%
83	F97808	M97822	100%
32	F97825	M97815	0%
49	F51209	M97859	0%
52	F51348	M97828	0%
85	F97825	M97868	0%
88	F97866	M97874	0%

三、抗病力遗传参数

在草鱼4月龄生长阶段,体重的遗传力最高,为0.346 4,其余形态性状的遗传力分别为体长0.331 3,体高0.304 5,体宽0.303 3;而抗病存活时间的遗传力较低,为0.059 7。表6-11中各性状的遗传相关和表型相关中只有体高和存活时间为负相关,分别为-0.279 6和-0.260 6。在遗传相关中体重与体长、体宽的遗传相关最高,分别为0.985 6和

0.891 3。各性状与存活时间的遗传相关中,体高为负相关,体长与存活时间的遗传相关最大,为 0.348 2;在表型相关中,体长与体重的表型相关最大,为 0.976 6,体长和体高的表型相关最低,为 0.734 7。体长与存活时间的表型相关最大,为 0.346 3。

表 6-11　4 月龄草鱼生长性状和抗病时间的表型相关和遗传相关

遗传相关＼表型相关	体　重	体　长	体　高	体　宽	存活时间
体重		0.976 6**	0.813 6**	0.878 3**	0.257 3**
体长	0.985 6**		0.734 7**	0.858 2**	0.346 3**
体高	0.823 8**	0.745 1**		0.748 0**	-0.260 6**
体宽	0.891 3**	0.871 3**	0.756 0**		0.157 3**
存活时间	0.258 0**	0.348 2**	-0.279 6**	0.158 1**	

注: ** 表示相关系数达极显著水平($P<0.01$)

第七章 草鱼种质创制技术开发

草鱼优质品种的创制过程离不开种质资源的创新,种质创制过程就是对种质资源的基因优胜劣汰的过程。除了传统的家系和杂交方法之外,目前新发展起来的方法还有辐射诱变、化学诱变、单倍体、多倍体和染色体工程等。水产领域种质创制目前可以分为三个阶段:20 世纪 50 年代末开始,引种驯化和杂交,重视我国鱼类资源,进行野生经济鱼类驯化的同时,积极从国外引进新鱼种;20 世纪 70 年代,进行鱼类细胞工程操作,包括人工诱导雌核发育,人工诱导多倍体等;20 世纪 80 年代中期,开展了转基因鱼的研究工作。

第一节 草鱼家系构建技术

通过构建家系进行种质创制,只改变和利用物种内基因型的频率,而不创造新基因或带入外源基因,不存在生物安全风险,这种方法在水产动物种质创制中现已得到广泛应用,并逐步成为水产动物遗传改良的重要手段。

一、家系交配设计

家系数量和近交水平是衡量常规种质创制工作成功与否的两个重要的指标。本实验亲本采用长江中下游 4 个群体(邗江、吴江、九江和石首群体)草鱼亲本,实验设计了 4 个繁殖组(繁殖组 1、繁殖组 2、繁殖组 3 和繁殖组 4),分 2 批次实施,每批次催产 2 个繁殖组,其中 1 组采用部分因子交配设计(partly factorial)开展人工授精,另 1 组采用自然产卵(mass spawning)实施。在亲本选择时,设计不同草鱼群体间的交配组合,用于开展对不同组合后代生长性状的比较,采用母本群体首字母加父本群体首字母来命名各交配组合,如表 7-1 所示,其中"W×J"代表吴江群体母本与九江群体父本的交配组合。早期的鱼苗培育,4 个繁殖组分池培育。于 18 月龄,对所有存活个体进行测量并采样。

表 7-1 草鱼不同群体间的交配组合

母本＼父本	邗江 HJ	九江 JJ	吴江 WJ
邗江 HJ	H×H	H×J	H×W
九江 JJ	J×H	J×J	J×W
吴江 WJ	W×H	W×J	W×W

　　为了避免筛选后期出现种质衰退现象,对筛选子代遗传多样性水平的检测有助于评估子代的近交水平。基于 12 个微卫星标记的基因型,对 4 个繁殖组亲本及后代的遗传多样性进行分析,结果如表 7 - 2 所示,相比亲本的遗传多样性水平,F1 子代的有效等位基因数稍有减少,杂合度水平降低不明显。对部分因子和自然产卵 2 种交配设计来说,遗传多样性没有明显的差异。因此,建议在尽量提高亲本利用率的同时,一方面在选择过程避免过分倚重表型值选择,适当权衡各家系信息,维持较大基因库;另一方面,设计合理的交配方案,保证等位基因频率的平衡,避免筛选后期面临瓶颈效应。

表 7 - 2　草鱼各繁殖群组亲本与子代间遗传多样性比较

		个　　数	有效等位基因数（Ne）	观测杂合度（Ho）	期望杂合度（He）
繁殖组 1	亲本	26	8.40	0.89	0.88
	F1 子代	623	6.99	0.89	0.84
繁殖组 2	亲本	26	8.22	0.89	0.87
	F1 子代	850	7.56	0.88	0.85
繁殖组 3	亲本	21	7.92	0.88	0.87
	F1 子代	680	7.36	0.86	0.85
繁殖组 4	亲本	15	7.87	0.91	0.89
	F1 子代	303	7.23	0.89	0.86

　　对部分因子和自然产卵 2 种交配设计的比较,如表 7 - 3 所示,繁殖组 1(雄鱼 13 尾,雌鱼 13 尾)通过部分因子设计,利用亲子鉴定技术,鉴定获得 20 个全同胞家系,基本实现了预计的家系构建,经 x^2 检验,各家系内个体数极显著不平衡($P<0.01$);繁殖组 2(雄鱼 13 尾,雌鱼 13 尾)通过自然产卵,利用亲子鉴定技术,鉴定获得 37 个全同胞家系,但较多家系来自少数优势亲本,经 x^2 检验,各家系内个体数极显著不平衡($P<0.01$),研究发现 1 个父本能与多个母本进行受精,而 1 个母本也能与多个父本进行受精。

表 7 - 3　草鱼不同交配设计的家系构建情况(18 月龄)

父本	繁殖组 1(部分因子) 母本													总数
	1	2	3	4	5	6	7	8	9	10	11	12	13	
1	0	0												0
2		0	8											8
3			2	89										91
4				19	10									29
5					1	0								1
6						15	11							26
7							41	0						41
8								3	27					30
9									233	41				274
10										4	0			4
11											23	32		55
12												41	9	50
13	13												1	14
总数	13	0	10	108	11	15	52	3	260	45	23	73	10	623

续　表

父本	繁殖组2(自然产卵)						母本							总数
	1	2	3	4	5	6	7	8	9	10	11	12	13	
1														0
2											1			1
3		32					18				121			171
4					10				1				55	66
5	55	161	20		40	3				29		6	18	332
6														0
7		2			1								1	4
8		28					1							29
9											1			1
10		55			2	2								59
11						1		42					15	58
12	40			2		1				1	7	2	49	102
13							1				18		8	27
总数	95	278	20	2	53	7	20	42	1	31	147	8	146	850

在对不同交配组合后代生长性状的比较研究中,剔除石首亲本对应的后代。以交配组合、池塘效应及其互作效应为固定效应,对生长性状的线性模型分析结果如表 7-4 所示,3 种效应对生长性状的影响均达到极显著水平($P<0.01$),对体重和体长的相关指数 r^2 分别为 0.231($P<0.01$)和 0.265($P<0.01$)。

本研究采用的 2 种交配设计,人工催产自然产卵的操作相对简单,获得家系数量也较多,但多数家系来自少量优势亲本;人工随机配组和部分因子法设计,由于介入人为控制能够较好避免来自少量优势亲本的现象,但也加大了繁育工作量。因此,在草鱼人工繁殖过程中,可以结合利用几种交配设计,开展家系构建。

表 7-4　交配组合及池塘效应对草鱼生长性状的线性模型分析

性　状	变异来源	平方和	自由度	均　方	F 检验值	显著性(Sig.)
体重	交配组合	11.35	8	1.42	5.65	0.000
	池塘	49.39	3	16.46	65.60	0.000
	交配组合×池塘	54.55	15	3.64	14.49	0.000
	误差	553.04	2 204	0.25		
	总和	2 358.62	2 231			
	$r^2=0.231$　$P<0.01$					
体长	交配组合	1 899.30	8	237.41	5.20	0.000
	池塘	12 206.83	3	4 068.95	89.14	0.000
	交配组合×池塘	9 128.57	15	608.57	13.33	0.000
	误差	100 605.26	2 204	45.65		
	总和	2 477 886.39	2 231			
	$r^2=0.265$　$P<0.01$					

二、基于生长性状筛选家系

（一）月份判别

确定人工选择的阶段是种质创制进程中需要考虑的重要环节,尽早实施对种质创制材料的筛选,既能降低工作强度,又能减少饲养和人工成本。分别在 10 月龄和 18 月龄时对生长性状进行了测量。基于各家系生长性状的平均值,18 月龄对 10 月龄生长数据的回归分析。草鱼 2 龄阶段 2 个时期间的体长和体重呈极显著线性回归,回归系数分别是 0.863($P<0.01$)和 0.865($P<0.01$)(图 7-1)。说明可通过 10 月龄草鱼的选留实现对后期生长势能的评判。10 月龄草鱼更适宜进行数据测量和 PIT 电子标记,采集鳍条后对选留个体的存活力影响较小,该阶段草鱼正处于 3~4 月份的水温回暖的春季,有利于鱼种因人工操作受伤后的修复。

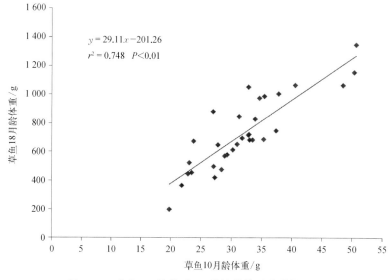

图 7-1　草鱼 18 月龄对 10 月龄的体重的线性回归

（二）筛选策略比较

生长性状的表型值和最佳线性无偏预测(best linear unbiased prediction,BLUP)值均可作为衡量指标,应用于种质创制材料的选择工作。表型值选择在种质创制实践中具有极大的便利优势,但在选择效果上与 BLUP 值选择往往存在较大差异。本研究基于动物模型,利用 REML 算法对个体的 BLUP 值进行估算,模型假设及推演参照线性模型的矩阵解法。矩阵形式为:y=Xb+Zu+e,公式中,b 为固定效应向量,u 为随机效应向量;X 和 Z 分别为固定效应和随机效应的关联矩阵。模型的期望均方及方差定义:E(y)=Xb;var(u)=G;var(e)=R;var(y)=ZGZ′+R;

混合模型展开形式为:

$$\begin{bmatrix} X'R^{-1}X & X'R^{-1}Z \\ Z'R^{-1}X & Z'R^{-1}Z+G^{-1} \end{bmatrix} \begin{bmatrix} b \\ u \end{bmatrix} = \begin{bmatrix} X'R^{-1}y \\ Z'R^{-1}y \end{bmatrix}$$

通常设,$R = I\sigma_e^2$;$G = A\sigma_a^2$;其中σ_e^2为误差项;σ_a^2为加性遗传方差;I为单位矩阵;A为血缘关系矩阵。公式简化可得:

$$\begin{bmatrix} X'X & X'Z \\ Z'X & Z'Z + \lambda A^{-1} \end{bmatrix} \begin{bmatrix} b \\ u \end{bmatrix} = \begin{bmatrix} X'y \\ Z'y \end{bmatrix}$$

公式中,$\lambda = \sigma_e^2/\sigma_a^2 = (1-h^2)/h^2$;$A^{-1}$为$A$矩阵的逆矩阵。

基于2 454尾草鱼18月龄生长性状的BLUP值对表型值进行回归分析,发现个体的体长和体重BLUP值对其表型值的回归系数分别为0.766($P<0.01$)和0.756($P<0.01$),如图7-2所示。根据个体生长性状的表型值(phenotypic values,PTV)和育种值(estimated breeding values,EBV)分别进行排序,依据选留前200尾个体的设计,对选中个体构成的群体进行统计和比较分析。如表7-5所示,基于体长和体重的2种选择方法相同率分别为50%和63%,选择效果均存在极显著差异($P<0.01$)。

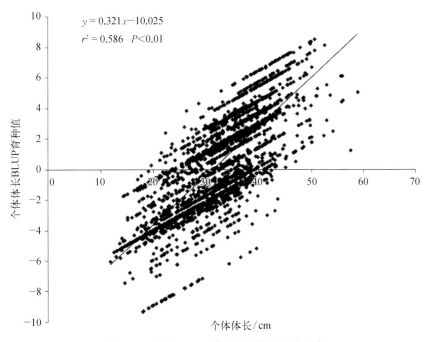

图7-2 体长BLUP值对表型值的回归分析

表7-5 不同选择方法的BLUP值及比较分析

性 状	选择方法	个数	BLUP值	相同率/%	F检验值	显著性(Sig.)
体长	表型值选择	200	4.570	50.00	73.407	0.000
	育种值选择	200	6.100			
体重	表型值选择	200	4.407	63.00	30.305	0.000
	育种值选择	200	5.274			

基于18月龄子代的繁殖亲本,有效群体数和近交系数的估算值分别为80.40和0.62%。针对2 454尾子代,依据BLUP值顺序,选留前200尾,并对选择效果进行评估,结

果如表 7-5 所示。基于体长 BLUP 值的选择,子代预期比亲代在体长和体重上分别增长 3.178 cm 和 283.72 g,相对提高 9.84% 和 33.51%;基于体重 BLUP 值的选择,子代预期比亲代在体长和体重上分别增长 3.373 cm 和 323.28 g,相对提高 10.44% 和 38.19%。

尽管生长性状的表型值与 BLUP 值间存在极显著的回归关系,但对利用表型值和 BLUP 值的选择效果比较发现,2 种选择方法存在极显著差异,基于 BLUP 值选择的效果更佳。由于性状表型值受遗传和环境两方面影响,在利用表型值选择时,无法规避实验中固定效应和随机效应的影响,势必增加选择误差。因此,在草鱼筛选工作中利用 BLUP 技术,预计能获得更好的遗传改良效果。

表 7-6　基于 BLUP 值的选择效果分析

BLUP-EBV	性状	选中群体平均值 $\bar{X}$	所有个体平均值 μ	选择差 i	遗传进度 ΔG	遗传进度相对值 $\Delta G'$
体长	体长/cm	42.616	32.298	10.318	3.178	9.84%
	体重/g	1714.2	846.57	867.63	283.72	33.51%
体重	体长/cm	43.250	32.298	10.952	3.373	10.44%
	体重/g	1835.20	846.57	988.63	323.28	38.19%

第二节　草鱼种内杂交技术

杂交是开展种质创新的重要方法,能迅速和显著提高杂交后代的生活力。相比远缘杂交,种内杂交降低了生殖隔离对杂交品种生活力的影响。不同品种间或群体间杂交可以创造更加丰富的遗传变异,提高筛选的潜力。

一、杂交组合构建方法

为了选配优良亲本用于种内杂交,我们对 3 个水系 8 个草鱼活体野生种质资源的生长和遗传分析,筛选出每个水系的优良种质:长江水系邗江群体、珠江水系肇庆群体、黑龙江水系嫩江群体。将长江水系优良种质邗江群体与珠江水系肇庆群体、黑龙江水系嫩江群体进行种内双列杂交,获得了 9 个子一代组合:邗江♀×邗江♂(HH)、邗江♀×肇庆♂(HZ)、邗江♀×嫩江♂(HN)、肇庆♀×邗江♂(ZH)、肇庆♀×肇庆♂(ZZ)、肇庆♀×嫩江♂(ZN)、嫩江♀×邗江♂(NH)、嫩江♀×肇庆♂(NZ)、嫩江♀×嫩江♂(NN)(表 7-7)。

表 7-7　草鱼不同杂交组合的构建

	邗江(♂)	肇庆(♂)	嫩江(♂)
邗江(♀)	邗江♀×邗江♂	邗江♀×肇庆♂	邗江♀×嫩江♂
肇庆(♀)	肇庆♀×邗江♂	肇庆♀×肇庆♂	肇庆♀×嫩江♂
嫩江(♀)	嫩江♀×邗江♂	嫩江♀×肇庆♂	嫩江♀×嫩江♂

在构建杂交组合的过程中,由于亲本本身性腺发育或环境条件等方面的影响,每个亲本对组合后代的贡献率是不一样的。为了获取更多的遗传变异使得组合后代更具有代表性,让杂交品种优势能够在两个群体或品系间真正得到反映,需要组合后代来自足够多的杂交亲本。因此,通过人工建立杂交组合,并对组合后代进行亲子鉴定,从而确定组合后代具体来源于杂交亲本的数量,从而解决草鱼种内杂交组合有效亲本数量少的问题。

二、组合后代标准化繁育技术

(一)繁育设施的优化

　　为了减少繁育过程中环境条件的影响,对传统的繁育设施进行了改良,改进了用于运输亲本的运鱼车,减少运输过程中的机械损伤,而且结构简单,成本低廉。改良了草鱼鱼苗孵化桶(图7-3),操作管理方便,孵化率提高了5%~15%,研发了一种脆化草鱼诱变群体的专用配合饲料,提高了饲料的利用率,增加了产量,降低了养殖成本。发明了草鱼鱼苗培育用浮性饵料台,易于投喂及清理,还可用于收集少量鱼苗,观察鱼苗生长情况。发明了草鱼池塘循环水养殖池,设计了用于流水养殖池的捕捞网具和排污设备,开发了基于物联网的智能水产养殖执行系统,实时监测常规水质指标、投饲情况。亲本催产、孵化、苗种培育及养殖等组合繁育技术实现了标准化。

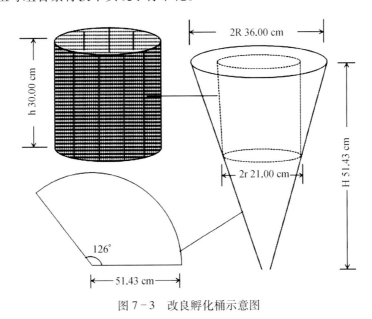

图7-3　改良孵化桶示意图

(二)鱼苗鱼种培育技术

　　评价在水族箱中培育草鱼苗种的效果,鱼苗培育设计了9种模式(表7-8),其中投喂量D1:D2:D3=1:2:3,投喂量D1为放苗后1~5 d投喂浮游动物量约2万只,6~10 d约4万只,11~15 d投喂开口饵料5 g,16~20 d 10 g,21~40 d 15 g。鱼种培育时实验分为三组,每组两个重复,每组放养密度分别为150尾/m³、200尾/m³、250尾/m³。实验中培育鱼种时水加到1.45 m,容积为2.5 m³,即每组每个水族箱中分别放养鱼苗375尾、

500 尾与 625 尾,鱼苗来源为混养在水泥池中鱼苗,通过筛网筛出同一规格的鱼苗,随机抽 30 尾测量。饲料为浮性颗粒料,每天投喂两次,每次投喂量为鱼苗体重的 5%~7%,阴雨天气少喂或者停喂。流水时间为 24 h,阴雨天、夜里及高温天气流量均开到最大。

表 7 - 8　水族箱中草鱼鱼苗的培育模式

模　式	培　养　方　式
1	在第一组水族箱里放苗 3 000 尾、24 h 流水、每天 11:00、14:30 投喂 2 次、投喂量 D1
2	在第二组水族箱里放苗 3 000 尾、12 h 流水、每天 9:00、13:00、17:00 投喂 3 次、投喂量 D2
3	在第三组水族箱里放苗 3 000 尾、不流水、每天 9:00、11:30、14:30、17:00 投喂 4 次、投喂量 D3
4	在第四组水族箱里放苗 2 000 尾、24 h 流水、每天 9:00、13:00、17:00 投喂 3 次、投喂量 D3
5	在第五组水族箱里放苗 2 000 尾、12 h 流水、每天 9:00、11:30、14:30、17:00 投喂 4 次、投喂量 D1
6	在第六组水族箱里放苗 2 000 尾、不流水、每天 11:00、14:30 投喂 2 次、投喂量 D2
7	在第七组水族箱里放苗 1 000 尾、24 h 流水、每天 9:00、11:30、14:30、17:00 投喂 4 次、投喂量 D2
8	在第八组水族箱里放苗 1 000 尾、12 h 流水、每天 9:00、13:00、17:00 投喂 3 次、投喂量 D3
9	在第九组水族箱里放苗 1 000 尾、不流水、每天 11:00、14:30 投喂 2 次、投喂量 D1

1. 体长、体重与生长速度分析

不同营养模式对 45 日龄的草鱼鱼苗测定结果如表 7 - 9 所示。在 9 种模式中,模式 6 的体重与体长均为最大,模式 3 中的体长与体重均为最小。体长与体重在模式 4、5、6 之间没有显著差异($P>0.05$),模式 3 均小于其余各组,差异显著($P<0.05$)。初步显示了放养密度大(3 000 尾/m³),而且又不流水对草鱼鱼苗的生长影响明显。在 9 种模式中,体重绝对生长率(ARG_w)与体长绝对生长率(AGR_1)在差异程度上与体长、体重同步。模式 6 的 ARG_w 与 AGR_1 均为最大,模式 3 的 ARG_w 与 AGR_1 均为最小。ARG_w 在模式 4、5、6 之间没有显著差异($P<0.05$),模式 3 均小于其余各组,差异显著($P<0.05$);AGR_1 在模式 6 中显著大于其余各组($P<0.05$),模式 3 均小于其余各组,差异显著($P<0.05$)。

表 7 - 9　不同营养供给模式中草鱼鱼苗生长性能的比较

模式	5 日龄		45 日龄		AGR_w/(mg/d)	AGR_1/(mm/d)
	体重/mg	体长/mm	体重/mg	体长/mm		
1	1.3±0.0	7.2±0.1	1 085.6±89.3[c]	37.2±1.2[b]	27.1±2.2[c]	0.75±0.03[cd]
2	1.3±0.0	7.2±0.1	1 310.4±103.6[b]	39.3±1.1[ab]	32.7±2.6[b]	0.81±0.03[bc]
3	1.3±0.0	7.2±0.1	779.4±41.9[d]	33.6±0.6[c]	19.4±1.0[d]	0.66±0.01[e]
4	1.3±0.0	7.2±0.1	1 490.1±161.6[ab]	39.7±1.5[a]	37.2±4.0[ab]	0.82±0.04[b]
5	1.3±0.0	7.2±0.1	1 670.9±128.6[a]	41.6±1.1[a]	41.7±2.3[a]	0.86±0.03[a]
6	1.3±0.0	7.2±0.1	1 704.9±90.5[a]	43.0±0.8[a]	42.6±3.2[a]	0.90±0.02[a]
7	1.3±0.0	7.2±0.1	1 294.3±127.1[b]	38.2±1.2[b]	32.3±3.1[bc]	0.78±0.03[c]
8	1.3±0.0	7.2±0.1	1 202.0±60.4[bc]	38.8±0.7[b]	30.0±1.5[c]	0.79±0.01[c]
9	1.3±0.0	7.2±0.1	1 016.6±58.8[c]	36.2±0.7[b]	25.4±1.4[c]	0.73±0.02[d]

注: 表格中所给数据为平均数及标准误,平均数后不同的上标表示差异显著($P<0.05$)

2. 养殖性能比较

养殖密度对草鱼鱼种的影响如表 7 - 10 所示。第三组(即放养密度为 250 尾/m³)的体重、体长均为最大,ARG_w 与 AGR_l 也最高。

不同密度饲养草鱼鱼种的结果如表 7－11 所示。从表中可以看出第三组的平均规格与平均产量均为最大,但成活率也是最低。肥满度在三者间差异不显著($P>0.05$)。

表 7－10 不同密度下草鱼鱼种生长性能的比较

组别	45 日龄		105 日龄		AGR_w/(g/d)	AGR_l/(cm/d)
	体重/g	体长/cm	体重/g	体长/cm		
1	1.29±0.13	3.82±0.12	19.97±0.68	10.02±0.13	0.31±0.01	0.10±0.00
2	1.29±0.13	3.82±0.12	20.88±1.92	10.01±0.24	0.33±0.03	0.10±0.00
3	1.29±0.13	3.82±0.12	21.96±1.04	10.28±0.16	0.34±0.02	0.11±0.00

表 7－11 不同密度下草鱼鱼种的养殖效果比较

组别	成活率/%	平均规格/g	平均产量/(100 g/m³)	肥满度 K
1	41.3±1.87	19.97±0.68	12.38±0.56	2.03±0.01
2	30.8±3.6	20.88±1.92	12.86±1.5	2.07±0.05
3	24.4±0.9	21.96±1.04	13.40±0.47	2.10±0.01

鱼苗培育在水族箱中能获得较好的生长速度和成活率,效果与池塘相当;养殖桶培育草鱼苗较适宜的营养供给模式为:放养密度为 2 000 尾/m³;投喂量为放苗后 1~5 d 每次投喂浮游动物量 4 万只,6~10 d 每次 8 万只,11~15 d 每次投喂浮游动物 4 万只和粉料 10 g,16~20 d 每次投喂粉料 20 g,21~40 d 每次 30 g;每天 20:00~次日 8:00 共 12 h 流水;每天 11:00、14:30 投喂 2 次。

实验中草鱼鱼种最低平均体长已达 10.02 cm,最小平均体重也达到了 19.97 g。根据本实验室的研究,实验中鱼种平均规格已经达到了可以打上 PIT 标记并放入池塘混养的要求。说明在水族箱中可以把鱼苗培育到打上标记放入池塘混养,初步解决了家系后代鱼苗培育问题。

三、杂交组合生长性能评价

开展了 9 个组合 1~3 龄阶段生长对比试验。结果发现,大多数杂交组合比亲本自交组合表现出明显的生长优势,在 1 龄阶段,所有组合的绝对增重率在 0.504~0.692,而且随着年龄的增长,生长差异越来越明显。从所有组合中来看,邡江♀×肇庆♂(HZ)的绝对增重率在 9 个组合中最高,嫩江♀×嫩江♂(NN)在 9 个组合中最低(表 7－12)。

表 7－12 草鱼 3 个水系 9 个组合 1~3 龄阶段生长比较

组 合	绝对增重率/(g/d)		
	1 龄	2 龄	3 龄
HH	0.588±0.081[a]	6.891±0.476[a]	7.832±0.753[a]
HZ	0.692±0.018[b]	8.285±0.507[b]	8.885±0.842[b]

组　合	绝对增重率/(g/d)		
	1 龄	2 龄	3 龄
HN	0.580 ± 0.053^a	6.765 ± 0.473^a	7.256 ± 0.642^c
ZH	0.576 ± 0.034^a	6.739 ± 0.413^a	7.138 ± 0.618^c
ZZ	0.610 ± 0.016^a	7.054 ± 0.618^c	7.662 ± 0.651^a
ZN	0.615 ± 0.063^a	7.362 ± 0.821^b	7.648 ± 0.493^a
NH	0.604 ± 0.027^c	7.129 ± 0.728^c	7.429 ± 0.659^c
NZ	0.594 ± 0.045^c	6.976 ± 0.625^c	7.153 ± 0.587^c
NN	0.504 ± 0.036^d	5.621 ± 0.539^d	5.876 ± 0.543^d

注：小写字母不同代表差异显著（$P<0.05$）

为了增加生长性能评价中各群体有效亲本数量，先从长江水系优质种质邗江群体中筛选挑出 25 尾雌鱼，再从珠江水系肇庆群体挑选出 30 雄鱼，放置于同一产卵池中自然杂交后，获得了长江水系邗江群体（♀）×珠江水系肇庆群体（♂）草鱼优秀杂交组合，与其母本邗江群体进行了生长性能和成活率比较研究。经测定，优秀杂交组合体长平均 3.24 ± 0.28 cm，体重平均 0.42 ± 0.05 g；邗江群体体长平均 2.80 ± 0.26 cm，体重平均 0.36 ± 0.09 g。优秀杂交组合体重比邗江群体高 16.8%，成活率高 12.8%。

第三节　草鱼种间杂交及雌核发育技术

雌核发育技术在鱼类种质创制中已经得到广泛应用，即利用紫外线灭活的精子作为刺激源来激活卵子染色体加倍获得雌核发育个体，此过程中精子在入卵之后并不与卵核结合，仅起到激活卵子的作用。另外，远缘杂交技术在鱼类种质创制中的应用也很多，利用远缘杂交技术不仅可以获得正常的二倍体，还可以获得染色体加倍的三倍体甚至四倍体，这些不同倍性个体的获得与杂交双方的亲缘关系和染色体数目等因素密切相关。

我们通过对以上技术加以整合和改变，即利用半灭活的团头鲂精子来诱导草鱼卵子，经冷休克处理，结果同时获得了雌核发育草鱼、草鲂杂交二倍体和草鲂杂交三倍体，且草鲂杂交三倍体具有显著的生长优势。本研究对草鱼的种质纯化、遗传改良和杂交研究等方面具有重要意义。

一、成活率统计

利用紫外线照射 10 min 的半灭活团头鲂精子（约 50% 失活），对草鱼卵子授精 2 min 后，立刻于 4~6℃ 冷休克处理 12 min 后孵化至出苗，其受精率、孵化率和出苗率分别为 80.78%、21.51%、4.58%（表 7 - 13）。

表 7 - 13　雌核发育草鱼受精率、孵化率和成活率/%

试验组	受精率	孵化率	成活率
1	80.77	23.08	3.08
2	83.42	21.68	7.69
3	78.14	19.78	2.97
平均	80.78	21.51	4.58

二、形态特征比较

对后代进行形态测量发现,后代中包括 2 种不同体型的群体(图 7 - 4)。一个群体的体型与普通草鱼基本一致,应该为雌核发育产生;而另一群体的体型除体高增大外,还具有体型偏窄,体色偏灰,侧线鳞数增多等趋向于团头鲂的特征,总体特征介于草鱼和团头鲂之间,所以根据体型我们可以判断其属于草鱼×团头鲂的杂交种。

三、倍性分析

用 Partec 流式细胞仪测定了雌核发育草鱼、草鲂杂交的 DNA 含量。母本草鱼的 DNA 相对含量为 42.28,父本团头鲂的 DNA 相对含量为 50.06。雌核发育草鱼的 DNA 相对含量为 42.25,与母本草鱼一致。而草鲂杂交存在两种不同的 DNA 含量,草鲂杂交 1 的 DNA 相对含量为 46.12,与母本草鱼 DNA 相对含量的比值为 0.99,比例接近 1∶1;草鲂杂交 2 的 DNA 相对含量为 67.85,与母本草鱼 DNA 相对含量的比值为 1.60,比例接近 1.5∶1(图 7 - 5)。

图 7 - 4　雌核发育草鱼(A)、草鲂杂交二倍体(B)、杂交三倍体(C)及其父母本(见彩版)

比例尺:3 cm

四、染色体

实验分别获得的雌核发育草鱼、草鲂杂交的染色体中期分裂相均在 100 个以上。其中,雌核发育草鱼的染色体数为 $2n=48$,该染色体数目与普通草鱼的染色体数目相同,为二倍体;草鲂杂交 1 的染色体数也为 $2n=48$,证明其为草鲂杂交二倍体;而草鲂杂交 2 的染色体数为 $3n=72$,证明其为草鲂杂交三倍体。在草鲂杂交二倍体和三倍体的染色体中

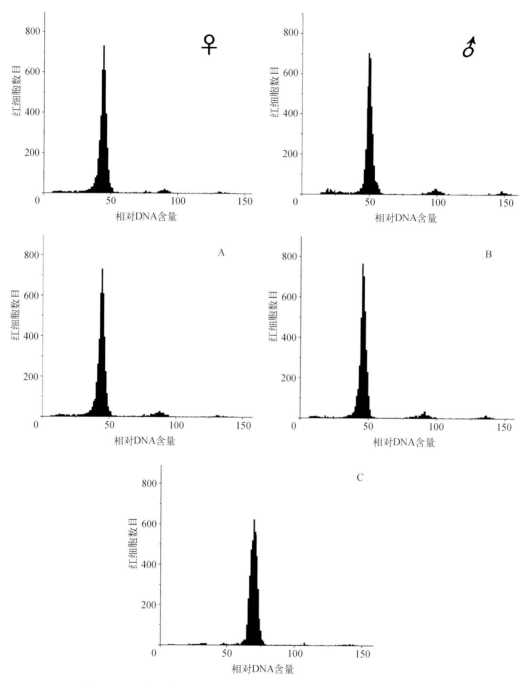

图 7-5   雌核发育草鱼(A)、草鲂杂交二倍体(B)、杂交三倍体(C)及其
父母本的 DNA 相对含量(DAPI 染色)

均发现了一条来源于团头鲂的最大亚中部着丝粒染色体,说明草鲂杂交二倍体和杂交三
倍体各包含了一套团头鲂染色体。对中期分裂相的染色体进行核型观察,发现其染色体
都是以中部着丝点染色体(m)、亚中部着丝点染色体(sm)和亚端部着丝点染色体(st)为
主(图 7-6)。

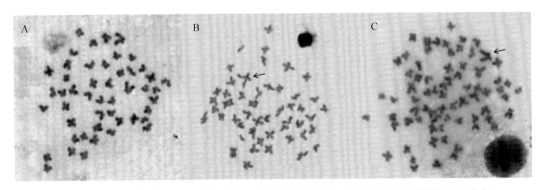

图 7-6 雌核发育草鱼(A)、草鲂杂交二倍体(B)和杂交三倍体(C)的染色体图(见彩版)

箭头指示最大亚中部着丝粒染色体

五、生长性能

经 18 月龄阶段的同池培育,草鲂杂交三倍体展现出明显的生长优势,其全长、体长、体高和体重指标均显著高于雌核发育草鱼和草鲂杂交二倍体(表 7-14)。草鲂杂交三倍体的平均体重为 553.70±51.51 g,分别是雌核发育草鱼(234.18±28.32 g)和草鲂杂交二倍体(240.71±33.12 g)的 2.36 倍和 2.30 倍,证明草鲂杂交三倍体在 1~2 龄阶段具有极显著($P<0.01$)的生长优势。

表 7-14 雌核发育草鱼、草鲂杂交二倍体和杂交三倍体子代的生长性能

群 体	样本数	全长/cm	体长/cm	体高/cm	体重/g
雌核发育草鱼	35	27.11±1.6	23.72±1.4	4.92±0.3	234.18±28.32
草鲂杂交二倍体	35	27.52±1.8	23.49±1.5	6.71±0.5	240.71±33.12
草鲂杂交三倍体	35	38.78±2.1	33.85±1.7	8.93±0.6	553.70±51.51

相关研究已经证明,鱼类通过远缘杂交的方式可以获得杂交多倍体。例如吴维新等研究发现兴国红鲤♀×草鱼♂可以获得异源四倍体;He 等研究发现草鱼♀×团头鲂♂可以获得草鲂杂交二倍体和三倍体。研究发现丁鱥♀×团头鲂♂可以获得杂交二倍体、三倍体和四倍体,团头鲂♀×三角鲂♂经热休克可以获得异源四倍体。这些研究表明远缘杂交技术是一种有效的诱导鱼类杂交多倍体的方法,但是杂交多倍体的诱导率并不算高。

关于雌核发育技术的应用也有相关研究,张虹利用紫外灭活的异源四倍体鲫鲤精子诱导草鱼卵子,经冷或热休克处理,获得了成活率较高的雌核发育草鱼。李冰霞等利用紫外灭活的鲤鱼精子诱导草鱼卵子,经热休克处理,获得了较高比例的雌核发育草鱼。刘敏等利用紫外灭活的赤眼鳟精子诱导草鱼卵子,经冷休克处理,获得了雌核发育草鱼 F1 群体。这些研究表明草鱼雌核发育的诱导对异源精子的要求较为广泛。

我们获得了草鱼雌核发育群体,也获得了草鱼杂交多倍体,但没有利用同一批亲本同

时获得雌核发育群体和杂交多倍体的报道。本研究通过对雌核发育技术加以改变,即利用半灭活的团头鲂精子来诱导草鱼卵子,经冷休克处理,同时获得了雌核发育草鱼、草鲂杂交二倍体和草鲂杂交三倍体。至于该三种后代产生的原因,可能是因为团头鲂的精子为半灭活,不仅包含紫外照射遗传失活的精子,还包含未失活的正常团头鲂精子;所以雌核发育草鱼的获得应该是由遗传失活的团头鲂精子诱导草鱼卵子染色体加倍的结果,而草鲂杂交二倍体和杂交三倍体的获得是由正常团头鲂精子与草鱼卵子受精而得。

第四节　草鱼四倍体诱导技术

人工诱导鱼类四倍体是染色体组工程技术之一,具有控制性别的潜力,四倍体鱼类不仅可以自我繁殖,同时还可与二倍体鱼类杂交,形成生长速度快、抗病力强而又不育的三倍体。目前为止,鲫鲤、团头鲂、罗非鱼、虹鳟、泥鳅等15种养殖鱼类的异源四倍体已经获得,但诱导过程中四倍体率低、畸形率高以及嵌合体的产生等问题一直存在,导致四倍体鱼类的种群获取相对较难,无法大规模生产。人工诱导四倍体方法很多,包括物理方法(热休克、冷休克、静水压)、化学方法(秋水仙素处理)以及种间杂交等。我们采用热休克及静水压方法,通过抑制有丝分裂第一次卵裂,诱导草鱼染色体加倍,探讨草鱼四倍体诱导的最佳处理条件,为进一步研究草鱼染色体机制、繁育生长性能优良的三倍体奠定基础。

一、染色体加倍处理

2015年5月中旬,我们在上海海洋大学青浦鱼类育种实验站进行草鱼四倍体繁殖。雌雄草鱼6龄以上,已达到性成熟。雌性草鱼的人工催产采用 LRH - A 与 HCG 混合注射,注射剂量为 $10\sim20$ μg/kg,雄性草鱼注射剂量为 $5\sim10$ μg/kg。将已注射催产激素的雌雄草鱼同放于产卵池中,流水刺激。注射后 $10\sim16$ h,待雌雄草鱼出现追尾时,拉网,人工采卵和取精。其中卵子、精子分别用干燥的容器收集,采用干法受精。将适量成熟度较高的草鱼卵子与精子混合,用干燥鹅毛轻轻搅拌均匀,加水激活卵子,同时计时激活时间。采用热休克方法处理草鱼受精卵,利用水浴循环槽进行温度控制,数量统计在培养皿中进行,每组实验设三个平行对照。批量处理草鱼胚胎放置孵化桶中,待鱼苗可平游时,按照不同热休克处理温度,分别投放于不同鱼塘中饲养。

二、早期胚胎发育

在热休克条件处理下,草鱼胚胎大多呈正常形态发育,见图7-7。草鱼受精卵为浮性卵,激活后,迅速吸水膨胀,卵膜半透明。受精后约 55 min,胚胎进入卵裂期,卵裂球由一个纵裂均匀分为两个(图7-7A),然后依次纵裂分为 4 个、8 个、16 个(图7-7B~

D)，水平分裂形成 32、64 个分裂球（图 7 - 7E ~ F）。囊胚早期处于受精后 2.6 h（hours post-fertilization，hpf），细胞持续分裂，分裂球间无明显界线（图 7 - 7F），随后胚盘变平，呈椭球型（3.75 hpf，图 7 - 7G）。到囊胚中期，胚胎整个呈球形（4.15 hpf），此时胚盘与卵黄之间为水平界线（图 7 - 7H）。受精后大约 4.83 h，外包逐渐开始，当外包至 50% 时（5.45 hpf），进入原肠期。此阶段细胞代谢旺盛，耗氧量大，在动物极可见胚环、胚盾（图 7 - 7K ~ L），发育至原肠胚晚期时，基本外包完全（9.35 hpf，图 7 - 7O），并由尾芽期进入体节期（图 7 - 7P ~ T）。此阶段（11.43 ~ 24.86 hpf），草鱼 46 对体节形成，Kuperffer 囊、脑神经元发育，前、中、后脑由神经管前端分化完成。受精后约 25 h，胚胎进入咽囊期，各器官继续发育（图 7 - 7V），在孵化期（48 hpf）时，胸鳍、腮弓等产生（图 7 - 7W），此阶段鱼体基本处于静息状态。待受精后 3 d，鱼苗开始平游，并出现摄食行为。

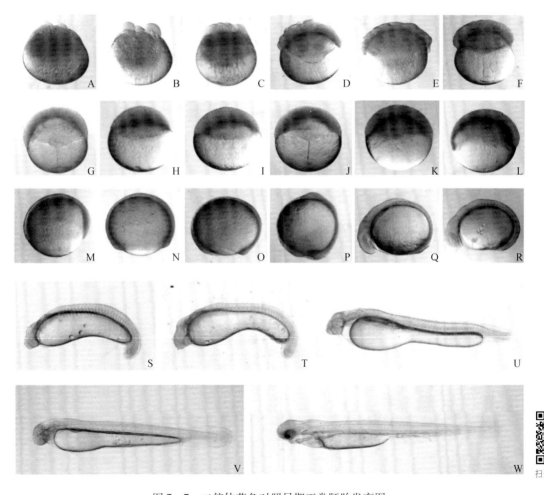

图 7 - 7　二倍体草鱼对照早期正常胚胎发育图

A. 二细胞期；B. 四细胞期；C. 十六细胞期；D. 三十二细胞期；E. 六十四细胞期；F. 囊胚早期；G. 椭形期；
H. 球形期；I ~ J. 穿顶期；K. 囊胚晚期（30% 外包）；L. 原肠早期（50% 外包）；M ~ N. 原肠中期（70% ~ 80% 外包）；
O. 原肠晚期（90% 外包）；P ~ T. 体节期；U ~ V. 咽囊期；W. 孵化期

　　由于热休克处理,相比于草鱼正常繁殖,四倍体诱导胚胎发育速度慢。正常草鱼胚胎在受精后 45 min,即进行第一次卵裂,而四倍体诱导草鱼胚胎延迟了 10 min,整体胚胎发育较为缓慢。

　　热休克处理草鱼,死亡率和畸形率较对照组草鱼明显较高。在受精卵发育初期,可观察到卵裂期胚胎的卵裂球排列不对称,有个别增大或偏向发育的情况(图 7-8a,b,d)。随着发育,囊胚期胚胎出现大量死亡情况,同时个别胚胎发育滞留;原肠期卵黄上行,使无法外包完全等(图 7-8c)。在体节期以后,器官逐渐发育,畸形胚胎可见无脑、心脏发育不健全、围心腔异常,血液循环功能障碍,胚胎卵黄囊膨大,背腹轴扭曲(图 7-8g～m)等。出苗后,畸形胚胎多出现翻转、打转等状况,无法正常平游。

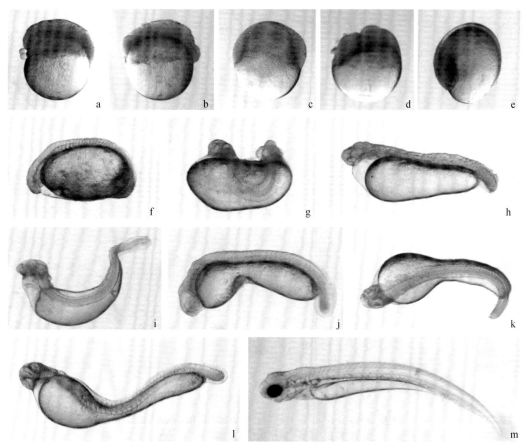

扫一扫 见彩图

图 7-8　热休克诱导四倍体草鱼早期畸形胚胎发育图
a～b. 卵裂期;c～d. 囊胚期;e. 原肠期;f～j. 体节期;k～l. 咽囊期;m. 孵化期

三、孵化期存活率

　　不同热休克条件处理,草鱼胚胎孵化期存活率、四倍体率不同。热休克温度为 40.5～41℃,休克时间 2～3 min 时,胚胎孵化期存活率较高,分别为 11.28%(图 7-9A)和 9.12%

（图 7-9B）以内，而 41.5℃ 处理的胚胎孵化期存活率为 4.58% 以下（图 7-9C），42℃ 处理
存活率则仅小于 0.86%（图 7-9D）。当热休克温度大于 42℃，即草鱼胚胎的致死上阈温
度，或者休克处理时间大于 3 min 时，胚胎发育受阻，死亡率显著增高。结果显示，热休克
处理温度的上升，对胚胎损害较大，导致草鱼胚胎的存活率呈负相关下降趋势。在孵化水
温为 21±1℃ 时，不同休克温度下，休克时间 2 min（42℃，1.5 min）时，草鱼孵化期胚胎存活
率均在受精后 39、42、51、54 min 达到最高，即存在两个高峰，推测草鱼胚胎在受精后 39~
42 min，处于减数分裂第二极体外排时期；在受精后 51~54 min，处于第一次卵裂发生时
期，推测在此阶段，草鱼倍性诱导率会较高。

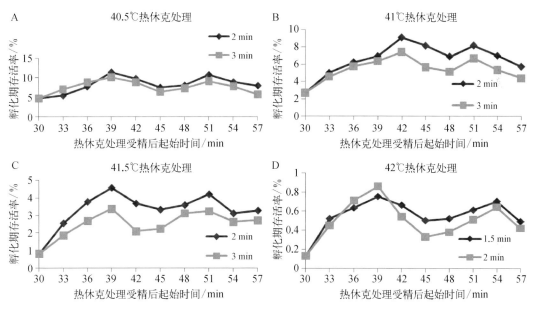

图 7-9　不同热休克温度处理、起始时间和持续时间对草鱼孵化期胚胎存活率的影响

四、倍性检测和畸形率统计

对 6~7 月龄草鱼进行倍性检测，用 Partec 倍性分析仪测定了对照组草鱼、热休克诱
导草鱼子代的 DNA 含量，结果如图 7-10 所示。正常草鱼 DNA 相对含量为 40 左右，检测
DNA 相对含量 80 左右，则为四倍体草鱼（图 7-10B）；其中，有 DNA 相对含量处于 70 左
右，推测为 $2n$~$4n$ 嵌合体（图 7-10A）。

虽然 40.5℃ 处理的胚胎孵化期存活率为最高，但已检测鱼中未发现四倍体草鱼，推测
可能由于休克温度过低，有丝分裂器破坏不完全，纺锤体可在休克结束后恢复功能，使染
色体移向两极，未能达到加倍效果。在 41.5℃ 处理的胚胎，四倍体率为 0.9%，比率最高，
其次分别为 42℃ 热休克处理，四倍体率为 0.5% 和 40.5℃ 处理，比率为 0.11%（表 7-15）。
同时，在检测草鱼中，除了四倍体外，还发现了部分 $2n$~$4n$ 嵌合体，但均为畸形胚胎，存活
时间有待探讨。

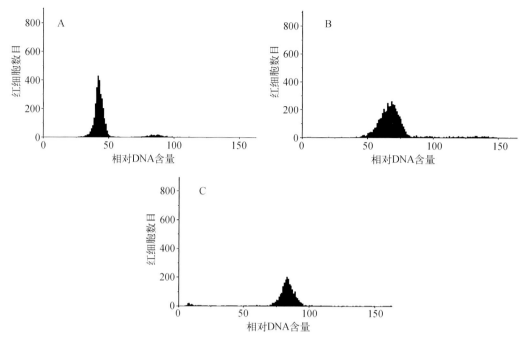

图7-10　热休克诱导四倍体草鱼的 DNA 含量分析(DAPI 染色)

A. 2n 草鱼;B. 2n~4n 嵌合体草鱼;C. 4n 草鱼

表 7-15　热休克处理幼鱼四倍化率

热休克温度 /℃	检测鱼数 /尾	倍性水平			四倍体率 /%	畸形率/%	
		2n	2n~4n	4n		2n	4n
40.5	605	605	0	0	0.00	19.88	—
41.0	935	933	1	1	0.11	23.12	0.00
41.5	778	769	2	7	0.90	27.65	28.57
42.0	1001	993	3	5	0.50	26.37	20.00
平均						24.27	24.00
22(对照)	100	100	0	0	0.00	5.34	—

在鳙鱼的四倍体研究中发现,热休克处理会导致鳙鱼的孵化率明显下降,同时畸形率明显上升。在草鱼四倍体诱导中发现,热休克处理的草鱼存在二倍体和四倍体,其畸形率平均为24.27%,明显高于对照组畸形率5.34%。比较发现,四倍体草鱼中的畸形率与二倍体的畸形率无相关性,即无正相关和负相关,且与热休克温度也无显著相关性,不随温度升降而改变,说明畸形率的产生与染色体倍性无直接联系,可能是由于热休克处理过程中,过高的温度损害了受精卵或者后期发育过程中的一些因素导致了胚胎发育不良。

第五节　草鱼化学诱变技术

我国鱼类种质创制工作的主要趋势是培育高产、抗逆、优质的新品种。这些水产良种的育成均是利用自然界已存在的携带优良性状基因的突变体,加以选择、固定,从而建立优良品系。然而,鱼类基因自发突变的频率相对较低,通常低于10^{-6},难以获得突变体。化学诱变处理是提高遗传变异的新方法,高效诱变剂能够诱发基因物质的深刻变化。虽然鱼类 $N-$乙基$-N-$亚硝基脲($N-$ethyl$-N-$nitrosourea,ENU)诱变目前还有一系列处理方法问题有待研究,但由于其诱发基因突变的高效性,可作为一种鱼类种质创制的潜在方式。开展草鱼的 ENU 诱变研究,目的是获得大量的突变体品系,建立自己的突变体遗传资源库,从而利用它们作为种质创制的物质基础。

一、ENU 诱变方法

养殖鱼类繁殖力强、体外受精和体外孵化等特点都十分有利于实施基因组化学诱变。ENU 是一种化学诱变剂,它通过对基因组 DNA 碱基的烷基化修饰,诱导 DNA 在复制时发生错配而产生突变。它主要诱发单碱基突变,从而使得相应基因发生突变,其诱变模式与自发基因突变特征类似。同时,ENU 的突变效率非常高,单个位点的突变率可达 0.5×10^{-3} 到 3.9×10^{-3},是其他突变手段的 10 倍左右,而且这种突变是随机的,不具有任何的倾向性。目前,ENU 诱变已在果蝇、斑马鱼、青鳉、非洲爪蟾和小鼠等模式生物中成功开展,获得了一些功能突变体,成为解释模式生物功能基因组的重要方法和手段。

由于草鱼体外受精,具有很高的繁殖力,这就允许选择精子、卵子或不同发育阶段的胚胎进行化学诱变。采用精子浸泡法进行了 ENU 诱变,由于精子的头部主要由高含量 DNA 的核物质组成,各种诱变剂的遗传效应最明显。在 ENU 诱导的孵化期胚胎中,既存在发育正常的胚胎,还存在一定比例的畸形胚胎,草鱼胚胎的畸形率随精子的 ENU 处理浓度的增加而显著提高,诱变后代的正常鱼苗出苗率与 ENU 浓度呈负相关。ENU 诱变后代的畸形率升高的原因可能有 2 个:一是 ENU 诱变剂影响了处理精子的受精能力,这与性细胞原生质结构的损伤有关,属于非遗传因素;二是 ENU 诱变剂使得一些显性基因产生致畸形或致死突变,基因物质发生突变的体现。诱变获得的后代经一年的养殖后,发现在 1^+ 龄阶段的生长存在较大的变异,体重范围在 204.5～756.6 g,平均体重为 437.1±276.2 g,变异系数显著宽于对照(548.7±42.4 g)。

我们采用精子浸泡法进行 ENU 诱变获得的草鱼 F1 代突变体,突变碱基通常以杂合或嵌合形式存在于基因组 DNA 中。通过进行草鱼 F1 代突变基因组 DNA 的 PCR、割胶回收、连接、转化,并挑取一定量的阳性克隆进行测序,就可检测到以杂合或嵌合形式存在于基因组 DNA 中的突变碱基。在 $igf-2a$、$igf-2b$、$mstn-1$、$mstn-2$、$fst-1$ 和 $fst-2$ 扩增的 224 bp、174 bp、356 bp、329 bp、196 bp 和 173 bp 片段中,在突变 F1 代中检测到不同的点突变,突变类型基本均为 A－T 到 G－C 或 G－C 到 A－T 的点突变,这些突变主要造成密码子的无义突变、错义突变和同义突变。草鱼突变 F1 代 30 个个体中的突变频率分别为 0.45‰、0.38‰、0.34‰、0.43‰、0.41‰ 和 0.46‰,这些基因的平均突变频率为 0.41‰。ENU 溶液浸泡草鱼精子可实现较高的诱变,预示着 ENU 诱变方法在鱼类功能基因组研究方面具有潜在的应用前景。

以 0.5 mmol/L、1 mmol/L、5 mmol/L 和 10 mmol/L 等不同浓度 ENU 处理草鱼成熟精

子,再与野生型雌鱼受精获得了诱变 F_1 子代,诱变 F_1 子代的胚胎发育到体节期(受精后约 16~18 h)时的畸形率分别为 16.1%、38.7%、66.9% 和 91.3%(表 7 − 16),极显著高于对照组的畸形率(3.1%),不同浓度的 ENU 诱变子代胚胎的畸形率也存在极显著差异($P<0.01$),并与 ENU 浓度成正相关;诱变 F1 代的正常鱼苗出苗率分别为 76.9%、52.6%、14.4% 和 4.4%,在不同浓度 ENU 诱导组间存在极显著差异($P<0.01$),并显著低于对照(93.1%),诱变后代的正常鱼苗出苗率与 ENU 浓度呈负相关。

表 7 − 16 不同 ENU 处理浓度对草鱼胚胎发育的影响

ENU 浓度	配　组	统计胚胎数/个	体节期胚胎畸形率/%	正常鱼苗出苗率/%
0.5 mmol/L	♀1×♂1	874	12.4	81.8
	♀2×♂2	653	14.6	76.2
	♀3×♂3	764	21.3	72.8
	均值	764	16.1[a]	76.9[a]
1 mmol/L	♀1×♂1	965	33.6	55.6
	♀2×♂2	654	42.3	52.4
	♀3×♂3	563	40.4	49.8
	均值	727	38.7[b]	52.6[b]
5 mmol/L	♀1×♂1	567	60.6	19.6
	♀2×♂2	845	68.2	13.2
	♀3×♂3	265	71.9	10.4
	均值	559	66.9[c]	14.4[c]
10 mmol/L	♀1×♂1	765	89.3	2.8
	♀2×♂2	565	88.2	9.3
	♀3×♂3	365	96.4	1.2
	均值	565	91.3[d]	4.4[d]
对照	♀1×♂1	745	2.8	93.6
	♀2×♂2	435	3.4	92.5
	♀3×♂3	542	2.3	94.2
	均值	574	3.1[e]	93.1[e]

注:同列中平均值上标不同字母表示差异极显著($P<0.01$)

在 ENU 诱导的孵化期胚胎中,既存在发育正常的胚胎(图 7 − 11A),还存在一定比例的畸形胚胎。类型包括:① 脊椎发育异常,如长度缩短(图 7 − 11C,D,E)、尾部弯曲(图 7 − 11F);② 神经系统发育异常,如头部中枢神经缩小(图 7 − 11C,D,F),有些胚胎出现头部不发育等极端类型(图 7 − 11E);③ 内脏器官发育异常,如心脏移位(图 7 − 11B)、围心腔扩大等(图 7 − 11D)。

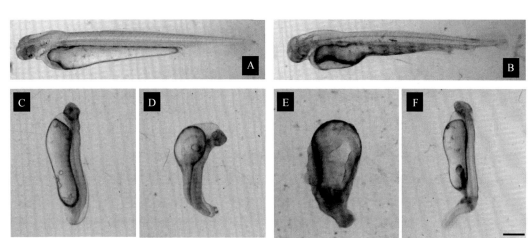

图 7－11　ENU 诱变 F1 代孵化期草鱼胚胎的形态类型

A. 正常胚胎；B~F. 畸形胚胎

如表 7－17 所示，以 1 mmol/L 浓度 ENU 处理的精子能产生一定数量存活的 F1 后代，同时又能显示出明显的显性突变性状。保留以 1 mmol/L 浓度 ENU 处理草鱼成熟精子获得的诱变鱼苗，待平游后，3 个处理组和对照分别放于标准化 6 个土池发塘和养殖。经 8 个月的养殖后，年底起捕，并对每条鱼进行 PIT 标记、测量体重和数码拍照，剪鳍置于 95% 乙醇保存，并建立个体档案。在 ENU 诱变 F1 代一龄幼鱼中，生长和发育正常的个体约占 50%，如图 7－12A 和 7－12B 所示；其他 50% 左右的个体存在不同的生长和发育障碍，产生的一些畸形个体如图 7－12C、7－12D 和 7－12E 所示。如图 7－12A 所示，ENU 诱变 F1 代 1$^+$龄阶段的生长存在较大的差异，体重范围在 204.5~756.6 g，平均体重为 437.1± 276.2 g（表 7－13），而对照体重范围在 504.2~576.4 g，平均体重为 548.7±42.4 g（表 7－17）。尽管 ENU 诱变 F1 代的平均体重只有对照体重的 80%，但 ENU 诱变后代的体重的变异系数为对照的 6.5 倍。在 ENU 诱变 F1 后代中，85%（478/560）以上的畸形个体的体重较轻（<600 g），而 62%（166/484）后代形态正常，体重大于 600 g（图 7－13）。这些形态正常、生长快速的 ENU 突变体可用于在今后的种质创制工作。

表 7－17　ENU 诱变 F1 代 1$^+$龄阶段草鱼幼鱼的生长

交配组合	ENU 浓度/(mmol/L)	数　量	体重范围/g	体重/g
♀1×♂1	1	304	218.3~756.6	431.2±270.1
	0(对照)	102	511.7~576.4	555.8±44.7
♀2×♂2	1	322	212.1~744.2	452.9±292.4
	0(对照)	128	504.2~565.5	538.5±40.3
♀3×♂3	1	418	204.5~750.6	427.2±266.1
	0(对照)	189	519.3~559.8	551.8±42.2
平均值	1	—	—	437.1±276.2[a]
	0(对照)	—	—	548.7±42.4[b]

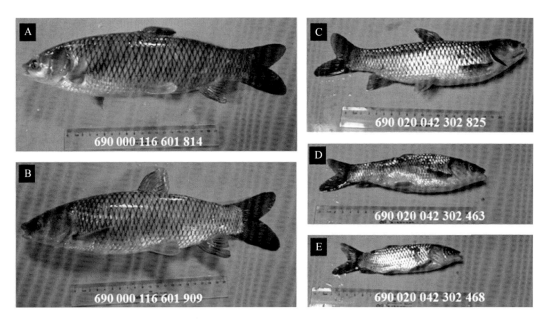

图7-12　ENU诱变F1代1⁺龄阶段草鱼幼鱼的形态特征(见彩版)

A~B. 正常个体;C~E. 畸形个体

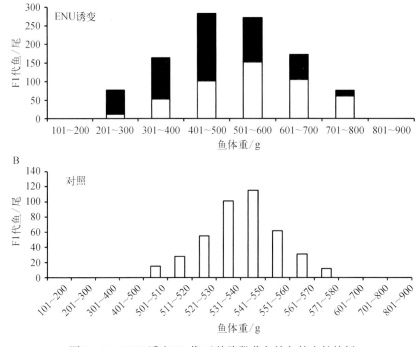

图7-13　ENU诱变F1代1⁺龄阶段草鱼幼鱼的生长特征

黑框代表畸形,白框代表正常体型

二、ENU 突变位点检测

为了检测 ENU 诱变 F1 代的突变位点和诱变频率,分别提取 15 尾 1⁺龄诱变 F1 子代和 5 尾对照 F1 子代的基因组 DNA,根据 $igf-2a$、$igf-2b$、$mstn-1$、$mstn-2$、$fst-1$ 和 $fst-2$ 等 6 个生长发育通路相关基因的部分阅读框设计引物,进行 PCR、割胶回收、连接、转化、阳性克隆筛选和测序。就单个个体而言,每个基因的 PCR 产物送 6 个克隆进行测序。如表 7-18 所示,在 $igf-2a$、$igf-2b$、$mstn-1$、$mstn-2$、$fst-1$ 和 $fst-2$ 扩增的 224 bp、174 bp、356 bp、329 bp、196 bp 和 173 bp 片段中,在突变 F1 代的 15 个个体中分别检测出突变位点 15 个、10 个、18 个、21 个、12 个和 12 个,突变频率分别为 0.45%、0.38%、0.34%、0.43%、0.41% 和 0.46%,这些基因的平均突变频率为 0.41%,在对照 F1 子代中未检测到点突变的发生。

表 7-18　6 个草鱼生长相关基因位点的突变频率

基　因	扩增长度	组　别	检测数量	测序数量/尾	突变位点数量	突变率/‰
$igf-2a$	224	ENU 诱变 F1	15	8	15	0.45
		F1 对照	5	8	0	0
$igf-2b$	174	ENU 诱变 F1	15	8	10	0.38
		F1 对照	5	8	0	0
$mstn-1$	356	ENU 诱变 F1	15	8	18	0.34
		F1 对照	5	8	0	0
$mstn-2$	329	ENU 诱变 F1	15	8	21	0.43
		F1 对照	5	8	0	0
$fst-1$	196	ENU 诱变 F1	15	8	12	0.41
		F1 对照	5	8	0	0
$fst-2$	173	ENU 诱变 F1	15	8	12	0.46
		F1 对照	5	8	0	0
Average	242	ENU 诱变 F1	15	8	15	0.41
		F1 对照	5	8	0	0

序列分析结果显示,在 ENU 诱变后代基因组 DNA 中,有 52%(46/88)产生了 G-C 到 A-T 的转换、35%(31/88)产生了 A-T 到 G-C 的转换、9%(8/88)产生了 A-T 到 T-A 的颠换、2 个 A-T 到 C-G 的颠换和 1 个 G-C 到 T-A 的颠换(结果未列出)。这些点突变可造成密码子的 66%(58/88)非同义突变,其中 64%(37/88)为错义突变,其余则为无义突变。如图 7-14 所示,在 $mstn1$ 基因编码框的 190 bp 到 252 bp 区域中,一个个体(编号:690000116601909)在 205 nt 的 C 突变成 T(图 7-7A),导致第 69 位编码谷氨酰胺产生终止密码子,造成密码子的无义突变(图 7-14A,B);另一个个体(编号:690000116601814)在 239 nt 的 A 突变成 G(图 7-14A),导致第 80 位编码谷氨酰胺突变成精氨酸,造成密码子的错义突变(图 7-14A,C)。在 $mstn2$ 基因编码框的 652 bp 到 726 bp 片段中,一个个体(编号:690020042302468)在 658 nt 的 G 突变成 A,导致第 220

位编码缬氨酸突变成异亮氨酸,造成密码子的错义突变(图7-15A,B);另一个个体(编号:690020042302463)在717 nt的G突变成A,则产生谷氨酸密码子的同义突变(图7-15A,C)。

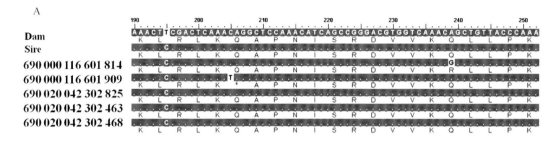

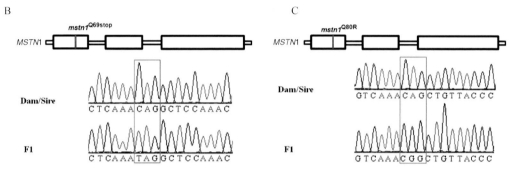

图7-14　ENU诱变草鱼F1代 *mstn1* 基因部分序列的突变位点检测(见彩版)

A图左侧编号为个体PIT标记号码

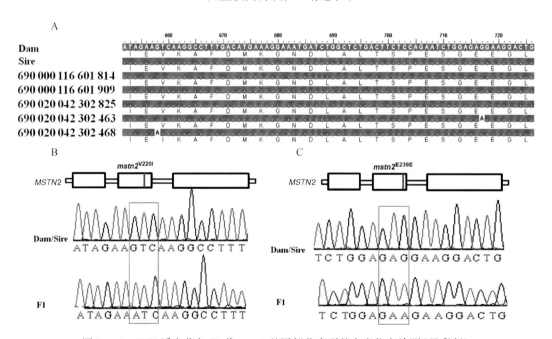

图7-15　ENU诱变草鱼F1代 *mstn2* 基因部分序列的突变位点检测(见彩版)

A图左侧编号为个体PIT标记号码

三、ENU 诱变纯合方法

雌核发育是指卵子须经精子激发才能产生只具有母系遗传物质的个体的有性生殖方式。营天然雌核发育的鱼类共同的特点是：卵子具有与母本完全相同的染色体组型。卵子与近缘两性型种类雄鱼的精子激发后才能发育,但精子只起激发作用,并未发生雌、雄原核的融合或配子配合。因此,后代不具父本性状。在银鲫中,除了某些种类外,所有雌核发育后代全为雌性,表现型似母本,基因型与母本相同或不尽相同,视卵核发育的途径而定。按常规方法,欲获得鱼类的自交系或纯系,往往需要保持数个近交的家系,采用连续近亲交配的方法,至少需要经过 8~10 代的全同胞交配。这对于性成熟年龄长的鱼类来说,几乎是不可能的。即使对于性成熟年龄较短的鱼类来说,也要二三十年的时间。而采用人工诱发雌核发育技术则可在较短的时间内获得纯系,这是由于雌核发育的二倍体后裔的基因组均来源于母本,纯属母系遗传,因此是高度的纯合子。

繁殖亲本为上海海洋大学保有的 5 龄长江水系 ENU 诱变优良草鱼,均约 20 kg。实验组为以 UV 灭活(20 min)团头鲂精子激活 ENU 诱变草鱼亲本卵子,受精后 2 min,4~6℃冷休克 12 min 抑制第二极体排出,建立 ENU 诱变草鱼雌核发育群体(E 群体),取样 25 尾。对照组为 ENU 诱变草鱼自交后代群体(Q 群体),取样 30 尾。每尾剪取少许鱼鳍放入 95% 乙醇中保存于−20℃用于提取基因组。

(一) 雌核发育 ENU 诱变个体的倍性检测

饲养 3 个月后,分别取 E 群体和 Q 群体个体各 5 尾,从尾静脉采血,然后取 1 μL 血样加入 1 mL DAPI 染液中,避光染色 30~60 s,用 500 目过滤管过滤到上样管内,然后用 Partec CyFlow 倍性分析仪进行 DNA 含量检测。根据每个个体产生的条带位置确定基因型。用 Popgen(version 1.32)软件进行分析,计算每个微卫星座位在群体中的等位基因数、杂合度和纯合度等指标。

Partec CyFlow 倍性分析仪测定 E 群体和 Q 群体的相对 DNA 含量。结果显示,E 群体的相对 DNA 含量为 23.80,与 Q 群体(24.02)的 DNA 含量接近(表 7 - 19)。结果证明雌核发育 ENU 诱变草鱼具有与 ENU 诱变草鱼相同的倍性,均为二倍体。

表 7 - 19　ENU 诱变草鱼自交后代及雌核发育群体的相对 DNA 含量统计

样　品	倍　性	平均检测细胞数	相对 DNA 含量
雌核发育 ENU 诱变草鱼(E 群体)	二倍体	2 903	23.80±1.19
ENU 诱变草鱼自交后代(Q 群体)	二倍体	3 012	24.02±1.22

(二) 雌核发育 ENU 诱变纯合性评价

从每个个体在微卫星位点的纯合率看(图 7 - 16),E 群体中个体的纯合度在 0.50~0.82,Q 群体中个体的纯合度在 0.07~0.29。E 群体中个体的纯合度均小于 1.00,说明没有完全纯合的个体,同时 Q 群体中个体的纯合度均大于 0.00。从每个微卫星位点在群体的纯合率看(图 7 - 17),除了位点 5 476、HLJC118 和 HLJC81 外,雌核发育 ENU 诱变草鱼群体(E)的其他位点的纯合度以不同的速率得到提高。

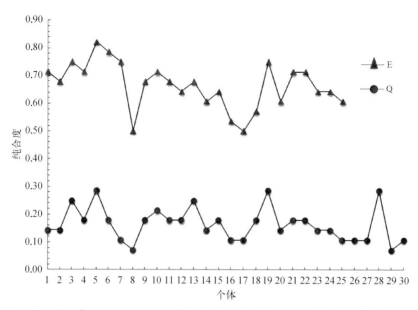

图 7-16　雌核发育 ENU 诱变草鱼群体(E)和 ENU 诱变草鱼群体(Q)每个个体的纯合率

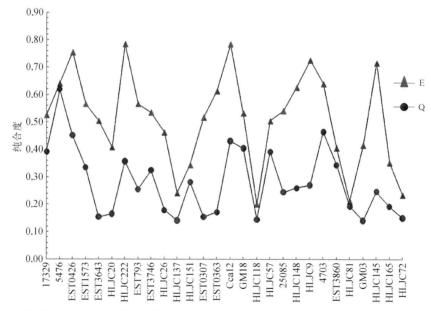

图 7-17　雌核发育 ENU 诱变草鱼群体(E)和 ENU 诱变草鱼群体(Q)和在各个微卫星位点的纯合率

（三）雌核发育 ENU 诱变草鱼群体的遗传多样性

采用 28 个多态性 SSR 位点在 E 群体和 Q 群体中检出的等位基因数、有效等位基因数、期望纯合度、期望杂合度和多态信息含量见表 7-20。E 群体和 Q 群体的平均等位基因数分别为 3.714 3、5.178 6;平均有效等位基因数分别为 2.185 7、4.002 8。在 2 个草鱼群体中,E 群体与 Q 群体相比,平均期望纯合度由 0.281 4 提高到 0.512 2;平均期望杂合度由 0.718 6 下降到 0.487 8;平均多态信息含量由 0.660 6 下降到 0.428 2。从这些遗传参数中可得出,雌核发育 ENU 诱变草鱼群体(E)的遗传纯合度明显提高。

表 7－20　雌核发育 ENU 诱变草鱼群体的遗传多样性参数

位 点	等位基因数		有效等位基因数		期望纯合度		期望杂合度		多态信息含量	
	E	Q	E	Q	E	Q	E	Q	E	Q
17329	3	3	1.868 5	2.486 2	0.525 7	0.392 1	0.474 3	0.607 9	0.419 5	0.525 8
5476	3	3	1.596 4	1.542 4	0.642 4	0.618 8	0.357 6	0.381 2	0.317 2	0.319 1
EST0426	2	3	1.317 2	2.171 3	0.754 3	0.451 4	0.245 7	0.548 6	0.211 8	0.476 1
EST1573	3	3	1.738 5	2.903 2	0.566 5	0.333 3	0.433 5	0.666 7	0.394 2	0.590 6
EST3643	5	8	1.944 0	5.960 3	0.504 5	0.153 7	0.495 5	0.846 3	0.437 2	0.811 6
HLJC20	4	6	2.381 0	5.590 1	0.408 2	0.165 0	0.591 8	0.835 0	0.497 6	0.795 7
HLJC222	2	4	1.267 7	2.723 1	0.784 5	0.356 5	0.215 5	0.643 5	0.188 9	0.570 6
EST793	4	4	1.738 5	3.734 4	0.566 5	0.255 4	0.433 5	0.744 6	0.394 2	0.682 9
EST3746	3	4	1.835 5	2.985 1	0.535 5	0.323 7	0.464 5	0.676 3	0.400 9	0.603 5
HLJC26	5	7	2.115 1	5.202 3	0.462 0	0.178 5	0.538 0	0.821 5	0.474 8	0.779 5
HLJC137	5	8	3.894 1	6.451 6	0.241 6	0.140 7	0.758 4	0.859 3	0.697 9	0.825 6
HLJC151	5	7	2.802 7	3.409 1	0.343 7	0.281 4	0.656 3	0.718 6	0.593 0	0.662 7
EST0307	4	9	1.896 8	5.960 0	0.517 6	0.153 7	0.482 4	0.846 3	0.435 7	0.812 8
EST0363	5	7	1.606 7	5.405 4	0.614 7	0.171 2	0.385 3	0.828 8	0.360 4	0.789 9
Cca12	2	3	1.267 7	2.699	0.784 5	0.431 1	0.215 5	0.568 9	0.188 9	0.461 0
GM18	3	3	1.843 7	2.409 6	0.533 1	0.405 1	0.466 9	0.594 9	0.383 4	0.502 3
HLJC118	5	7	4.612 5	6.293 7	0.200 8	0.144 6	0.799 2	0.855 4	0.748 0	0.820 6
HLJC57	3	3	1.944 0	2.486 2	0.504 5	0.392 1	0.495 5	0.607 9	0.385 6	0.516 9
25085	2	4	1.814 2	3.887 7	0.542 0	0.244 6	0.458 0	0.755 4	0.348 1	0.694 8
HLJC148	2	6	1.574 6	3.673 5	0.627 8	0.259 9	0.372 2	0.740 1	0.298 3	0.688 3
HLJC9	2	4	1.367 6	3.536 3	0.725 7	0.270 6	0.274 3	0.729 4	0.232 7	0.666 4
4703	3	3	1.541 3	2.112 7	0.641 6	0.644	0.358 4	0.535 6	0.302 0	0.466 8
EST3860	4	4	2.394 6	2.816 9	0.405 7	0.344 1	0.594 3	0.655 9	0.524 6	0.576 8
HLJC81	5	6	4.386 0	4.838 7	0.212 2	0.193 2	0.787 8	0.806 8	0.733 4	0.762 0
GM03	6	7	2.336 4	6.428 6	0.416 3	0.141 2	0.583 7	0.858 8	0.482 4	0.824 9
HLJC145	3	5	1.385 8	3.854 5	0.715 9	0.246 9	0.284 1	0.753 1	0.255 8	0.694 4
HLJC165	4	6	2.735 2	4.864 9	0.352 7	0.192 1	0.647 3	0.807 9	0.569 0	0.762 8
HLJC72	6	7	3.993 6	6.081 1	0.235 1	0.150 3	0.764 9	0.849 7	0.712 1	0.813 4
平均	3.714 3	5.178 6	2.185 7	4.002 8	0.512 2	0.281 4	0.487 8	0.718 6	0.428 2	0.660 6

四、ENU 诱变群体生长性能评价

对 ENU 诱变二代和邗江群体草鱼一龄和二龄进行检测,采用剪鳍标记,进行同塘养殖比较,随机抽取 30 尾,测量体重,统计成活率和产量。一龄阶段平均快 21.2%,二龄阶段平均快 20.5%。成活率统计 ENU 诱变二代相比邗江群体草鱼高 4.3%~6.0%(表 7－21)。

表 7 - 21　ENU 诱变草鱼与邗江群体草鱼生长对比

草鱼群体	一　　龄		二　　龄	
	ENU 诱变 F2	邗江群体	ENU 诱变 F2	邗江群体
体重/g	118.2±11.3	97.5±12.3	1182.6±192.3	981.2±191.8
诱变/对照/%	21.2		20.5	
成活率/%	91.6±8.2	87.8±9.6	95.0±7.6	89.6±10.1
诱变/对照/%	4.3		6.0	

第六节　转基因草鱼构建及转座子插入诱变技术

转座子(transposon)是基因组上的一段一定长度的 DNA 序列,能在自身编码的转座酶作用下,以"剪切-粘贴"的方式在基因组中进行高效转座。基于转座子的插入诱变策略,在包括鱼类在内的脊椎动物重要性状主控基因的筛选、转基因鱼构建以及基因组学研究方面有着重要的研究前景。

一、转基因草鱼 P0 代的构建

草鱼出血病的病原体为呼肠孤病毒(grass carp reovirus, GCRV),属水生呼肠孤病毒。GCRV 基因组共含有 11 条编码 12 种蛋白质的双链 RNA(dsRNA),其中,衣壳蛋白 VP3 是构成病毒粒子内层蛋白的基本骨架,为病毒装配所必需。养殖水温对 GCRV 病毒的增殖起着重要作用,草鱼出血病在夏秋季节当水温 25~30℃时最易爆发流行,而在气温较低的冬春季节或大于 33℃的夏季基本不爆发。草鱼出血病的相关研究工作虽然取得了一定的进展,但还未培育出有效的抗病毒新品系。

20 世纪 80 年代初,朱作言等建立了鱼类转基因模型,开辟了一条鱼类种质创制策略。1991 年,美国约翰霍普金斯大学的 Natsoulis 和 Boeke 首次提出了应用衣壳蛋白-核酸酶融合蛋白靶向灭活病毒(capsid-targeted viral inactivation, CTVI)的新型抗病毒策略,该技术是将病毒衣壳蛋白-核酸酶融合蛋白装配到病毒粒子中,使核酸酶接触并降解病毒核酸,从而达到抑制病毒复制的目的,这是一种前所未有的抗病毒策略,具有广阔的应用前景。CTVI 策略已成功用于乙肝病毒、人免疫缺陷病毒、鼠白血病病毒、登革热病毒等多种病毒的抗病毒研究,取得了一定的效果。

(一) 转基因质粒构建

我们构建转基因 pTgf2 - EF1α - VP3 - SN 质粒包含金鱼 *Tgf2* 转座子的两个末端 L220 和 R185、EF1α 启动子以及 GCRV 衣壳蛋白 VP3 和核酸酶 SN 序列,Amp+氨苄抗性基因序列,包含 *Spe*I、*Xho*I、*Sal*I、*Bam*HI、*Not*I、*Cla*I、*Bgl*I 和 *Kpn*I 限制性酶切位点,转基因目的区域为质粒 2 228 bp 至 7 603 bp 区域共 5 376 bp,质粒结构见图 7 - 18。构建的转基因 pTgf2 - Hsp70 - VP3 - SN 载体(图 7 - 19)包含 Hsp70 启动子,其他部分与 pTgf2 - EF1α - VP3 - SN 质粒完全相同,转基因目的区域为质粒 2 233 bp 至 9 226 bp 区域共 6 994 bp。

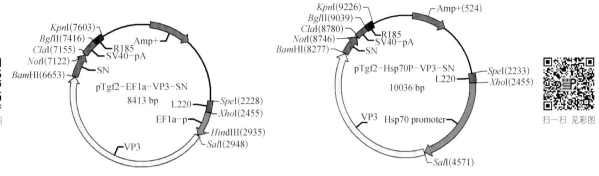

图 7 - 18　草鱼抗出血病转基因质粒 pTgf2 -
EF1α - VP3 - SN 的结构

图 7 - 19　草鱼抗出血病转基因质粒 pTgf2 -
Hsp70 - VP3 - SN 的结构

（二）阳性个体发育状况观察

将实验组与对照组在相同条件下进行孵化，对不同时期胚胎进行拍照，观察胚胎在 12 hpf、24 hpf、36 hpf 及一龄草鱼的发育状况，注射 pTgf2 - EF1α - VP3 - SN 或 pTgf2 - Hsp70 - VP3 - SN 质粒与 *Tgf2* 转座酶 mRNA 的转基因草鱼胚胎发育情况如图 7 - 20 所示。观察发现，在相同的培养环境下，注射组草鱼胚胎及幼鱼和对照草鱼胚胎及幼鱼（图 7 - 20）的发育状况基本一致，说明显微注射外源质粒和转座酶对草鱼形态和生长发育未产生影响。

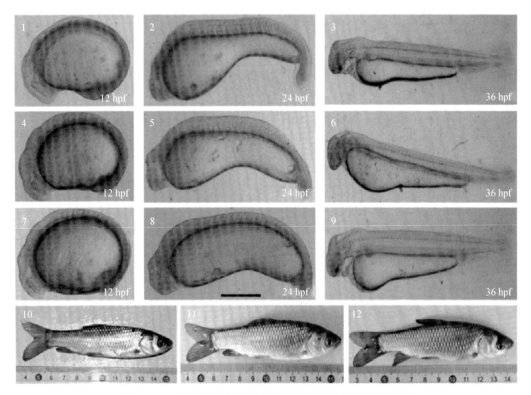

图 7 - 20　转基因草鱼不同发育时期胚胎及幼鱼（见彩版）

1~3,10. 正常草鱼;4~6,11. 注射 pTgf2 - EF1α - VP3 - SN 和 *Tgf2* 转座酶 mRNA 草鱼;
7~9,12. 注射 pTgf2 - Hsp70 - VP3 - SN 草鱼和 *Tgf2* 转座酶 mRNA;图上比例尺为 600 μm

（三）转 VP3‒SN 基因阳性个体检测

1. pTgf2‒EF1α‒VP3‒SN 质粒

在正常的草鱼中不存在 GCRV 衣壳蛋白 VP3 和金黄色葡萄球菌核酸酶 SN 基因序列,针对该区域设计特异性引物 VP3‒F 和 SN‒R 对转 pTgf2‒EF1α‒VP3‒SN 质粒草鱼共计 132 尾进行 PCR 检测。扩增的特异性分子条带大小为 1 541 bp,其中 53 尾可检测出特异性条带,阳性率为 40.2%,PCR 扩增结果如图 7‒21a 所示。对 4 尾样品(2、7、8 和 14)的阳性扩增产物进行回收、克隆和测序验证,测序结果与 pTgf2‒EF1α‒VP3‒SN 质粒序列比对结果如图 7‒21b 所示,这些结果表明 pTgf2‒EF1α‒VP3‒SN 质粒的转基因元件已成功整合到草鱼的基因组中。

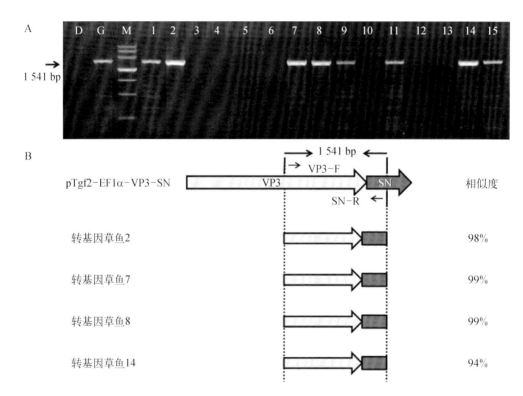

扫一扫 见彩图

图 7‒21　转 pTgf2‒EF1α‒VP3‒SN 质粒草鱼的 PCR 检测(A)及与供体质粒序列比对模式图(B)

D. 草鱼阴性对照;G. 供体质粒 pTgf2‒EF1α‒VP3‒SN 阳性对照;

M. 分子量标准;1~15. pTgf2‒EF1α‒VP3‒SN 质粒显微注射草鱼

2. pTgf2‒Hsp70P‒VP3‒SN 质粒

以特异引物 VP3‒F 和 SN‒R 对注射 pTgf2‒Hsp70‒VP3‒SN 质粒草鱼共计 181 尾进行 PCR 检测,扩增条带大小为 1 541 bp,其中 67 尾检测出特异性条带,阳性率为 37.0%,PCR 扩增结果如图 7‒22A 所示。对 4 尾样品(2、5、10 和 14)的阳性扩增产物进行回收、克隆和测序验证,测序结果与 pTgf2‒Hsp70‒VP3‒SN 质粒序列比对结果如图 7‒22B 所示,表明 pTgf2‒Hsp70‒VP3‒SN 的转基因元件已成功整合到草鱼基因组中。

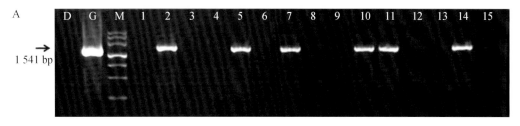

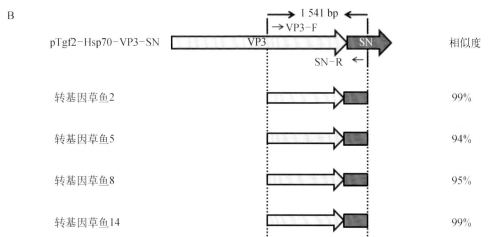

扫一扫 见彩图

图 7-22 转 pTgf2-Hsp70-VP3-SN 质粒草鱼的 PCR 检测(A)及与供体质粒序列比对模式图(B)

D. 草鱼阴性对照;G. 供体质粒 pTgf2-Hsp70-VP3-SN 阳性对照;
M. 分子量标准;1~15. pTgf2-Hsp70-VP3-SN 质粒显微注射草鱼

　　研究采用衣壳蛋白靶向灭活(capsid-targeted viral inactivation,CTVI)策略,利用 *Tgf2* 转座子元件,构建了带爪蟾 EF1α 或鲤热休克蛋白 70 两种不同启动子的 CTVI 转基因质粒 pTgf2-EF1α-VP3-SN 和 pTgf2-Hsp70-VP3-SN。该 2 种质粒均包含 GCRV 衣壳蛋白 VP3 与金黄色葡萄球菌核酸酶(*Staphylococcus aureus* nuclease,SN)融合表达阅读框。通过将 2 种 CTVI 转基因质粒与体外合成的 *Tgf2* 转座酶 5′加帽 mRNA 共同显微注射入草鱼 1~2 细胞期受精卵,获得了带 2 种不同启动子的 CTVI 转基因草鱼群体。PCR 和测序结果显示,2 种转基因阳性草鱼基因组中均含有外源 GCRV 衣壳蛋白 VP3 与 SN 基因片段,阳性率分别为 40.2% 和 37.0%,表明 *Tgf2* 转座子已成功介导 CTVI 融合表达基因整合到草鱼基因组中。本研究共获得了 120 尾 CTVI 转基因个体,为将来构建抗出血病草鱼新品系奠定了材料基础。

二、转座子介导插入诱变

　　插入诱变(insertional mutagenesis)是通过将一段 DNA 插入基因组,对受体基因组进行修饰的正向遗传学诱变技术。插入 DNA 片段本身还可以作为分子标记,便于突变基因组的定位,有利于目标性状功能基因的鉴别和筛选。转座子介导的插入诱变库的构建在植物中应用较多,已分别在拟南芥(*Arabidopsis thaliana*)、烟草(*Nicotiana tabacum*)、玉米

(Zea mays)和水稻(Oryza sativa)中建立了饱和的插入诱变库,利用高效鱼源转座子在养殖鱼类开展插入诱变研究。随着多种养殖鱼类基因组测序工作的完成,基于 DNA 转座子的插入诱变策略在功能基因发掘和注释领域显现出巨大的应用潜力。我们以 Tgf2 转座子为基础,通过构建供体质粒和转座酶辅助质粒,在草鱼基因组中尝试进行插入诱变,以期挖掘到目标性状功能基因。

（一）材料

所用的草鱼亲本来源于上海海洋大学青浦鱼类育种试验站的人工养殖群体。采用人工授精的方式进行催产。每公斤体重雌性草鱼注射 5 μg 的 LRHA2,雄鱼减半。

对草鱼 1~2 细胞期胚胎进行显微注射。受精卵粘于或平铺于直径为 60 mm 的培养皿上,将供体质粒(50 ng/μL)与 gfTP 转座酶 mRNA(100 ng/μL)溶液与酚红配置成注射混合液,把 1 nL 混合液显微注射到胚胎的卵黄中(靠近动物极),将受精卵放置培养皿中,4 h 换水一次,6 h 荧光观察一次,记录绿色荧光表达情况,统计荧光率。

（二）供体质粒和辅助质粒的构建

以 pTgf2 - eGFP 质粒为基本构架,构建包含 Tgf2 转座子左末端 220 bp 的区域(L220)和右末端 185 bp 的区域(R185)以及 4 种不同启动子的供体质粒。4 种启动子分别为爪蟾(Xenopus laevis)EF1α(elongation factors 1α,延伸因子-1α)启动子、斑马鱼(Danio rerio)Krt8(keratin 8,角蛋白)启动子和 β - actin 启动子、草鱼 MyoD(myogenic differentiation antigen,成肌分化抗原)启动子,得到 pTgf2 - βactin - eGFP、pTgf2 - EF1tin - eG、pTgf2 - MyoD - eGFP 和 pTgf2 - Krt8 - eGFP 4 个供体质粒。以编码 686 个氨基酸的 gfTP 转座酶组成了辅助质粒 pCS2 - gfTP,其连接了 T7 启动子,可进行体外转录。

对 gfTP 转座酶辅助质粒 pCS2 - gfTP 进行 NotI 限制性单酶切,将酶切产物回收。使用试剂盒 Ambion mMassage mMachine 开展体外转录。步骤为: 2×NTP/CAP5μL,线性化质粒 0.5 μg,Enzyme Mix 1 μL,10×Reaction Buffer 1 μL,Nuclease-free Water 补到 10 μL,37℃恒温处理 3 h。再加入 1 μL TURBO DNase,37℃恒温处理 15 min;向反应液中分别加入 30 μL LiCl 和 Depc 水,混匀后放置−20℃冷冻 45 min;4℃ 14 000 r/min 离心 15 min;弃上清液,加入 1 mL 70%乙醇轻漂洗,4℃ 14 000 r/min 离心 15 min;弃上清液,晾干 5 min,溶于 10 μL Depc 水中。采用分光光度计测量转座酶 gfTP 加帽 mRNA 浓度,于−80℃冰箱保存。

构建的 pCS2 - gfTP 转座酶辅助质粒包含 686 个氨基酸的 gfTP 转座酶编码序列和 T7 启动子(图 7 - 23),可进行体外转录。4 种供体质粒都含有 L220 和 R185 两个 Tgf2 转座子末端,仅在中部加入了爪蟾的 EF1α、斑马鱼的 Krt8 和 β - actin、草鱼的 MyoD 这 4 种不同的启动子,并接入 eGFP 荧光蛋白标记(图 7 - 24)。

（三）荧光观察插入诱变的鱼体胚胎

将 50 ng/μL 供体质粒和 100 ng/μL 转座酶 mRNA 显微注射到草鱼的 1~2 细胞期受精卵中。对插入诱变的草鱼胚胎进行了荧光观察,24 h 的胚胎可见光和荧光照片如图 7 - 25 所示。由此可见草鱼的 24 h 时期的显微注射胚胎可明显表达出绿色荧光。荧光率在草鱼中高达 95%。

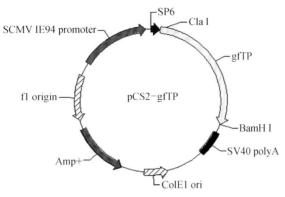

图 7-23　pCS2-gfTP 转座酶辅助质粒

SCMV IE94 promoter：猴巨细胞病毒的即刻早期基因 94 启动子；f1 origin：f1 噬菌体起始位点；Amp⁺：氨苄青霉素；cole1 ori：大肠杆菌毒素蛋白复制起始位点；SV40 polyA：猴空泡病毒 40 多聚腺苷酸；gfTP：金鱼转座酶；SP6：SP6 噬菌体启动子；*Cla* I 和 *Bam*HI：酶切位点

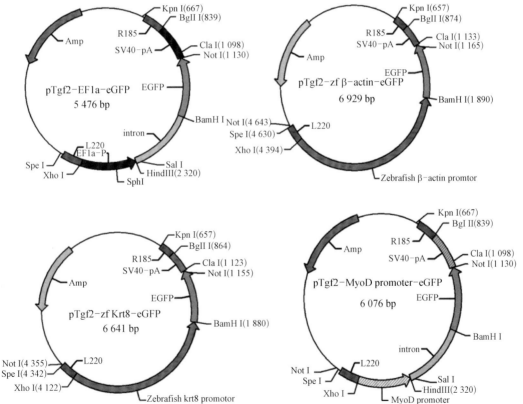

图 7-24　*Tgf2* 转座子插入诱变的 4 种供体质粒

Amp：氨苄青霉素；EF1a-p：延伸因子-1α 启动子；Zebrafish β-acting promoter：斑马鱼 β 肌动蛋白；Zebrafish krt8 promoter：斑马鱼角蛋白 8 启动子；MyoD promoter：成肌分化抗原启动子；intron：内含子；EGFP：enhanced green fluorescent protein；EGFP：增强绿色荧光蛋白；SV40-pA：猴空泡病毒 40 多聚腺苷酸；L220 和 R185：转座子的左右臂；其余为酶切位点

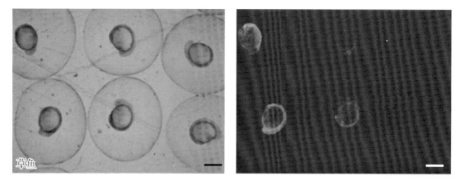

图 7-25　插入诱变的草鱼 24 h 胚胎期的可见光(左)和荧光(右)图(比例尺为 0.1 cm)

由于 4 种供体质粒所连接的启动子不同,绿色荧光的表达部位也不相同。图 7-26 为 4 种供体质粒在草鱼胚胎时期的表达荧光图,插入诱变 24 h 胚胎的 eGFP 表达量较低,差异不明显。

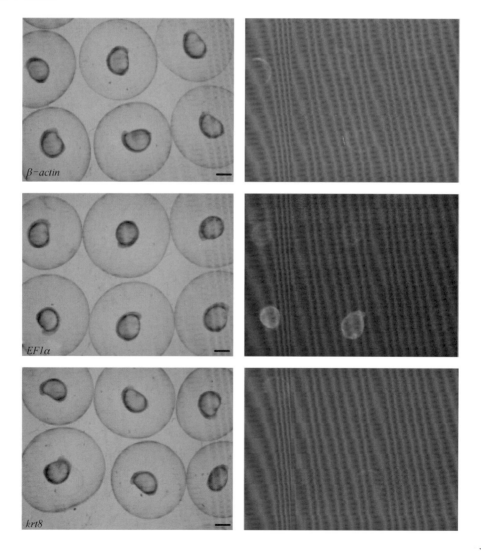

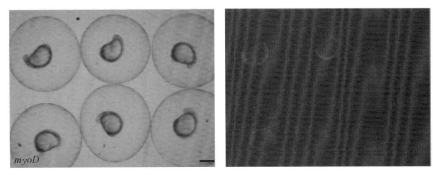

图 7-26　4 种不同的供体质粒在草鱼胚胎发育到 24 h 的
可见光(左)和荧光(右)图(见彩版)

图上比例尺为 0.1 cm

图 7-27 为 4 种转座质粒在草鱼胚胎发育 2d 后的表达荧光图，β-actin 和 $EF1\alpha$ 属于全身性表达的启动子，注射后草鱼胚胎全身表达；而 Krt8 启动子的表达局限于表皮，绿色荧光的表达部位也主要集中于草鱼胚胎的表皮中；MyoD 启动子的表达与肌肉生长相关，绿色荧光的表达部位主要在草鱼胚胎的脊索等肌肉组织中(图 7-27)。

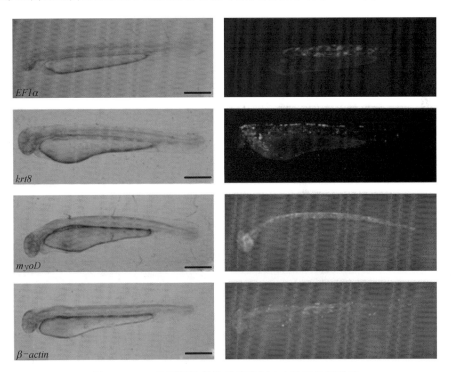

图 7-27　4 种不同的供体质粒注射 2 d 后草鱼胚胎的
可见光(左)和荧光(右)图(见彩版)

图上比例尺为 0.1 cm

(四) 阳性个体检测及突变表型

取饲养 180 d 实验鱼尾鳍提取 DNA，开展 eGFP 基因的 PCR 检测，退火温度 58℃，所用引物为 eGFP - F178(ACCCTCGTGACCACCCTGAC)和 eGFP - R646(GCTTCTCGTTGGG GTCTTTGCTC),扩增片段长度 468 bp。将 PCR 产物测序验证,含有 *eGFP* 基因的个体为阳性。将阳性与阴性鱼分别打电子标签。

插入诱变的胚胎孵化后一周可平游,用 PCR 检测平游期个体的阳性率,得到草鱼阳性比例为 52%。土塘养殖 1 年后,将转基因鱼剪鳍,测定其阳性整合率,并分别对阳性和阴性鱼进行电子标记。草鱼和团头鲂的 PCR 产物电泳检测如图 7-28 所示,测序检验 468 bp 电泳条带确认为 eGFP 片段,有 eGFP 片段个体即为阳性整合个体。经统计,草鱼在 1⁺龄插入诱变的阳性整合率为 33.0%。

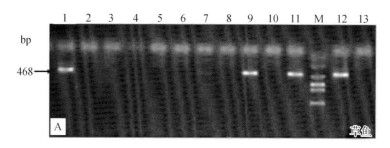

图 7-28 *eGFP* 基因在插入诱变草鱼基因组中 PCR 扩增电泳图

M: DNA 标记

对草鱼进行显微注射,注射受精卵 1 000 余颗,土塘饲养 1 年,存活 600 余尾,经检测,获得草鱼插入诱变阳性突变个体 162 尾,其中有 45 尾表型差异明显。插入诱变突变体的草鱼也出现肌肉扭曲和体轴弯曲的现象(图 7-29)。此外,草鱼的头部出现新的突变类型(图 7-30)。草鱼的 3 个突变体均为头部突变,分别为鳃盖骨后上方凹陷(图 7-30B),脑顶部中央凹陷(图 7-30C),眼部突变(图 7-30D),表现为不对称发育,和牙鲆眼睛的变态发育类似。

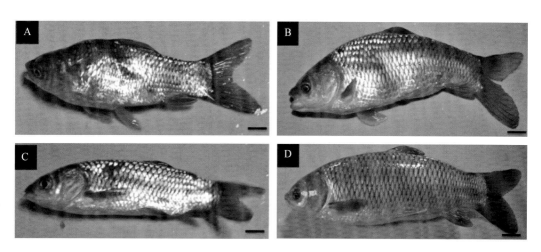

图 7-29 草鱼插入诱变突变体(见彩版)

图 A~C 为突变体,图 D 为对照组,比例尺为 2.5 cm

图 7-30　草鱼插入诱变突变体（见彩版）

图 A 为对照组，B～D 为突变体，比例尺为 2.5 cm

鱼类受精卵整合后，*Tgf2* 转座子标记的 *eGFP* 基因得以表达，插入诱变早期胚胎出现绿色荧光，在草鱼中高达 95% 以上。由于草鱼胚胎是非黏性卵，且较为透明，有利于显微注射。然而荧光率高不能说明整合率高，只能说明质粒中的绿色荧光基因被胚胎里的转录因子转录，从而出现绿色荧光，但不代表基因已整合到了染色体中。就整合率而言，平游期比 1⁺ 龄期鱼高，推测是插入诱变个体的重要功能基因被转座子插入失活，以致在平游期的阳性个体无法正常发育就已死亡。鱼类胚胎期荧光表达随着供体质粒所带的不同启动子呈现出表达差异性。

插入诱变阳性草鱼在 1⁺ 龄期发生多种突变体，主要是体轴和肌肉发育异常，推测是草鱼生长发育相关的基因被转座子插入失活。草鱼眼睛突变的个体与牙鲆眼睛变态发育的个体类似，可能是鱼类眼睛对称发育相关的基因被转座子插入失活。实验发现，转座子插入到隐性基因或者冗余基因时，个别鱼体的阳性个体表型不显著，如果深入挖掘隐性突变体，则需传代，从而获得隐性纯合个体，实现隐性性状表达，从而开展表型到基因型的正向遗传学研究。

金鱼 *Tgf2* 转座子没有插入位点偏好性，利用 *Tgf2* 转座子在鱼类中建立大规模插入诱变体库是切实可行的。利用转座子作标签，可找到插入失活区域，鉴别突变原因。本研究是建立鱼类饱和插入诱变体库的初步阶段，仍有必要深入开展研究，未来可进一步建立完整的插入诱变数据库，并对突变体进行分子挖掘，建立表型与其基因型之间的对应关系，从而为重要功能基因发掘和良种筛选打下基础。

第八章　草鱼性状连锁分子标记筛选

在草鱼的种质创制过程中,依据与性状紧密连锁的标记筛选性状优良的草鱼品系或抗病品系,可以大大提高草鱼的早期亲本筛选效果,同时减少亲本培育成本,提速草鱼的种质创制进程。鱼类的大多数经济性状都属于数量性状,是受多基因控制的复杂性状。数量性状定位可以利用遗传分离群体,分析群体中个体目标性状的表型值和基因型的连锁关系,扫描出与目标性状相关的基因位点连锁的标记。本章包括两部分内容:遗传连锁图谱的构建和数量性状基因座(quantitative trait locus, QTL)扫描及效应性分析。

第一节　草鱼遗传连锁图谱构建

遗传图谱的构建为功能基因的定位,尤其是对一些重要的经济形状的 QTL 定位和性状改良提供了理论基础,QTL 定位分析是在遗传图谱上将与形态性状或抗病力等性状进行定位,同时根据所解释的表型性状的百分比找出主效 QTL,即在种质创制过程中以生长数据等数量遗传学参数为基础,利用主效 QTL 的分子标记进行分子标记辅助筛选。QTL定位需要利用分子标记构建遗传连锁图并把分子标记与数量性状关联起来。这样可以大大提高动物种质创制的进展,达到较好的筛选效果。

一、首张遗传连锁图谱

以野生草鱼 F1 代杂交家系为作图群体,父母本分别为遗传差异较大的两对个体,杂交产生两个无亲缘关系的作图家系,每个家系各包含 96 个后代。

共采用了 565 个 DNA 标记,其中包括从两个微卫星富集文库中筛选获得的 487 个微卫星、17 个从已发表文献中获得的微卫星、6 个 EST 中的微卫星及 55 个从已知基因或EST 中获到的 SNP 标记。在 565 个标记中,303 个标记(279 个微卫星标记及 24 个 SNP标记)在作图家系中具有多态性,被用于进一步的连锁分析。这些多态性标记中 4 个标记具有两个拷贝,实际用于连锁分析的位点数为 307。在 1 号作图家系中,有 267 个位点(251 个微卫星和 16 个 SNP)检测到可用作图信息,而在 2 号作图家系中,共有 281 个位点(263 个微卫星和 18 个 SNP)检测到可用作图信息。有 231 个位点在两个作图家系中均检测到可用作图信息。

采用杂交产生的两个 F1 代作图家系,根据各位点基因型在子代中的分离数据构建首张草鱼遗传连锁图谱。该图谱由 24 个连锁群组成,包含 263 个微卫星和 16 个 SNP 位点,图谱全长为 1 176.1 cM(厘摩尔),位点间平均距离为 4.2±1.6 cM。草鱼二倍体的染色体数为 48 条,草鱼连锁群的数量与草鱼单倍型的染色体数完全相同。根据草鱼单倍体的 C 值(1~1.09 pg)和 C 值与物理距离的转换公式(1 pg=978 Mb),可以推断草鱼的全基因组物理长度为 978~1 066 Mb,由此推算得到每 cM 代表的基因组大小为 832~906 kb。

使用 307 个可用位点对两个家系各 97 个后代个体进行连锁分析。对雄性的分离数据进行连锁分析时采用的阈值为 LOD≥3,获得的 24 个连锁群由 212 个位点组成;对雌性数据采用的阈值为 LOD≥4,获得的 24 个连锁群由 219 个位点组成。雌雄均具有的位点为 152 个,这些共有位点被用于雌雄两性的同源配对分析。雌图和雄图的全长分别为 1 149.4 cM 和 888.8 cM。如表 8-1 所示,雄图的各位点平均间距为 4.2±1.7 cM,小于雌图的 5.2±1.8 cM,表明在草鱼中雌雄的重组率存在差异。对两个作图家系的重组率差异进行比较,结果表明,1 号家系的雌雄平均重组率比值(雌∶雄)为 2.03,N(配对比较)=287;G(检测值)=1 132.2,2 号家系的平均重组率比值为 2.00,N(配对比较)=312;G(检测值)=1 226.9。雌性重组率显著高于雄性,两个家系间雌雄重组率比值差异不显著。最终得到的两性整合草鱼连锁图由 24 个连锁群组成,含 279 个位点,另有 28 个位点未能定位。未定位的位点中,8 个位点的连锁分析分值低于阈值,或与其他位点间的间距过大(>35 cM);其余的位点则是由于父母本的基因型相同导致无法进行连锁分析。雌图和雄图共有标记在两个图谱中的位置次序完全相同。草鱼连锁图全长 1 176.1 cM,各连锁群的长度为 23.4~95.2 cM(平均 49.0±16.2 cM)。连锁图的平均分辨率为 4.2±1.6 cM,分辨率最高的连锁群为 CID-LG18(2.2 cM),最低的为 CID-LG3(6.9 cM)。连锁群平均位点数为 11.6±4.1,最高的为 19 个(CID-LG2),最低的为 4 个(CID-LG20)。在所有位点间隔区中,只有 2 个的长度大于 25 cM。

表 8-1　草鱼两性特异连锁群的标记数及长度

连锁群编号	雌			雄		
	位点数	长度/Mb	分辨率/cM	位点数	长度/Mb	分辨率/cM
1	16	83.3	5.2	11	75.5	6.7
2	15	76.0	5.1	15	63.9	4.3
3	7	50.1	7.2	8	50.5	6.3
4	14	48.3	3.5	11	62.6	5.7
5	14	70.9	5.1	12	43.2	3.6
6	8	59.2	7.4	8	47.2	5.9
7	9	49.0	5.4	10	40.4	4.0
8	11	59.0	5.4	10	46.7	4.7
9	15	59.6	4.0	9	50.8	5.6
10	5	14.1	2.8	8	57.4	7.2
11	6	38.8	6.5	9	54.3	6.0
12	9	48.5	5.4	8	45.0	5.6
13	8	48.5	6.1	5	23.1	4.6
14	7	48.5	6.9	8	19.8	2.5
15	8	44.3	5.5	10	36.0	3.6
16	8	56.0	7.0	10	27.8	2.8
17	13	60.5	4.7	14	19.7	1.4

连锁群编号	雌			雄		
	位点数	长度/Mb	分辨率/cM	位点数	长度/Mb	分辨率/cM
18	17	46.4	2.7	14	27.7	2.0
19	8	42.7	5.3	6	16.8	2.8
20	4	40.3	10.1	2	12.5	6.3
21	5	27.3	5.5	4	14.6	3.7
22	3	22.4	7.5	6	21.1	3.5
23	5	44.5	8.9	4	3.5	0.9
24	4	11.2	2.8	10	28.7	2.9
合计	219	1 149.4	—	212	888.8	—
平均	9.1±4.2	47.9±17.4	5.2±1.8	8.8±3.3	37.0±18.9	4.2±1.7

在 4 种模式鱼类基因组全序列中对定位于草鱼图谱的 263 个微卫星标记和 16 个 EST 或基因内 SNP 标记的核酸序列进行同源搜索,结果表明,在草鱼与模式鱼类间,有 9.3% (青鳉,26 个同源标记)至 58.8%(斑马鱼,164 个同源标记)的标记序列具有同源性(E< 10^{-7},表 8 - 2)。在河豚和青鳉中,具有 5 个或以上重复单位的微卫星位点均未检测到同源序列,而在斑马鱼中,43.9%的微卫星位点均具有同源序列。EST 或基因内标记的保守性高于普通微卫星标记,43.8%(青鳉)至 100%(斑马鱼)的该类序列在 4 种模式鱼类中可搜索到同源序列。草鱼与斑马鱼的亲缘关系最近,这一结果与传统分类学研究相符。共有 176 个标记可在模式鱼类中搜索到同源序列(E< 10^{-7}),其中有 42 个标记(23.9%)同时在 2 种以上模式鱼类中具有同源序列,另有 13 个标记(7.4%)同时在 4 种模式鱼类中具有同源序列。在同线性检测中,发现了部分具有很高保守性的区域,如连锁群 CID - LG1 中的 SNP0010 至 CID0278 区域同时存在于至少 3 个物种中。

表 8 - 2　草鱼与 4 种模式鱼类间的共有同源标记

同源类型	斑马鱼	绿河豚	红鳍东方鲀	青　鳉
1	126	3	3	2
2	12	8	2	2
3	13	12	15	6
4	13	13	13	13
合计	164	36	33	28
百分比	59.2%	13.0%	11.9%	10.1%

注:1 型表示只在该模式物种中发现的同源标记;2 型表示在该模式物种及另一模式物种中发现的同源标记;3 型表示在该模式物种及另外两个模式物种中发现的同源标记;4 型表示在所有 4 个模式物种中均存在的同源标记。合计百分比表示,在所有进行相似性搜索的标记中,与 4 种模式物种具有同源性的标记比例

根据种间的保守同线性关系,可以利用草鱼遗传图谱进行草鱼基因在图谱中的预测定位。斑马鱼 25 条染色体的基因组序列已全部进行了测序、组装。而在本研究中,共有 164 个标记(148 个微卫星标记和 16 个 SNP 标记)同时存在于草鱼连锁图谱和斑马鱼染色体图谱中。比较图谱中各连锁群的标记数为 2~13 个,平均标记数为 6.8±3.0 个,由此可以对这两个物种基因组间的同线性关系进行全面评估。所有的 24 个草鱼连锁群均非

常清晰的对应于相应的斑马鱼染色体。在 24 个草鱼连锁群体中，有 6 个(CID_LG 10 – DR_LG 11, CID_LG 15 – DR_LG 15, CID_LG 16 – DR_LG 9, CID_LG 19 – DR_LG 24, CID_LG 21 – DR_LG 8, CID_LG 23 – DR_LG 17)仅对应于一条斑马鱼染色体,12 个连锁群对应于两条斑马鱼染色体,5 个连锁群对应于 3 条染色体,另有一个连锁群 CID – LG4 对应于 6 条斑马鱼染色体。除染色体 DR_LG 25 外,斑马鱼的其余 24 条染色体均主要与 1 个草鱼连锁群具有同线性关系,一半以上的共有标记均位于这些同线性区域中。在斑马鱼中,这些同线性区域的总长度为 809.5 Mb,同源区最长的染色体片段长度达到 55.7 Mb(DR – LG 6),最短的为 1.1 Mb(DR – LG 22),同线性区域占斑马鱼基因组全序列的 63%。这些分析结果表明,斑马鱼与草鱼间存在很高的同源性。在部分染色体/连锁群对中,这种广泛的共线性关系非常清晰,如 CID_LG3 – DR_LG21, CID_LG5 – DR_LG13, CID_LG8 – DR_LG1, CID_LG9 – DR_LG12 和 CID_LG10 – DR_LG11 等,但在其他的染色体/连锁群对中,部分共线性更为常见。由此可见,在物种进化过程中,小规模的颠倒及易位发生的频率要高于大规模的染色体重排。但也有少数例外,例如,斑马鱼染色体 DR_LG10 和 DR_LG22 均与草鱼连锁群 CID_LG 24 具有共线性关系,并共享连锁群中 50% 以上的标记。定位到 10 个草鱼连锁群的 16 个功能基因内 SNP 标记也可被定位到 10 条斑马鱼染色体,其中 14 个(87.5%)位于同线性区域,表明在草鱼和斑马鱼中,基因之间的位置顺序非常保守(表 8 – 3)。

表 8-3　草鱼连锁群与斑马鱼同源染色体

草鱼连锁图谱				斑马鱼基因组图谱				
连锁群	连锁群长度/Mb	位点数	位点平均间距/cM	同源染色体	同线性位点数	同线性区域长度/Mb	同线性位点平均间距/cM	同线性区域比例
1	95.2	18	5.3	7	11	54.6	5.0	78%
2	69.9	19	3.7	3	7	38.1	5.4	60%
3	68.5	10	6.9	21	3	39.6	13.2	86%
4	61.3	16	3.8	19	8	42.0	5.3	91%
5	57.0	15	3.8	13	8	39.0	4.9	72%
6	56.9	11	5.2	23	4	36.4	9.1	79%
7	56.1	13	4.3	18	9	38.2	4.2	78%
8	55.4	13	4.3	1	7	35.3	5.0	63%
9	55.2	15	3.7	12	3	24.9	8.3	52%
10	54.1	9	6.0	11	2	41.6	20.8	92%
11	53.7	10	5.4	4	5	31.4	6.3	73%
12	50.9	12	4.2	16	5	37.8	4.7	71%
13	50.8	10	5.1	14	3	15.7	5.2	28%
14	47.3	10	4.7	20	7	51.6	7.4	91%
15	43.3	11	3.9	15	8	44.3	5.5	94%
16	41.9	10	4.2	9	4	34.4	8.6	67%
17	40.6	17	2.4	5	8	53.6	6.7	77%
18	39.1	18	2.2	6	9	55.7	6.2	94%
19	38.9	10	3.9	24	5	23.6	4.7	59%
20	34.3	4	8.6	25	2	11.9	6.0	36%
21	29.6	7	4.2	8	6	30.4	5.1	54%

续　表

草鱼连锁图谱				斑马鱼基因组图谱				
连锁群	连锁群 长度/Mb	位点数	位点平均 间距/cM	同源染 色体	同线性 位点数	同线性区域 长度/Mb	同线性位点 平均间距/cM	同线性 区域比例
22	28.7	6	7.8	2	2	3.4	1.7	6%
23	24.0	5	4.8	17	4	22.8	5.7	44%
24	23.4	10	2.3	10	3	2.1	0.7	5%
24	23.4	10	2.3	22	2	1.1	0.6	3%
合计	1 176.1	279	—	—	138	809.5	—	63%
平均	49.0±16.2	11.6±4.1	4.2±1.6	—	5.5±2.7	32.4±14.6	6.3±4.0	—

注：本表中斑马鱼同源染色体是指与某一特定草鱼连锁群共享至少2个以上标记的染色体。同线性位点数指特定草鱼连锁群与同源斑马鱼染色体中的同线性位点的数量。同线性区域比例是指斑马鱼同线性区域占NIH数据库中相应染色体总长度的比例

二、高密度遗传连锁图谱

（一）作图家系

所用草鱼幼鱼为长江筛选群体，2017年5月于苏州市申航生态科技发展股份有限公司进行人工授精。用4个筛选亲本构建两个全同胞家系：家系1（♀长江，PIT标记号020415656427；♂珠江，PIT标记号020415644856），家系2（♀长江，PIT标记号020415654843；♂长江，PIT标记号020415602664），两个家系的受精卵各取300 mL于同一孵化桶孵化。受精卵孵化后第7天运至上海海洋大学滨海水产科教创新基地进行培育。2018年3月，随机选取323尾草鱼用于高密度图谱构建。

用微卫星标记确定323尾子代的家系信息，其中家系1成功鉴定出134尾，家系2成功鉴定出185尾，另有4尾鉴定成功率不足100%（舍弃）。将家系2的185尾子代及其亲本作为图谱的作图群体。以家系2中185个DNA为模板，用草鱼雌雄特异性引物进行PCR扩增，对其进行雌雄鉴定（图8-1），共鉴定出雌性草鱼99尾、雄性草鱼86尾。

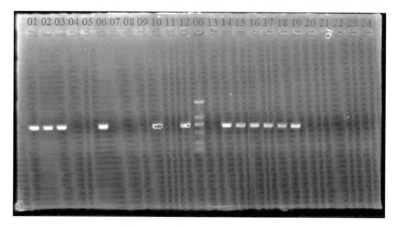

图8-1　草鱼性别鉴定胶图

雄性个体有特异性条带，泳道01~24为子代草鱼扩增后特异性产物，泳道00为Marker D2000

（二）数据控制和过滤

分别对家系 2 中亲本（2 个）和子代（185 个）进行 GBS 文库构建和高通量测序，共获得 237.49 G 原始数据（共 2 629 210 652 raw reads），Q30 和 GC 含量分别介于 94.33%～96.30%和 45.42%～54.23%。经数据质控，得到 230.76 G 有效数据，（共 2 608 276 786 clean reads），Q30 和 GC 含量分别介于 94.73%～96.53%和 45.61%～54.44%。将有效数据与雌性草鱼基因组进行比对，有效数据对应的基因组比对率、覆盖率和测序深度分别为 42.24%～99.75%、4.18%～10.42%和 0.26%～3.79%（表 8－4）。

表 8－4　家系 2 草鱼的 GBS 测序结果

条　目	平　均　值		条　目	数　据
	原始数据	过滤数据		
总数据量/条	14 059 950	13 948 004	比对率/%	96.70
总数据量/bp	1 363 651 630	1 325 028 082	比对上数据量/bp	71 029 513
Q20 比例/%	98.33	98.57	平均测序深度	1.43
Q30 比例/%	95.31	95.68	平均覆盖率	7.89
GC 含量/%	46.56	46.51		

使用 Samtools 和 GATK 对 clean data 进行 SNPcalling：首先，将两亲本中至少有一个为杂合的位点（如某位点处两亲本的基因型为 AA×AT 或 AT×AT 或 AT×TT）称为多态性位点。随后，对子代 SNP 分型标记进行筛过滤：未发现子代中存在异常基因型；子代基因型覆盖度阈值设为 90%（185 个体中至少有 167 个体有确定基因型），共筛选出 21 733 个标记；对以上标记进行偏分离过滤（阈值 p 设为 0.001），最终过滤掉 5 615 个偏分离标记，剩余 16 118 个有效标记；使用 plink 计算单倍型以过滤冗杂（完全连锁）标记，最终得到 3 979 个非冗杂标记用于作图。

（三）高密度图谱构建

利用 Joinmap 4.0 软件中 CP 作图模型，最终用 3 979 个上述高质量的 SNP 标记构建了草鱼高密度遗传连锁图谱（图 8－2），共得到 24 个连锁群（linkage map，LG），与已发表的草鱼共识连锁图谱一致。该图谱总长度为 1 752.742 cM；其中 LG2 最长为 127.050 cM，LG18 最短为 46.773 cM，平均 73.031 cM；各连锁群上平均 165.79 个 SNP，LG2 最多（232 个 SNP），LG9 最少（46 个 SNP）；总图谱平均标记间隔为 0.440 cM，LG9 最大（2.106 cM），LG24 最小（0.263 cM）；LG2 中 gap 最大（35.134 cM），LG23 最小（2.161 cM），平均 7.867 cM；各连锁群上标记间隔小于 5 cM 的比例介于 93.48%～100%，平均 99.27%（表 8－5）。

表 8－5　草鱼高密度遗传连锁图谱信息

	SNP 数量	遗传距离 /cM	平均遗传距离 /cM	最大间隙空缺遗传距离/cM	间隙空缺（<5 cM）比例/%
LG1	227	60.184	0.265	3.916	100.0
LG2	232	127.05	0.548	35.133	99.57
LG3	151	52.589	0.348	2.257	100.0
LG4	187	55.333	0.296	3.947	100.0

续　表

	SNP 数量	遗传距离/cM	平均遗传距离/cM	最大间隙空缺遗传距离/cM	间隙空缺(<5 cM)比例/%
LG5	180	79.060	0.439	18.077	99.44
LG6	160	71.068	0.444	5.820	99.38
LG7	155	69.494	0.448	2.245	100.0
LG8	203	80.787	0.398	8.063	99.51
LG9	46	96.893	2.106	15.989	93.48
LG10	145	63.585	0.439	2.952	100.0
LG11	104	104.702	1.007	8.219	98.08
LG12	177	79.947	0.452	5.867	98.87
LG13	110	69.741	0.634	5.035	99.09
LG14	155	58.285	0.376	4.078	100.0
LG15	185	68.605	0.371	4.441	100.0
LG16	170	82.100	0.483	8.429	98.24
LG17	220	59.703	0.271	4.541	100.0
LG18	154	46.773	0.304	4.081	100.0
LG19	127	58.115	0.458	2.828	100.0
LG20	142	84.293	0.594	11.833	98.59
LG21	164	79.074	0.482	13.800	99.39
LG22	168	89.099	0.53	12.477	98.81
LG23	190	56.536	0.298	2.161	100.0
LG24	227	59.726	0.263	2.623	100.0
全部	3 979	1 752.742	0.44	7.867	99.27

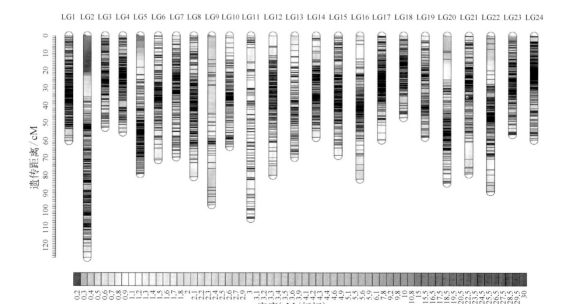

图 8-2　草鱼高密度遗传连锁图谱(见彩版)

3 979 个构建草鱼高密度图谱的 SNP 中共有 1 247 个可以比对到斑马鱼序列。草鱼的 LG1~LG23 分别对应斑马鱼的 23 条染色体,而草鱼 LG24 对应斑马鱼的 chr10 和 chr22 两条染色体(图 8 - 3)。

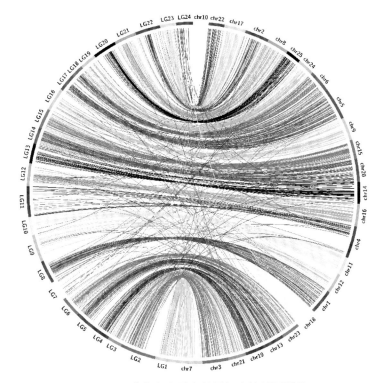

图 8 - 3　草鱼与斑马鱼基因组比较(见彩版)

第二节　草鱼生长相关分子标记

遗传图谱的构建为功能基因的定位,尤其是对一些重要的经济形状的 QTL 定位和性状改良提供了理论基础,QTL 定位分析是在遗传图谱上将与形态性状或抗病力等性状进行定位,同时根据所解释的表型性状的百分比找出主效 QTL,即在种质创制过程中以生长数据等数量遗传学参数为基础,利用主效 QTL 的分子标记进行分子标记辅助筛选。QTL 定位需要利用分子标记构建遗传连锁图并把分子标记与数量性状关联起来。这样可以大大提高动物种质创制的进展,达到较好的筛选效果。

一、生长性状的 QTL 定位

(一) 表型性状的统计分析
草鱼测量生长性状的统计见表 8 - 6。

表 8-6　实测草鱼生长性状

性　状	极大值	极小值	平均值	标准差
体重/g	191.2	26.4	63.452 6	27.388 35
体长/cm	21.52	11.68	15.101 8	1.850 71
体高/cm	5.24	2.05	3.410 4	0.452 46
体宽/cm	3.56	1.33	2.182	0.386 16

　　图 8-4 为表型性状的频率图,对参与分析的数据进行单因素 K-S 检验,检验数据是否属于正态分布,检验所得结果 $P<0.01$,不符合正态分布,因此对体重、体长、体高和体宽的数据进行 Ln 转换,所得结果见图 8-4。数据转换后进行 K-S 检验结果 $P>0.05$,见表 8-5。

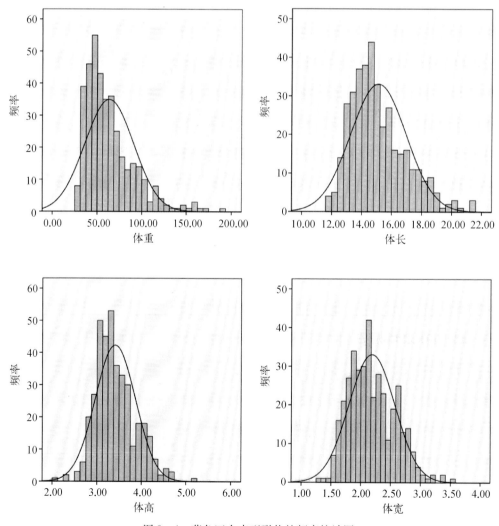

图 8-4　草鱼四个表型形状的频率统计图

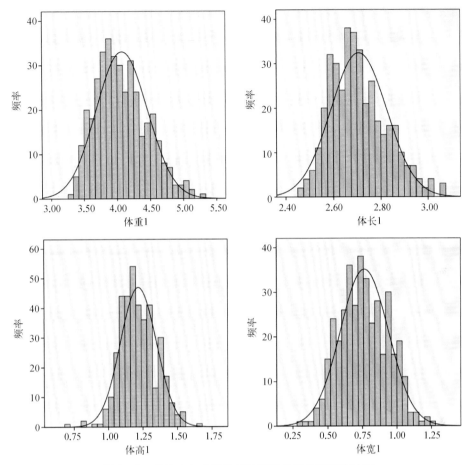

图 8-5　草鱼 4 个表型性状数据转换后的频率统计图

表 8-7　草鱼 4 个表型性状正态分布检验结果

性　状	体　重	体　长	体　高	体　宽	状态（死亡/存活）
测试	K-S	K-S	K-S	K-S	Binomial
显著性	0.092	0.052	0.111	0.342	1.000

（二）性状表型相关

草鱼不同形态性状关系数分析结果见表 8-8。各性状之间相关性均达到了极显著水平（$P<0.01$）。体重和体长的相关系数最大为 0.946；体宽与体长的相关系数最小为 0.853；体高与体重，体高与体长，体宽与体重，体宽与体高的相关系数分别为 0.902、0.893、0863 和 0.864。

表 8-8　形态性状相关系数

性　状	体　长	体　高	体　宽
体重	0.946	0.902	0.863
体长		0.893	0.853
体高			0.864
体宽			

（三）体重相关的 QTL 定位

QTL 检测共发现了 7 个与草鱼体重相关的 QTLs，如图 8-6 所示为草鱼体重 QTL 的 LOD 值以及在连锁群中的位置；草鱼体重的 7 个 QTLs 分别定位在 7 个连锁群中，分别位于 Group 2（CID0223 ~ CID0131A）、Group 6（CID1503 ~ CID0784）、Group 8（CID0257 ~ EST0006）、Group 10（CID1105 ~ CID0478）、Group 19（CID0202 ~ CID0513/CID1536）、Group 22（CID0060 ~ CID0208）、Group 24（CID0856 ~ CID1534）。Group 19（CID0202 ~ CID0513/

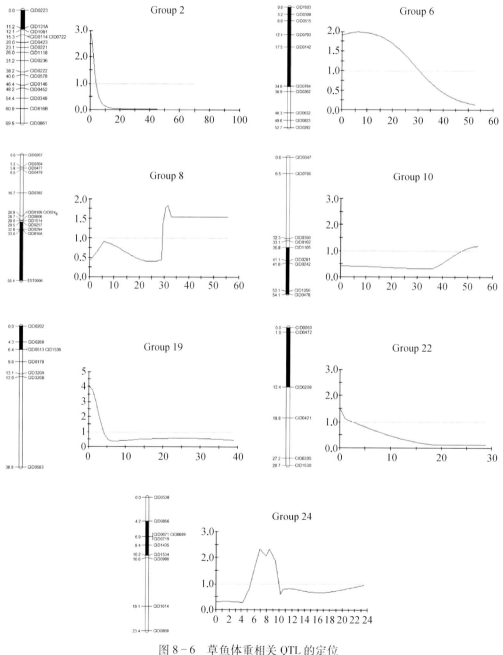

图 8-6　草鱼体重相关 QTL 的定位

CID1536)有最大的 LOD 为 4.00,可解释的表型变异为 28.8%;Group 10(CID1105 ~ CID0478)的 LOD 之最小为 1.20,可解释的表型变异为 6.4%;Group 2(CID0223 ~ CID0131A)的 LOD 为 2.90,可解释的表型变异为 25.2%;Group 24(CID0856 ~ CID1534)的 LOD 为 2.50,可解释的表型变异为 23.1%。表 8 - 9 为草鱼体重相关的 QTL 相关参数。

表 8 - 9　草鱼体重相关的 QTL 相关参数

性　状	连锁群	数量性状基因座	最大 LOD 值	置信区间	解释表型变异
体重	2	CID0223 ~ CID0131	2.90	0 ~ 5	25.2%
	6	CID1503 ~ CID0784	2.00	0 ~ 30	19.2%
	8	CID0257 ~ EST0006	1.75	30 ~ 55	16.5%
	10	CID1105 ~ CID0478	1.20	47 ~ 55	6.4%
	19	CID0202 ~ CID0513/CID1536	4.00	0 ~ 5	28.8%
	22	CID0060 ~ CID0208	1.50	0 ~ 3	12.8%
	24	CID0856 ~ CID1534	2.50	5 ~ 10	23.1%

(四) 形态相关的 QTL 定位

1. 体长相关的 QTL 定位

QTL 检测共发现了 8 个与草鱼体长相关的 QTLs,如图 8 - 7 所示为草鱼体体长 QTL 的 LOD 值以及在连锁群中的位置;草鱼体长的 8 个 QTLs 分别定位在 8 个连锁群中,分别位于 Group 2(CID0223 ~ CID0131A)、Group 8(CID0257 ~ EST0006)、Group 10(CID0242 ~ CID0478)、Group 14(CID0595 ~ CID0327)、Group 16(CID0690/CID1500 ~ CID0416)、Group 19(CID0202 ~ CID0513/CID1536)、Group 22(CID0060 ~ CID0208)、Group 24(CID0856 ~ CID1534)。Group 19(CID0202 ~ CID0513/CID1536)有最大的 LOD 为 4.10,可解释的表型变异为 29.1%;Group 10(CID1105 ~ CID0478)和 Group 14(CID0595 ~ CID0327)的 LOD 之最小为 1.20,可解释的表型变异为 6.4%;Group 24(CID0856 ~ CID1534)的 LOD 为 2.60,可解释的表型变异为 23.7%。表 8 - 10 为草鱼体长相关的 QTL 相关参数。

表 8 - 10　草鱼体长相关的 QTL 相关参数

性　状	连锁群	数量性状基因座	最大 LOD 值	置信区间	解释表型变异
体长	2	CID0223 ~ CID0131A	1.70	0 ~ 5	15.8%
	8	CID0257 ~ EST0006	1.50	30 ~ 55	12.8%
	10	CID1105 ~ CID0478	1.20	45 ~ 55	6.4%
	14	CID0595 ~ CID0327	1.20	32 ~ 47	6.4%
	16	CID0690/CID1500 ~ CID0416	1.25	20 ~ 42	7.7%
	19	CID0202 ~ CID0513/CID1536	4.10	0 ~ 5	29.1%
	22	CID0060 ~ CID0208	1.30	0 ~ 3	8.9%
	24	CID0856 ~ CID1534	2.60	6 ~ 10	23.7%

2. 体高相关的 QTL 定位

QTL 检测共发现了 4 个与草鱼体高相关的 QTLs,如图 8 - 8 所示为草鱼体高 QTL

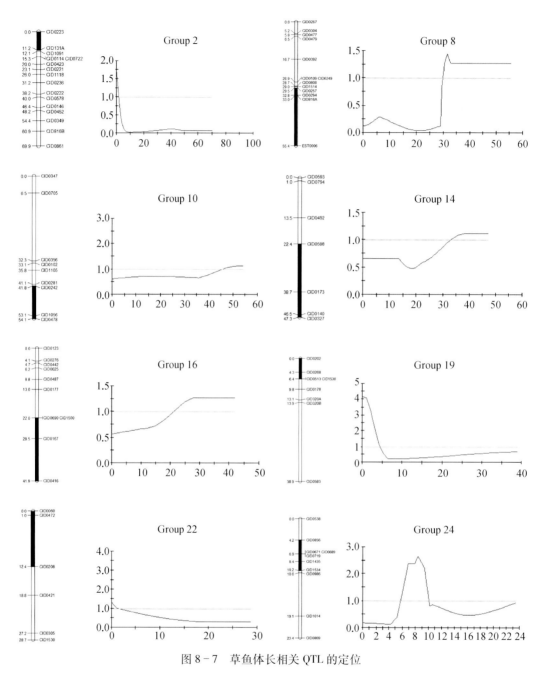

图 8-7 草鱼体长相关 QTL 的定位

的 LOD 值以及在连锁群中的位置；草鱼体长的 4 个 QTLs 分别定位在 4 个连锁群中，分别位于 Group 2（CID0223～CID0131A）、Group 6（CID1503～CID0784）、Group 8（CID0257～EST0006）、Group 18（CID0412～CID0317）。Group 18（CID0412～CID0317）有最大的 LOD 为 1.85，可解释的表型变异为 17.6%；Group 8（CID0257～EST0006）的 LOD 之最小为 1.18，可解释的表型变异为 5.8%；表 8-11 为草鱼体高相关的 QTL 相关参数。

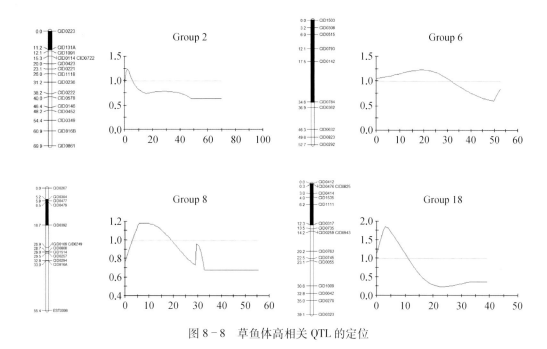

图 8-8　草鱼体高相关 QTL 的定位

表 8-11　草鱼体高相关的 QTL 相关参数

性　状	连锁群	数量性状基因座	最大 LOD 值	置信区间	解释表型变异
体高	2	CID0223~CID0131A	1.25	0~10	7.7%
	6	CID1503~CID0784	1.25	0~32	7.7%
	8	CID0257~EST0006	1.18	5~20	5.8%
	18	CID0412~CID0317	1.85	0~10	17.6%

3. 体宽相关的 QTL 定位

QTL 检测共发现了 8 个与草鱼体宽相关的 QTLs,如图 8-9 所示为草鱼体宽 QTL 的 LOD 值以及在连锁群中的位置;草鱼体宽的 8 个 QTLs 分别定位在 8 个连锁群中,分别位于 Group 2(CID0223~CID0131A)、Group 6(CID1503~CID0784)、Group 10(CID0242~CID0478)、Group 11(CID0103~CID0909)、Group 17(CID0283~CID0321)、Group 18(CID0412~CID0763)、Group 21(CID1114~CID0382)、Group 24(CID0856~CID1534)。Group 21(CID1114~CID0382)有最大的 LOD 为 2.70,可解释的表型变异为 24.2%;11(CID0103~CID0909)和 Group 17(CID0283~CID0321)的 LOD 之最小为 1.25,可解释的表型变异为 7.7%;Group 24(CID0856~CID1534)的 LOD 为 2.50,可解释的表型变异为 23.1%。表 8-12 为草鱼体宽相关的 QTL 相关参数。

表 8-12　草鱼体宽相关的 QTL 相关参数

性　状	连锁群	数量性状基因座	最大 LOD 值	置信区间	解释表型变异
体宽	2	CID0223~CID0131A	2.00	0~5	19.2%
	6	CID01503~CID0784	1.30	0~32	8.9%

续 表

性 状	连锁群	数量性状基因座	最大 LOD 值	置信区间	解释表型变异
	10	CID0242 ~ CID0478	1.30	50 ~ 55	8.9%
	11	CID0103 ~ CID0909	1.25	25 ~ 40	7.7%
体宽	17	CID0283 ~ CID0321	1.25	35 ~ 41	7.7%
	18	CID0412 ~ CID0763	1.50	0 ~ 17	12.8%
	21	CID1114 ~ CID0382	2.70	25 ~ 30	24.2%
	24	CID0856 ~ CID1534	2.50	5 ~ 10	23.1%

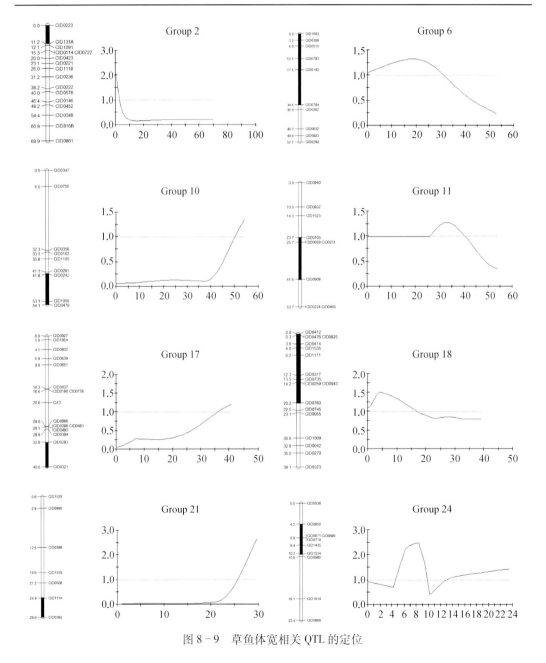

图 8-9 草鱼体宽相关 QTL 的定位

二、生长相关基因关联分析

草鱼多数经济性状为数量性状,由许多微效基因共同控制,且易受环境影响,因此可以借助数量遗传学研究方法及现代分子生物技术手段,筛选与主要经济性状相关的分子标记进而辅助草鱼筛选。目前在鱼类生长性状研究中应用较多的分子标记有 SSR 和 SNP,在草鱼研究中,研究人员分别在谷羧肽酶 A1、醛缩酶 B、柠檬酸合酶和 GSTR 等基因中筛选到与草鱼生长性状正相关的 SNPs 位点。催乳素(prolactin, PRL)是一种主要由垂体前叶合成和分泌的蛋白激素,广泛分布于垂体外的多种组织;经证明催乳素在动物生长发育过程中起重要作用,直接影响体细胞的分裂和增殖,其基因的多态性影响一些动物的幼体生长和肉质等性状。基于 AS - PCR 扩增技术检测 *PRL* 基因多态性,并分析与草鱼生长性状和肌肉成分等重要性状的关联性。

(一) *PRL* 基因 SNPs 位点筛选及验证

通过直接观测峰图或拼接比对,在 10 个草鱼个体 *PRL* 基因中共发现 11 个 SNPs 位点(第 2 内含子 5 个,第 3 内含子 4 个,3′非编码区 2 个),其中 5 个位点仅存在于 1~2 个个体中,6 个 SNPs 位点(根据在该基因 DNA 中的位置分别命名为 Locus 1~6)存在于 3 个或更多个体中,具体峰图如图 8 - 10。

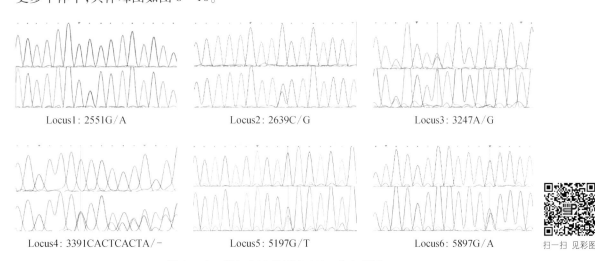

图 8 - 10　草鱼 *PRL* 基因各 SNPs 位点峰图

针对预筛选多态性较高的 6 个 SNPs 位点,共设计 5 对等位基因特异性引物,根据 AS -PCR 分型结果对应的峰值个数及片段大小确定具体突变类型,分型结果如图 8 - 11。

(二) *PRL* 基因多态性分析

使用 192 尾草鱼基因组 DNA 对预筛选较高多态性的 SNPs 位点进行验证,剔除分型失败的个体,共统计出 172 个个体在以上 6 个位点的碱基组成及各突变位点的基因型和基因频率等。结果显示,草鱼 *PRL* 基因该 6 个 SNPs 位点中 Locus 1 和 Locus 3 仅存在杂合突变;其余 4 个位点既有杂合型突变,又有纯合型突变,具体结果见表 8 - 13。

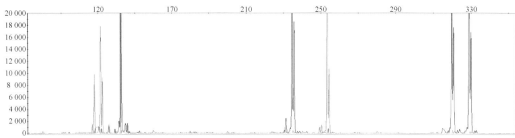

图 8-11　草鱼 *PRL* 基因 SNPs 位点分型图

表 8-13　草鱼 *PRL* 基因 SNPs 位点基因型及基因频率

位　点	基因型	样本数	基因型频率	等位基因	等位基因频率
Locus 1	BB	168	0.98	B	0.988
	BD	4	0.02	D	0.012
Locus 2	EE	107	0.62	E	0.756
	EF	46	0.27	F	0.244
	FF	19	0.11		
Locus 3	II	157	0.91	I	0.956
	IJ	15	0.09	J	0.044
Locus 4	MM	26	0.15	M	0.407
	MN	88	0.51	N	0.593
	NN	58	0.34		
Locus 5	PP	54	0.31	P	0.355
	PQ	14	0.08	Q	0.645
	QQ	104	0.60		
Locus 6	XX	169	0.98	X	0.988
	XY	2	0.01	Y	0.012
	YY	1	0.01		

（三）*PRL* 基因 SNPs 与重要性状相关分析

把经过验证的 4 个（舍弃突变个体数低于样本量 5% 的位点）SNPs 位点单倍型与草鱼体长、体重、肥满度、肌肉粗脂肪和粗蛋白含量等 5 个经济性状进行相关分析。发现 Locus 3 处突变在 5 个经济性状上无显著差异影响；4 个突变位点在肥满度和肌肉粗脂肪性状上均无显著差异影响；Locus 2、Locus 4、Locus 5 的杂合或纯合突变对草鱼的体长和体重性状有显著性影响（$P<0.05$）；Locus 2 和 Locus 5 的纯合突变组在肌肉中粗脂肪性状上与野生组存在显著差异（$P<0.05$），详细结果见表 8-14。

表 8-14　草鱼 *PRL* 基因 SNPs 不同基因型与生长性状及肌肉成分相关分析

位　点	基因型	体长/cm	体重/g	肥满度/%	粗脂肪/%	粗蛋白/%
Locus 2	EE(107)	8.90±0.16[a]	16.21±1.26[a]	2.02±0.02	1.77±0.08	15.07±0.23[b]
	EF(46)	8.04±0.16[b]	10.87±0.74[b]	1.96±0.03	1.61±0.11	15.43±0.36[b]
	FF(19)	8.56±0.17[ab]	13.26±0.87[ab]	2.06±0.03	1.98±0.23	17.01±0.62[a]

续　表

位　点	基因型	体长/cm	体重/g	肥满度/%	粗脂肪/%	粗蛋白/%
Locus 3	II(157)	8.60±0.12	14.42±0.90	2.01±0.02	1.74±0.07	15.46±0.19
	IJ(15)	8.92±0.31	14.84±1.75	1.97±0.05	1.84±0.21	14.53±0.78
Locus 4	MM(26)	9.30±0.40^a	19.81±3.67^a	2.04±0.04	1.82±0.14	14.89±0.55
	MN(88)	8.75±0.16^a	14.93±1.08^b	2.02±0.02	1.75±0.09	15.18±0.24
	NN(58)	8.15±0.13^b	11.34±0.63^c	1.98±0.03	1.71±0.11	15.89±0.35
Locus 5	PP(54)	8.19±0.13^b	11.45±0.62^b	1.98±0.03	1.63±0.11	15.87±0.34^a
	PQ(14)	7.94±0.18^b	10.20±0.79^b	2.00±0.02	2.12±0.30	16.12±0.80^{ab}
	QQ(104)	8.95±0.17^a	16.59±1.29^a	2.03±0.02	1.76±0.08	15.02±0.23^b

注：同一位点中同列的不同小写字母表示差异显著($P<0.05$)

　　将对体长和体重有显著影响的突变位点两两组合成 10 种双倍型(舍弃个体数低于样本量 5% 的组合)分别命名为 K10～K19，与草鱼 5 个经济性状关联分析。结果显示：在 Locus 2 和 Locus 4 组成的四种双倍型中含有突变的组合在体重上均显著低于野生 K10 组($P<0.05$)，然而两位点均纯合突变的 K13 组合在肌肉中粗脂肪和粗蛋白性状上却显著高于野生组($P<0.05$)；在 Locus 2 和 Locus 5 组成的三种双倍型中 K14 组在体长和体重性状上均显著高于 K15 组($P<0.05$)，K16 组在肌肉中粗蛋白性状上显著高于 K14 和 K15 组合($P<0.05$)，但在肌肉中粗脂肪性状上显著高于 K15 组($P<0.05$)；在 Locus 4 和 Locus 5 组成的 3 种双倍型中 Locus 4 处纯合突变的 K19 组在体长和体重性状上显著低于 K17 和 K18 组($P<0.05$)，如表 8 – 15。

表 8 – 15　草鱼 *PRL* 基因 SNPs 双倍型与生长性状及肌肉成分相关分析

双倍型		基因型	体长/cm	体重/g	肥满度/%	粗脂肪/%	粗蛋白/%
Locus 2 & Locus 4	K10	EE & MM(23)	9.30±0.45^a	20.28±4.14^a	2.05±0.04	1.88±0.16^a	15.11±0.60^b
	K11	EE & MN(83)	8.77±0.16^a	15.05±1.14^b	2.02±0.02	1.73±0.09^{ab}	15.08±0.25^b
	K12	EF & NN(42)	7.94±0.16^b	10.48±0.74^c	1.97±0.04	1.55±0.11^{ab}	15.49±0.39^b
	K13	FF & NN(15)	8.58±0.20^{ab}	13.22±1.00^{bc}	2.03±0.04	2.11±0.28^b	17.23±0.70^a
Locus 2 & Locus 5	K14	EE & QQ(100)	8.92±0.17^a	16.46±1.34^a	2.03±0.02	1.75±0.08^{ab}	14.97±0.23^b
	K15	EF & PP(36)	7.98±0.17^b	10.48±0.78^b	1.94±0.04	1.46±0.09^b	15.28±0.37^b
	K16	FF & QQ(17)	8.55±0.18^{ab}	13.17±0.91^{ab}	2.05±0.04	2.04±0.25^a	17.27±0.63^a
Locus 4 & Locus 5	K17	MM & QQ(25)	9.35±0.42^a	20.19±3.80^a	2.04±0.04	1.85±0.15	14.91±0.57
	K18	MN & QQ(76)	8.78±0.18^a	15.26±1.23^a	2.02±0.02	1.70±0.09	14.97±0.25
	K19	NN & PP(50)	8.12±0.14^b	11.11±0.63^b	1.97±0.03	1.63±0.11	15.84±0.36

注：相同两位点组合中同列的不同小写字母表示差异显著($P<0.05$)

第三节　草鱼抗病相关分子标记

　　传统的防病措施在水产养殖业中的应用越来越受到限制，人们逐步将目光投向抗病种质创制,试图通过抗病种质创制从根本上解决上述难题。分子标记已经在畜禽抗病种质创制中起到了非常重要的作用。越来越多的研究证实,某些基因的多态性与抗病性状是有关联的,如 *MHC*、*TLRs*、*mannose bindinglectin* 等,而且这些多态性标记有可能用来抗病筛选,从而创制出优良种质。

一、抗病相关 QTL 定位

QTL 检测共发现了 4 个与草鱼抗病力相关的 QTLs,如图 8 - 12 所示为草鱼抗病 QTL 的 LOD 值以及在连锁群中的位置;草鱼抗病力的 4 个 QTLs 分别定位在 4 个连锁群中,分别位于 Group 8（CID0257～EST0006）、Group 13（CID0436～CID0870）、Group 19（CID0202～CID0513/CID1536）、Group 24（CID0856～CID1435）。Group 19（CID0202～CID0513/CID1536)有最大的 LOD 为 11.00,可解释的表型变异为 34.9%;Group 13（CID0436～CID0870)的 LOD 最小为 1.40,可解释的表型变异为 11.0%;表 8 - 16 为草鱼抗病相关的 QTL 相关参数。

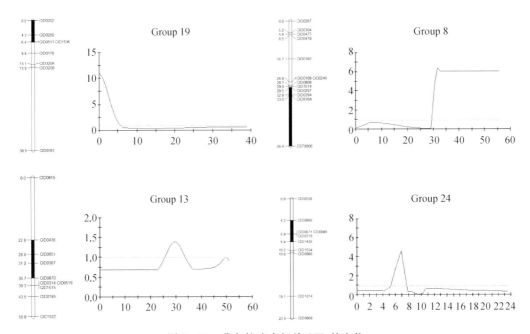

图 8 - 12　草鱼抗病力相关 QTL 的定位

表 8 - 16　草鱼抗病力相关的 QTL 相关参数

性　状	连锁群	数量性状基因座	最大 LOD 值	置信区间	解释表型变异
抗病力	8	CID0257～EST0006	6.20	30～556.20	32.2%
	13	CID0436～CID0870	1.40	25～351.40	11.0%
	19	CID0202～CID0513/CID1536	11.00	0～611.00	34.9%
	24	CID0856～CID1435	5.00	5～85.00	30.7%

　　所检测到与体重、体长和体宽紧密相关的主效 QTL 大部分位于相同的置信区间或是相同的标记位置，与体重紧密相关的 7 个主效 QTL 区间中有 6 个是与体长相关主效 QTL 区间是重合的，有 4 个是与体宽相关主效 QTL 的是重合的，而体长的 8 个 QTL 区间中只有 3 个与体宽的基本一致。这与体重、体长和体宽之间的相关系数有关。

　　Group 19（CID0202～CID0513/CID1536）、Group 2（CID0223～CID0131A）、和 Group 24（CID0856～CID1534）可解释的表型变异分别为 28.8%、25.2%、23.1%，是与体重显著相关的主效 QTL 区间；Group 19（CID0202～CID0513/CID1536）和 Group 24（CID0856～CID1534）可解释的表型变异分别为 29.1%、23.7%，是与体长显著相关的主效 QTL 区间；Group 21（CID1114～CID0382）和 Group 24（CID0856～CID1534）可解释的表型变异分别为 24.2%、23.1%，是与体宽显著相关的主效 QTL 区间；Group 8（CID0257～EST0006）、Group 19（CID0202～CID0513/CID1536）和 Group 24（CID0856～CID1435）可解释的表型变异分别为 32.2%、34.9%、30.7%，是与抗病力显著相关的主效 QTL 区间。

　　所检测到的 15 个 QTL，置信区间均在 3～30 cm，小于 10 cm 的有 7 个；CID0223～CID0131A、CID0202～CID0513/CID1536 和 CID0856～CID1435 这 3 个主效 QTL 区间都与体重、体长和体宽性状紧密连锁，因此可以利用这些初步的 QTL 进行辅助筛选获得生长良好并具有较高抗病能力的草鱼新品系，为草鱼的进一步筛选提供了依据。

二、抗病相关 SNP 的筛选

（一）*TLR21* 基因多态性与抗病关联分析

　　图 8－13 为测序峰图。SNP 统计结果见表 8－17，所检测到的 6 个 SNP 位点均为二等位基因型，均位于外显子区域。点突变方式转换和颠换各 3 个，分别是 1 个 T/C 转换、2 个 A/G 转换、2 个 A/C 颠换和 1 个 T/A 颠换。

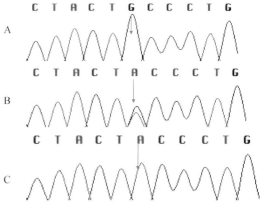

扫一扫 见彩图

图 8－13　草鱼 *TLR21* 基因 SNP 测序分析

A. 2049G/G 纯合位点；B. 2049A/G 杂合位点；C. 2049A/A 纯合位点

　　1470 T－C 位点基因型和等位基因频率在两组群体中都存在显著差异（$P<$ 0.05）。在易感个体中，TT、TC 和 CC 基因型频率分别为 29.0%、51.2% 和 19.8%，在抗病个体中分别为 37.1%、54.5% 和 8.4%。1470 T 和 1470 C 等位基因频率在易感个体中分别为 54.6% 和 45.4%，抗病个体中为 64.3% 和 35.7%。1518 A－C 和 2049 G－A 两位点基因型和等位基因频率在两个个体中均存在极显著差异（$P<0.01$）。1518 A 等位基因频率在易感个体中为 73.7%，在抗性个体中为 84.3%。2049 G 等位基因频率在易感个体中为 87.9%，在抗性群体中为 78.1%。1470 T－C 位点编码天冬氨酸（Asp）的同义 SNP 位点（AAU→AAC）。1518 A－C 位点编码苏氨酸（Thr）的同义 SNP 位点（ACA→ACC）。2049 G－A 位点也为编码同义 SNP 位点，是亮氨酸（Leu，CUG→CUA）的同义 SNP 位点。1951 A－C 和 1966 T－A 两位点基因型和等位基

表8-17　*TLR21*在易感个体和抗病个体的SNP统计分析

位点	基因型	基因型频率 易感	基因型频率 抗病	卡方检验	显著性	等位基因	基因频率 易感	基因频率 抗病	卡方检验	显著性
1	T/T	38(0.290 0)	53(0.370 6)	8.094	0.017*	T	143(0.545 8)	184(0.643 4)	5.685	0.017*
	T/C	67(0.511 5)	78(0.545 5)			C	119(0.454 2)	102(0.356 6)		
	C/C	26(0.198 5)	12(0.083 9)							
2	A/A	70(0.534 4)	102(0.713 3)	10.363	0.006**	A	193(0.736 6)	241(0.842 7)	9.491	0.002**
	A/C	53(0.404 6)	37(0.258 7)			C	69(0.263 4)	45(0.157 3)		
	C/C	8(0.061 1)	4(0.028 0)							
3	A/A	21(0.159 1)	16(0.115 1)	2.985	0.225	A	113(0.428 0)	121(0.435 3)	0.029	0.864
	A/C	71(0.537 9)	89(0.640 3)			C	151(0.572 0)	157(0.564 7)		
	C/C	40(0.303 0)	34(0.244 6)							
4	T/T	21(0.159 1)	16(0.115 1)	2.985	0.225	T	113(0.428 0)	121(0.435 3)	0.029	0.864
	T/A	71(0.537 9)	89(0.640 3)			A	151(0.572 0)	157(0.564 7)		
	A/A	40(0.303 0)	34(0.244 6)							
5	G/G	107(0.810 6)	89(0.640 3)	10.637	0.005**	G	232(0.878 8)	217(0.780 6)	9.255	0.002**
	G/A	18(0.136 4)	39(0.280 6)			A	32(0.121 2)	61(0.219 4)		
	A/A	7(0.053 0)	11(0.079 1)							
6	A/A	68(0.523 1)	101(0.711 3)	10.877	0.004**	A	190(0.730 8)	238(0.838 0)	9.395	0.002**
	A/G	54(0.415 4)	36(0.253 5)			G	70(0.269 2)	46(0.162 0)		
	G/G	8(0.061 5)	5(0.035 2)							

注：差异显著性用星号＊表示：＊P<0.05；＊＊P<0.01

因频率在这两个个体中均没有显著差异（*P*>0.05），但数据显示这两位点基因型和等位基因频率表现出一致性。1951 A－C 位点为编码非同义 SNP 位点，是异亮氨酸（Ile，AUA）和亮氨酸（Leu，CUA）的多态位点。1966 T－A 位点是丝氨酸（Ser，UCC）和苏氨酸（Thr，ACC）的多态位点。

3823 A－G 位点基因型和等位基因频率在易感个体和抗病个体中都存在极显著差异（*P*<0.01）。在易感个体中，AA、AG 和 GG 基因型频率分别为 52.3%、41.5% 和 6.2%，在抗病个体中的基因型频率分别为 71.1%、25.4% 和 3.5%。3823 A 等位基因频率在易感个体中为 73.1%，在抗病个体中为 83.8%。该位点为编码非同义 SNP 位点，是赖氨酸（Lys，AAG）和谷氨酸（Glu，GAG）的多态位点。

（二）*C6* 基因多态性与细菌性败血症的关联分析

6 个 DNA 片段被克隆，获得草鱼补体基因 C6 基因组 DNA 全长 9 288 bp（GenBank 登录号：GRP3599696），通过与草鱼 C6 基因 cDNA 序列比对发现，该基因由 18 个外显子和 17 个内含子组成，18 个外显子的大小从 88~371 bp 不等，第一外显子和第 18 外显子分别包括 5'UTR 和 3'UTR。该基因所有内含子与外显子的边界位点均遵守 GT/AG 规则，即以 GT 起始并以 AG 终止，GT/AG 是普遍存在于真核基因中 RNA 正确剪接的识别信号。草鱼补体 C6 基因的结构与人类是一致的，但是各个内含子的序列长度存在显著差异。

共设计了 14 对引物来扫描补体 C6 基因组序列中的 SNPs，包括启动子、编码区、非编码区和内含子区，序列长共计 9 744 bp。结果共扫描到 9 个潜在的 SNPs 位点（G980A、G2638A、G2673A、G2804C、C3332T、A3519C、T3591C、A6432C、T6979A），包括编码区的 1 个同义突变位点，其余 8 个都分布在不同的内含子上。尽管我们测序了 30 尾草鱼，但是在启动子区没有发现 SNP 位点。G980A 位于第 1 内含子上，G2638A、G2673A、G2804C 位于第 3 内含子上，C3332T 位于第 4 外显子上，A3519C、T3591C 位于第 4 内含子上，A6432C、T6979A 位于第 12 内含子上。

表 8－18 列出了其中 8 个 SNPs 位点在抗病个体和易感个体中的基因型频率和等位基因频率。Hardy－Weinberg 平衡检测显示，草鱼 C6 基因中 8 个多态性位点在抗病个体和易感个体中均符合 Hardy－Weinberg 平衡。采用 SAS9.0 软件分析了基因型频率、等位基因频率与抗病性状的相关性，采用卡方检验其显著性。没有发现有位点与抗病性状显著相关。

表 8－18　草鱼抗病个体和易感个体 8 个 SNPs 位点的基因型频率和等位基因频率

位点	基因型	易感个体/%	抗病个体/%	卡方检验（*P* 值）	等位基因	易感个体/%	抗病个体/%	卡方检验（*P* 值）
G980A	GG	126（67.4）	124（64.9）	0.530 1	G	306（82.3）	311（81.4）	0.027 3
	GA	54（29.0）	63（33.0）	(0.767)	A	66（17.7）	71（18.6）	(0.869)
	AA	6（3.2）	4（2.1）					
G2638A	GG	18（9.7）	12（6.3）	1.355 1	G	141（37.9）	126（33.0）	0.522 0
	GA	105（56.5）	102（53.4）	(0.508)	A	231（62.1）	256（67.0）	(0.470)
	AA	63（33.9）	77（40.3）					
G2804C	GG	90（48.4）	107（56.0）	1.167 3	G	262（70.4）	285（74.6）	0.440 2
	GC	82（44.1）	71（37.2）	(0.558)	C	110（29.6）	97（25.4）	(0.507)
	CC	14（7.5）	13（6.8）					

续　表

位　点	基因型	易感个体/%	抗病个体/%	卡方检验（P 值）	等位基因	易感个体/%	抗病个体/%	卡方检验（P 值）
C3332T	CC	32(17.2)	32(16.7)	2.087 8	C	109(29.3)	95(24.9)	0.487 5
	CT	45(24.2)	31(16.2)	(0.352)	T	263(70.7)	287(75.1)	(0.485)
	TT	109(59.0)	128(67.0)					
A3519C	AA	6(3.2)	2(1.0)	1.655 0	A	37(9.9)	37(9.7)	0.002 3
	AC	25(13.4)	33(17.3)	(0.437)	C	335(90.1)	345(90.3)	(0.962)
	CC	155(83.3)	156(81.7)					
T3591C	TT	7(3.8)	2(1.0)	1.962 8	T	41(11.0)	38(10.0)	0.052 9
	TC	27(14.5)	34(17.8)	(0.375)	C	331(89.0)	344(90.0)	(0.818)
	CC	152(81.7)	155(81.1)					
A6432C	AA	23(12.4)	14(7.3)	1.715 0	A	156(41.9)	141(36.9)	0.520 9
	AC	110(59.1)	113(59.2)	(0.424)	C	216(58.1)	241(63.1)	(0.470)
	CC	53(28.5)	64(33.5)					
T6979A	TT	2(1.1)	4(2.1)	0.832 3	T	10(2.7)	18(4.7)	0.558 5
	TA	6(3.2)	10(5.2)	(0.659 6)	A	362(97.3)	364(95.3)	(0.455)
	AA	178(95.7)	177(92.7)					

　　利用 Haploview 4.2 软件对草鱼 C6 基因中的 8 个 SNP 位点所形成的单倍块与 LD 进行了分析。结果显示，在这 8 个 SNPs 中仅预测到一个单倍块（图 8 - 14）。LD 分析表明，其中 2 个多态位点 A3519C 与 T3591C 处于紧密连锁状态（$r^2 = 0.93$），而 G2638A 分别与

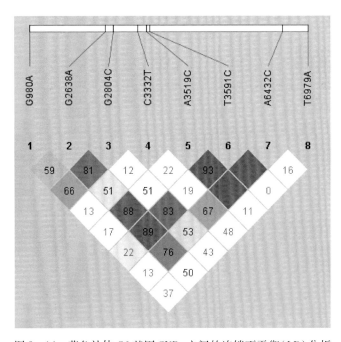

图 8 - 14　草鱼补体 C6 基因 SNPs 之间的连锁不平衡（LD）分析

标记之间显示的配对 LD 值（r^2）；阴影代表标记之间所处的连锁状态，较红的阴影表示两标记间处于较高的连锁关系

G2804C、A3519C、T3591C 也处于高度连锁状态 ($r^2 = 0.81$，$r^2 = 0.88$ 和 $r^2 = 0.89$)。

利用 Phase V2.1 软件构建了 4 个 SNPs 位点的单倍型，共发现了 13 个单倍型。频率较高的前 5 个单倍型如图 8 – 15 所示，其中 AGCC 单倍型频率最高，为 0.514，其他单倍型分布频率由高到低依次为 GCCC (0.231)、GGCC (0.117)、AGAT (0.086)、ACCC (0.029)。单倍型 GCCC 与细菌性败血症易感性显著相关 ($P = 0.046$)。虽然其余的单倍型发现与细菌性败血症抗性有关系，但无统计学意义 (见表 8 – 19)。

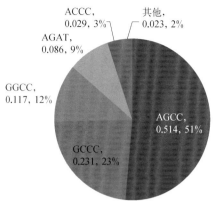

图 8 – 15 草鱼 C6 单倍型分布图

表 8 – 19　草鱼 C6 单倍型与败血症抗性的关联分析

单倍型	易感个体	抗病个体	P 值	OR 值 (95% CI)
AGCC	48.4	55.1	0.206	0.73 (0.44~1.19)
GCCC	26.4	19.3	0.046	1.45 (0.96~2.19)
GGCC	8.1	12.8	0.638	0.89 (0.55~1.44)
AGAT	9.5	7.0	0.545	0.993 (0.57~1.71)

(三) C7 基因多态性与细菌性败血症的关联分析

设计了 12 对引物来扫描补体 C7 基因组序列中的 SNPs，包括启动子、编码区、非编码区和内含子区，序列长共计 7 826 bp。结果共扫描到 7 个潜在的 SNPs 位点 (A – 69C、T819C、A1240C、C1931T、A2309G、A2456T、A4345G)，包括编码区的 1 个同义突变位点，启动子区 1 个突变位点，其余 5 个都分布在不同的内含子上。A – 69C 位于启动子上，T819C、A1240C 位于第 1 内含子上，C1931T 位于第 4 外显子上，A2309G、A2456T 位于第 5 内含子上，A4345G 位于第 12 内含子上。

表 8 – 20 列出了其中 6 个 SNPs 位点在易感个体和抗病个体中的基因型频率和等位基因频率。Hardy – Weinberg 平衡检测显示，草鱼补体 C7 基因中 6 个多态性位点在。抗病个体和易感个体中均符合 Hardy – Weinberg 平衡。采用 SAS 9.0 软件分析了基因型频率、等位基因频率与败血症抗性的相关性，采用卡方检验其显著性。SNP C1931T 位点与抗性性状显著相关 ($P < 0.05$)。

表 8 – 20　草鱼易感个体和抗病个体 6 个 SNPs 位点的基因型频率和等位基因频率

位点	基因型	易感个体/%	抗病个体/%	卡方检验 (P 值)	等位基因	易感个体/%	抗病个体/%	卡方检验 (P 值)
A – 69C	AA	77 (41.4)	92 (48.2)	1.752 5	A	236 (63.4)	258 (67.5)	1.401 2
	AC	82 (44.1)	74 (38.7)	(0.416)	C	136 (36.6)	124 (32.5)	(0.236)

续　表

位点	基因型	易感个体/%	抗病个体/%	卡方检验（P值）	等位基因	易感个体/%	抗病个体/%	卡方检验（P值）
	CC	27(14.5)	25(13.1)					
T819C	TT	46(24.7)	38(19.9)	1.373 7	T	176(46.1)	165(43.2)	1.290 2
	TC	84(45.2)	89(46.6)	(0.503)	C	196(53.9)	217(56.8)	(0.256)
	CC	56(30.1)	64(33.5)					
A1240C	AA	133(71.5)	132(69.1)	0.259 9	A	309(83.1)	312(81.7)	0.250 3
	AC	43(23.1)	48(25.1)	(0.878)	C	63(16.9)	70(18.3)	(0.617)
	CC	10(5.4)	11(5.8)					
C1931T	CC	110(59.1)	89(46.6)	6.190 8	C	271(72.8)	250(65.4)	4.839 1
	CT	51(27.4)	72(37.7)	(0.045)	T	101(27.2)	132(34.5)	(0.028)
	TT	25(13.4)	30(15.7)					
A2309G	AA	114(61.3)	123(64.4)	1.061 7	A	289(77.7)	300(78.5)	0.078 9
	AG	61(32.8)	54(28.3)	(0.588)	G	83(22.3)	82(21.5)	(0.779)
	GG	11(5.9)	14(7.3)					
A2456T	AA	12(6.5)	13(6.8)	1.412 5	A	83(22.3)	76(19.9)	0.661 4
	AT	59(31.7)	50(26.2)	(0.493)	T	289(77.7)	306(80.1)	(0.416)
	TT	115(61.8)	128(67.0)					

　　对草鱼补体 C7 基因中的 6 个 SNPs 位点所形成的单倍块与 LD 进行了分析。结果显示，在这 6 个 SNPs 中没有检测到单倍块（图 8 - 16）。LD 分析表明，其中 A - 69C 与 T819C、A1240C 处于紧密连锁（$r^2>0.90$）。A2456T 与 A1240C、A2309G 也处于紧密连锁（$r^2>0.90$）。

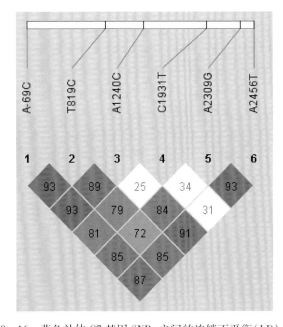

图 8 - 16　草鱼补体 C7 基因 SNPs 之间的连锁不平衡（LD）分析

标记之间显示的配对 LD 值（r^2）；阴影代表标记之间所处的连锁状态，较红的阴影表示两标记间处于较高的连锁关系构建 3 个 SNPs 位点的单倍型,共发现了 8 个单倍型。频率较高的 5 个单倍型如图 8-17 所示,其中 ACT 单倍型频率最高,为 0.343,其他单倍型分布频率由高到低依次为 CTT(0.32)、ACA(0.193)、ATT(0.115)、CCT(0.012)。单倍型与细菌性败血症关联分析发现,单倍型 ACT、CTT、ACA 与细菌性败血症易感性有关,而 ATT 与细菌性败血症抗性有关,但都无统计学意义(*P*>0.005)。

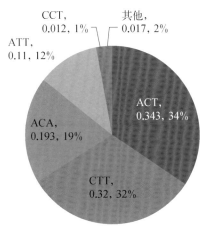

图 8-17　草鱼 C7 单倍型分布图

第四节　草鱼耐低氧相关分子标记

草鱼是相对耐低氧的淡水鲤科鱼类。鳃是鱼类进行呼吸作用的重要器官,目前关于鳃蛋白质组学研究较少,尤其是对草鱼鳃进行低氧胁迫的差异蛋白质组学研究迄今鲜有报道。草鱼在我国淡水养殖中占有重要地位,我们通过低氧处理草鱼,采用石蜡组织切片观察鳃形态变化,探究草鱼鳃在低氧胁迫下的适应性,并通过比较草鱼低氧胁迫组和对照组的蛋白质双向电泳图谱并结合液相色谱串联质谱(LC-MS/MS)技术评估了两组蛋白表达水平的变异性,在此基础上筛选得到了草鱼鳃差异表达的蛋白质。

一、鳃组织形态观察与分析

通过持续的低氧(0.8 mg/L)胁迫处理,我们发现草鱼的鳃部结构随着低氧时间的增加而不断变化。在低氧胁迫 0 d 时,鳃小片都被其间质细胞埋藏,鳃小片基本没有伸出长度。在低氧胁迫 2 d、4 d 时,鳃丝间质细胞逐渐凋亡,使鳃小片暴露且伸出长度增加,宽度变小,在外暴露交换气体的表面积也随着增大。在低氧胁迫 6 d、7 d 时,鳃部结构的变化趋向于平稳(图 8-18)。

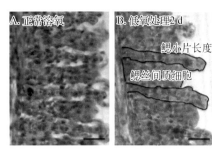

图 8 - 18　草鱼鳃组织形态变化(见彩版)

图上比例尺 = 50 μm

二、鳃组织差异蛋白筛选

利用双向电泳技术分析了正常和低氧胁迫条件下草鱼鳃可溶性蛋白,图 8 - 19A 为正常对照组草鱼鳃组织蛋白的双向电泳(2 - DE)图谱,图 8 - 19B 是经低氧胁迫后草鱼鳃组织蛋白的 2 - DE 图谱。用 ImageMaster 2D 7.0 软件分析图谱,对照组获得了 406±14 个蛋白点,低氧胁迫组获得了 372±11 个蛋白点。图谱蛋白质点匹配率达到 90% 以上,对图8 - 19中的蛋白质点进行对比分析后,大多数蛋白质点分布在 pH 4.5~7.0 的范围内,蛋白质分子量在 14~120 kDa,其中筛选出 15 个表达量呈显著变化的蛋白点,标记为 No.1~No.15。与正常对照组相比,其中低氧胁迫组有 6 个蛋白点(2、6、11、13、14、15)上调表达(≥1.45 倍对照组),9 个蛋白点(1、3、4、5、7、8、9、10、12)下调表达(≤0.59 倍对照组),对这 15 个差异蛋白点进行局部放大,并获得如图 8 - 20 所示的结果。

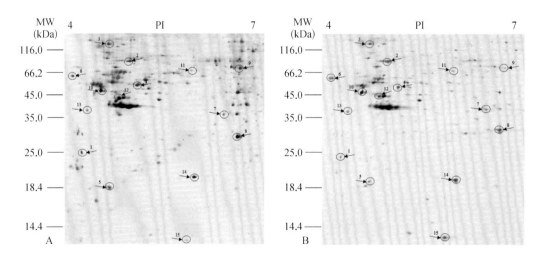

图 8 - 19　草鱼鳃蛋白质组双向电泳图谱

A. 对照组;B. 低氧胁迫组

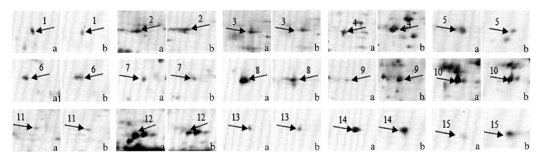

图 8-20 草鱼差异蛋白点切割图

a. 对照组蛋白点；b. 低氧胁迫后表达差异蛋白点

三、鳃组织差异蛋白鉴定

采用 LC-MS/MS(Q-TOF)技术,对图 8-21 所示的 15 个差异表达蛋白进行质谱鉴定,其结果列于表 8-21,其中的肽指纹图谱(PMF)见图 8-21。结果显示成功鉴定出 14 个蛋白,其余 1 个没有被鉴定出,包括角蛋白 Ⅱ 型细胞骨架 8(keratin type Ⅱ cytoskeletal 8)、Toll 样受体 4(toll-like receptor, TLR4)、细胞角蛋白 Ⅰ 型(type Ⅰ cytokeratin)、肌动蛋白相关蛋白 3 同源物(ARP3 actin-related protein 3 homolog)、环氧化物水解酶 1(ephx 1 protein)、甲状腺激素受体 TRαA(thyroid hormone receptor alpha-A)、线粒体 ATP 合酶 β 亚基(ATP synthase subunit beta, mitochondrial)、柠檬酸合酶(citrate synthase)、原肌球蛋白 2(tropomyosin 2)、异柠檬酸脱氢酶 NADP⁺(socitrate dehydrogenase)、原肌球蛋白 3(tropomyosin 3)、乳酸脱氢酶(L-lactate dehydrogenase B-A chain)、GTP 结合核蛋白(GTP-binding nuclear protein Ran)、甘油醛-3-磷酸脱氢酶(glyceraldehyde-3-phosphate dehydrogenase)。对草鱼鳃蛋白质谱鉴定结果通过 UniProt 和 DAVID 查阅文献进行分类,分类结果如包括 2 个能量产生相关蛋白、5 个细胞骨架蛋白、1 个抗氧化蛋白、3 个代谢相关蛋白、1 个免疫相关蛋白、1 个信号转导蛋白、1 个定位相关蛋白等功能。

表 8-21 低氧胁迫下草鱼鳃差异蛋白点表

编号	蛋白编号	蛋 白 名 称	基因名称	序列覆盖率(%)/得分	分子量(kD)/等电点
1	Q6NWF6	角蛋白 Ⅱ 型细胞骨架 8	krt8	34/3 604	24.934/4.25
2	G8EW06	Toll 样受体 4	TLR4	4/33	79.397/4.96
3	Q6NYL7	未知蛋白	zgc: 77517	7/649	122.534/4.65
4	Q9PWD8	细胞角蛋白 Ⅰ 型	cyt1	19/1 146	46.750/4.69
5	F1R4C3	肌动蛋白相关蛋白 3 同源物	actr3	14/49	20.542/4.61
6	Q7SXI0	环氧化物水解酶 1	ephx5	20.7/993	73.698/4.15
7	I3ISF8	甲状腺激素受体 TRαA	thraa	15/883	34.969/6.59
8	Q9PTY0	线粒体 ATP 合酶 β 亚基	atp5b	52.3/845	33.200/6.69
9	B2GT34	柠檬酸合酶	cs	20/136	75.946/6.78

续　表

编号	蛋白编号	蛋　白　名　称	基因名称	序列覆盖率 (%)/得分	分子量(kD)/ 等电点
10	Q805C8	原肌球蛋白 3	TPM2	22/604	46.627/4.58
11	Q7ZUP6	异柠檬酸脱氢酶	idh2	51/345	68.900/5.86
12	Q803M1	原肌球蛋白 3	tpm3	31/776	48.827/4.86
13	Q9PVK4	乳酸脱氢酶	ldhba	24/748	38.395/4.39
14	Q6GTE7	GTP 结合核蛋白	ran	35/210	20.616/5.91
15	F1R3D3	甘油醛-3-磷酸脱氢酶	gapdhs	46/528	12.969/5.89

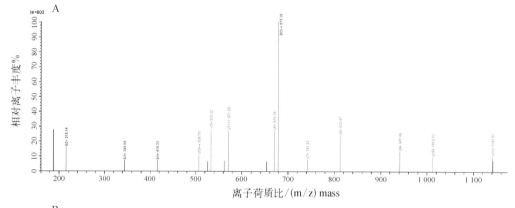

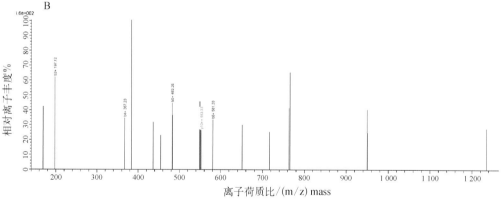

扫一扫 见彩图

图 8-21　草鱼鳃 2 个蛋白肽指纹图谱(PMF)
A. 异柠檬酸脱氢酶;B. 甘油醛-3-磷酸脱氢酶

四、低氧诱导因子 1 信号通路

在 15 个差异蛋白中,我们发现有 6 个蛋白在低氧诱导因子 1(HIF-1)信号通路中存在,分别是呈现上调表达的 Toll 样受体 4、异柠檬酸脱氢酶、乳酸脱氢酶、甘油醛-3-磷酸脱氢酶,呈现下调表达的线粒体 ATP 合酶 β 亚基、柠檬酸合酶,结合这 6 个蛋白的功能以及在 HIF-1 信号通路中的作用,我们绘制了各个蛋白之间的关系路线图 8-22。

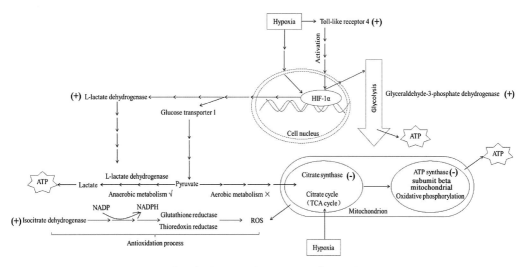

图 8 - 22　草鱼部分差异蛋白在 HIF - 1 信号通路中的关系图

（+）：上调；（-）：下调

　　双向电泳（2 - DE）结合液相色谱串联质谱（LC - MS/MS）技术对草鱼鳃组织在低氧胁迫下差异蛋白质组学进行鉴定研究。电泳图谱经 lmageMaster2D Platinum7.0 软件分析，低氧胁迫组获得了 372±11 个蛋白点，对照组获得了 406±14 个蛋白点，从中筛选出 15 个经低氧胁迫后，表达量呈显著变化的蛋白点。对 15 个差异蛋白点进行质谱鉴定，数据库搜索。结果显示：低氧胁迫后，草鱼鳃组织中的 Toll 样受体 4、环氧化物水解酶 1、异柠檬酸脱氢酶、乳酸脱氢酶、GTP 结合核蛋白、甘油醛- 3 -磷酸脱氢酶蛋白表达显著上调，而角蛋白Ⅱ型细胞骨架 8、细胞角蛋白Ⅰ型、肌动蛋白相关蛋白 3 同源物、甲状腺激素受体 TRαA、线粒体 ATP 合酶 β 亚基、柠檬酸合酶、原肌球蛋白 2、原肌球蛋白 3 蛋白表达显著下调。其中发现 6 个蛋白质在低氧诱导因子 1 信号通路中存在。结果表明草鱼鳃组织在应答低氧胁迫时涉及能量产生、代谢、细胞结构、抗氧化、免疫、信号转导等过程，这有助于了解鱼类在应对低氧胁迫时在蛋白质水平的分子反应机制。

第九章 草鱼经济性状相关基因挖掘

2015 年,Wang Yaping 等完成了草鱼基因组的拼接工作,上海海洋大学草鱼种质资源与创新利用研究团队在此基础上,进一步利用转录组、小 RNA 和全基因组甲基化测序数据来挖掘与草鱼生长和抗病经济性状相关的基因,描述草鱼在不同生理状态下基因的动态表达变化,为后续基因功能的解析奠定基础。

第一节 草鱼生长相关转录组分析

草鱼生长速度是养殖性能的重要评价指标,该指标可以直接明确生产效率和估算养殖周期。我们利用极端性状混池测序策略对 6 个混池组(体重极大/极小各 3 组)进行转录组测序,以期筛选得到与草鱼体重性状相关的基因。

一、实验材料

所用草鱼幼鱼为长江筛选群体,2017 年 5 月于苏州市申航生态科技发展股份有限公司进行人工授精。用四个筛选亲本构建两个全同胞家系:家系 1(♀长江,PIT 标记号 020415656427;♂珠江,PIT 标记号 020415644856),家系 2(♀长江,PIT 标记号 020415654843;♂长江,PIT 标记号 020415602664),两个家系的受精卵各取 300 mL 于同一孵化桶孵化。受精卵孵化后第 7 d 运至上海海洋大学滨海水产科教创新基地进行培育。2018 年 3 月,随机选取 323 尾草鱼记录体重,取草鱼背部肌肉于−80℃保存。选取家系 2 中体重极大(体重>100 g)和极小(体重<70 g)个体各 27 尾(表 9 - 1)用于后续分析。

表 9 - 1 用于 BSR - seq 测序的 54 尾草鱼体重信息　　　　　　　单位: g

组　别	体　　　　　　　重									
	个　　　　体									平　均
小雌 1/SF1	58.34	67.28	46.84	59.64	54.26	64.05	54.47	69.90	60.65	59.49
小雌 2/SF2	59.98	64.95	56.20	59.90	65.42	58.11	65.84	55.85	51.44	59.74
小雄 3/SM3	58.30	68.24	57.59	64.15	61.22	62.40	63.07	49.71	55.04	59.97
大雌 3/BF1	147.32	130.50	116.61	115.32	153.96	130.71	122.70	156.22	116.15	132.17
大雄 1/BM1	103.16	116.20	150.12	122.54	110.04	107.82	155.89	102.53	121.49	121.09
大雄 2/BM2	100.83	116.44	111.04	105.40	127.10	127.48	103.07	123.10	116.70	114.57

二、测序数据比对基因组

对测序原始数据进行过滤,各组数据产量为 6.3~7.3 Gb,有效数据占原始数据的比例为 89.09%~90.57%。过滤后序列比对到草鱼基因组的比例为 86.60%~89.23%(表 9-2)。

表 9-2　草鱼转录组测序数据统计

样　品	原始数据/Gb	GC 含量/%	有效数据/Gb	有效比例/%	比对比例/%
小雌 1/SF1	7.768 5	48.05	6.964 0	89.56	89.23
大雄 1/BM1	7.810 3	47.95	7.013 4	89.71	88.31
大雄 2/BM2	7.529 5	47.83	6.707 1	89.09	88.23
小雌 2/SF2	6.956 0	48.73	6.303 1	90.57	86.60
小雄 3/SM3	8.091 3	47.02	7.287 4	89.99	84.42
大雌 3/BM3	8.020 4	48.28	7.186 8	89.61	88.08

三、差异表达基因鉴定

差异基因分析使用 DESeq2,筛选阈值设定为 FDR(false discovery rate)<0.05,|log2(FC)|>1,筛选获得差异基因 525 个(上调基因 334 个,下调基因 191 个)。

对 525 个差异功能基因进行基因本体论(gene ontology,GO)和京都基因与基因组百科全书(Kyoto encyclopedia of genes and genomes,KEGG)富集分析。使用费希尔检验对差异功能基因进行 GO 富集分析,筛选出 skeletal muscle tissue development(骨骼肌组织发育)、skeletal muscle organ development(骨骼肌器官发育)、striated muscle tissue development(横纹肌组织发育)、muscle tissue development(肌肉组织发育)等显著富集的 31 个 GO 类别(表 9-3)。对差异功能基因 KEGG 富集分析,筛选出 regulation of actin cytoskeleton(肌动蛋白细胞骨架的调节)、mTOR signaling pathway(mTOR 信号通路)等在内的 12 个显著(P<0.05)富集 KEGG 信号通路(表 9-4)。

表 9-3　草鱼生长差异群体差异表达基因 GO 显著富集类别

GO 名称	分　类	注释基因数量
GO: 0050794	regulation of cellular process	265
GO: 0019222	regulation of metabolic process	120
GO: 0031323	regulation of cellular metabolic process	116
GO: 0060255	regulation of macromolecule metabolic process	114
GO: 0080090	regulation of primary metabolic process	110
GO: 0051171	regulation of nitrogen compound metabolic process	109
GO: 0009888	tissue development	57
GO: 0051246	regulation of protein metabolic process	40
GO: 0032268	regulation of cellular protein metabolic process	39

续　表

GO 名称	分　　　　类	注释基因数量
GO：0008092	cytoskeletal protein binding	27
GO：0019220	regulation of phosphate metabolic process	22
GO：0031399	regulation of protein modification process	22
GO：0051174	regulation of phosphorus metabolic process	22
GO：0061061	muscle structure development	19
GO：0003779	actin binding	18
GO：0015629	actin cytoskeleton	15
GO：0007517	muscle organ development	10
GO：0014706	striated muscle tissue development	9
GO：0060537	muscle tissue development	9
GO：0007519	skeletal muscle tissue development	6
GO：0060538	skeletal muscle organ development	6
GO：0008654	phospholipid biosynthetic process	5
GO：0014904	myotube cell development	5
GO：0050789	regulation of biological process	279
GO：0006796	phosphate-containing compound metabolic process	104
GO：0009966	regulation of signal transduction	43
GO：0010646	regulation of cell communication	43
GO：0023051	regulation of signaling	43
GO：0043484	regulation of RNA splicing	5
GO：0048741	skeletal muscle fiber development	5
GO：0051336	regulation of hydrolase activity	5

表9-4　草鱼生长差异群体差异表达基因 KEGG 显著富集信号通路

通　路　名　称	差异表达基因数量	显　著　性
ko04810：regulation of actin cytoskeleton	3	0.003 2
ko00440：phosphonate and phosphinate metabolism	1	0.008 1
ko04520：adherens junction	2	0.008 5
ko05231：choline metabolism in cancer	2	0.011 0
ko04670：leukocyte transendothelial migration	2	0.012 4
ko04530：tight junction	2	0.022 6
ko04150：mTOR signaling pathway	2	0.022 6
ko04072：phospholipase D signaling pathway	2	0.023 6
ko05203：viral carcinogenesis	2	0.027 1
ko04510：focal adhesion	2	0.035 8
ko04964：proximal tubule bicarbonate reclamation	1	0.041 0
ko04015：rap1 signaling pathway	2	0.042 6

四、BSR 关联分析

6 个转录组共获得 252 184 个 SNP，过滤条件设置为：SNP 位点 reads 支持数小于 10，QUAL 小于 30，MQ 小于 30，在两组比较分析混池中，频率均低于 0.3，以降低测序分型错误对后期 BSR 分析的干扰（表9-5）。随后，采用欧式距离算法，对 4 组混池组合进行体重相关位点定位,共定位出 171 个区间。

表 9 - 5　各组用于 BSR 分析的 SNP 数目

组　合	原　始	过滤后	BSR 区间
BF3_SF1	252 184	26 267	501
BF3_SF2	252 184	21 674	480
BM1_SM3	252 184	24 843	440
BM2_SM3	252 184	26 063	540

对草鱼幼鱼体重性状相关的 171 个 BSR 关联区域中基因进行功能注释,共得到 164 个候选基因。结合转录组差异表达数据,筛选出 8 个与体重相关的差异功能基因,其中 6 个获得功能注释见表 9 - 6。

表 9 - 6　草鱼 BSR - 体重相关的差异基因

基 因 编 号	染色体位置	起始位置	终止位置	注 释 信 息
CI01000069_02393010_02396796path1	CI01000069	2393099	2905890	proline-rich AKT1 substrate 1
CI01000073_01200849_01245031path1	CI01000073	1221796	327061	supervillin
CI01000080_00653790_00667457path1	CI01000080	657619	669406	cardiomyopathy-associated protein 5
CI01000149_00308436_00325498path1	CI01000149	313404	55110	eukaryotic translation initiation factor 4 gamma 1
CI01000337_01603948_01647117path1	CI01000337	1310243	1630833	PDZ and LIM domain protein 5
CI01000394_00028561_00082774path1	CI01000394	35561	64750	myosin heavy chain, fast skeletal muscle
XLOC_005838	CI01000013	3722822	3897557	
XLOC_009398	CI01000026	9428277	9978926	

第二节　草鱼细菌感染过程转录组分析

在人工养殖条件下,细菌性病害每年给草鱼产业带来巨大损失,迫切要求我们对草鱼抗病相关的免疫因子进行深入研究。我们使用嗜水气单胞菌 AH10 菌株感染草鱼,获取草鱼头肾、脾脏和肾脏的转录组数据;构建草鱼抗病和易感个体,利用 mRNA 和 miRNA 数据共同分析,筛选抵抗细菌侵袭关键基因;在全基因组水平分析细菌感染草鱼后的甲基化水平。

一、头肾转录组分析

构建滴度为 2.5×10^6 CFU/mL 的草鱼头肾 cDNA 文库,文库重组率为 93.5%。随机选取 140 个克隆进行双向测序,57.7% 的克隆含有完整的开放阅读框(ORF)。随机挑取 6 432 个克隆进行测序,获得 5 289 个高质量 EST 序列(GenBank 收录号为 GR942611 - GR947899)。序列平均长度为 591 bp,序列长度为 600~699 bp 的 EST 序列占总数的 46.32%。所有 EST 序列共装配为 2 687 个单一基因,其中含 697 个重叠群和 1 990 个单一序列。所有 EST 序列及单一基因的平均 GC 含量分别为 40.1% 和 39.0%。

（一）注释及功能分类

使用 BLAST 将得到的 2 687 个单一基因与数据库进行比对,共有 1 585 个(59.0%)与 NCBI 的 nr 及 nt 数据库中的已知序列具有相似性,其中 705 个(44.5%)单一基因的比对 E 值低于 1.0×10^{-50},显示出极高的相似度。比对上的序列主要来自斑马鱼(*Danio rerio*)、河豚(*Tetraodon nigroviridis*)和鲤鱼(*Cyprinus carpio*),分别占总数的 85.6%、2.1%、2.0%,而比对上的草鱼序列仅占总数的 1.1%,表明大多数序列为在草鱼中首次报道。其余的 1 102 个(41.0%)单一基因则在设定域值条件下与已知序列不具有显著相似性,可能代表着草鱼中的未知功能基因。

在 Uniprot 数据库中对单一基因序列进行同源搜索,可将其中 578 个(21.5%)单一基因归入"细胞组分""分子功能"与"生物学过程"三个功能类别,并进一步归入各子类。且由于部分基因具有多种功能,因而被归入各子类的单一基因数量总和超过单一基因总数。"细胞组分"中最大的子类为"细胞",占总数的 52.77%;"分子功能"中最大的两个子类为"结合"与"催化活性",分别占总数的 60.38% 和 41.70%;"生物学过程"中最大的两个子类为"细胞进程"和"代谢进程",分别占总数的 54.33% 和 48.79%。

经对 KEGG 数据库进行搜索,共有 309 个单一基因被归入 137 个信号途径,其中部分单一基因可被归入多个信号途径。在这些单一基因中,29.58% 属于"细胞进程"相关信号途径;被归入"新陈代谢""人类疾病""环境信息处理"及"遗传信息处理"等信号途径的分别占总数的 24.72%、24.72%、12.14% 和 8.83%。在"细胞进程"中最大的子类为"免疫系统",包含 41 个单一基因。其中,"抗原处理与呈递""白细胞迁移"及"幽门螺杆菌感染的上皮细胞信号转导"三个免疫相关信号途径分别含有 9 个、11 个和 8 个单一基因。此外,在"MAPK"这一涉及免疫反应的重要信号转导途径中也包含有 8 个单一基因。

（二）分子标记开发

在 2 687 个单一基因中,共鉴定获得 81 个微卫星标记。其中,核心重复序列为二碱基、三碱基、四碱基及五碱基的微卫星标记分别占总数的 56.79%、16.05%、22.22% 和 4.94%。在所有重复类型中,AC/GT 型最为常见,分别占微卫星总数和二碱基重复微卫星总数的 23.46% 和 41.30%。这些微卫星标记可进一步用于基因的图谱定位以及表型与基因型间相关性分析等研究。

（三）免疫相关 EST 序列

头肾是鱼体重要免疫组织,功能上相当于哺乳动物的骨髓。构建草鱼头肾 cDNA 文库的目的主要为从文库中筛选获得免疫相关基因。从草鱼头肾 EST 序列中共筛选得到 136 个免疫相关基因,包括干扰素相关蛋白、白细胞抗原决定簇及其他重要免疫因子的编码基因。

在文库序列中筛选得到三个草鱼白细胞抗原决定簇的编码序列（CD11、CD18、CD40),分别与鲤鱼 CD11、斑马鱼 CD18 及斑马鱼 CD40 同源。草鱼 CD11、CD18 及 CD40 与其注释基因间的氨基酸序列相似度分别为 86%、87% 和 77%,BLAST 分析的 E 值分别为 1E－66、1E－55 和 1E－49。抗原决定簇存在于白细胞表面,作为受体或配体在启动细胞信号级联,或作为细胞黏附分子参与免疫反应。在哺乳动物中,CD11 与 CD18 形成异源二聚体,作为分裂原、抗原或同种抗原参与细胞增殖、T 细胞介导的细胞毒性、B 细胞聚集及免疫球蛋白形成等重要免疫反应。哺乳动物具有三种亚型的 CD11,分别为 CD11a、CD11b 和 CD11c,它们在细胞中的相对丰度与细胞类型、细胞活性及分化阶段有关。CD40 是肿瘤坏死因子受体的一种,在 B 细胞等多种类型细胞中表达。CD40 作为受体参与细胞信号传递及炎症反应,并通过与 CD40L 相互作用对免疫活化与免疫抑制间的平衡进行调节。

经序列比对,还获得了草鱼 IRF-1、干扰素诱导蛋白 30 及 Gig1 三种干扰素相关蛋白的编码序列。这些序列的编码氨基酸序列与金鱼 IRF-1、斑马鱼 IP30 及斑马鱼 Gig1 间的相似度分别为 99%、87% 和 77%,BLAST 分析的 E 值分别为 1E-103、1E-102 和 3E-79。干扰素及其相关蛋白在脊椎动物对病毒的先天性免疫反应中起重要作用。IRF-1 是干扰素调节因子家族中首个被确认可激活 IFN-β 基因的免疫因子,在哺乳动物中,其还能以干扰素非依赖型方式抵御部分病毒的入侵。IRF-1 除调节干扰素的表达外,还与细胞生长及凋亡有关。γ 干扰素诱导蛋白 30 前体分布于单核细胞的溶酶体中,其通过催化二硫键的降解在 MHC Ⅱ 相关抗原的处理及呈递中起关键作用。Gig1 是近年鲫鱼中报道的一种新 IFN 诱导蛋白,其表达可被草鱼呼肠孤病毒感染所诱导,并可能受 JAK-STAT 信号途径调控。

我们首次获得了多种免疫球蛋白、免疫球蛋白 Fc 受体 γ 亚基(FcRγ)、MHCII 的 α 和 β 亚基、多种补体如 C2、C6、前 B 细胞促进因子、自然杀伤细胞增强因子、白细胞受体、趋化因子受体等草鱼重要免疫因子的编码基因序列。

二、肾脏和脾脏转录组分析

我们首次应用高通量测序技术和生物信息学方法,筛选草鱼抵抗嗜水气单胞菌侵袭过程中的关键 miRNA 和基因,通过实验手段鉴定 miRNA 对靶基因的调控关系,明确靶基因在免疫过程中的功能。

(一) 测序材料筛选

实验材料选用草鱼体重约每尾 60 g,采自上海海洋大学滨海水产科教创新基地,实验前在循环水箱中暂养,水温控制在 28℃。随机选取 60 尾草鱼分放于 3 个暂养水箱,每个水箱 20 尾草鱼。给 40 尾草鱼腹腔注射 $1.2×10^5$ 剂量嗜水气单胞菌 AH10 菌株。每 4 h 观察一次,3 d 内死亡鉴定为易感个体,7 d 未死定义为抗病个体。

(二) 转录组的测序和组装

通过 Illumina Hiseq 2000 高通量测序对草鱼易感个体(susceptible group, SG)和抗病个体(resistant group, RG)进行转录组测序,如表 9-7 分别得到 73 063 654 和 62 737 669 条原始 reads,去除低质量和短片段后易感个体得到 70 210 307 条筛选后序列,核苷酸数为 7.09 Gb,其中 GC 含量为 48.43%,Q20 和不确定碱基的含量分别为 98.05% 和 0.00%,对原始数据过滤抗病组获得 60 668 815 条 clean reads,核苷酸数为 6.13 Gb,GC 含量为 47.13%,Q20 比例和不确定碱基的比例分别是 98.21% 和 0.00%,符合数据要求(Q20% > 80%)。N percentage 均为 0.00% 表示不确定的碱基的比例是零,表明测序质量较好,获得的序列可靠度高。

表 9 - 7　草鱼抗病、易感个体转录组组装质量统计

	易 感 组	抗 病 组
total reads	73 063 654	62 737 669
clean reads	70 210 307	60 668 815
clean bases	7.09 G	6.13 G
total mapped to unigenes readcounts	61 396 052.97	51 785 549.97
reads length/bp	101	
GC content/%	48.43	
Q20/%	98.05	
number of unigenes	199 554	
total length of unigenes/bp	195 075 872	
mean length of unigenes/bp	977	
N50 of unigenes/bp	2 117	
maximal length of unigenes/bp	27 185	

　　从表 9 - 7 可知,2 个文库样品共获得 199 554 条 unigenes,总长度为 195 075 872 bp,平均长度为 977 bp,N50 长度 2 117 bp。对组装出来的 unigenes 做长度分布特征分析,在两个文库中,200～600 nt、600～1 000 nt、1 000～1 500 nt、1 500～2 000 nt、2 000～2 500 nt、2 500～3 000 nt、>3 000 nt 的所占的比例分别为 62.39%、11.35%、7.25%、5.19%、3.69%、2.69%、6.74%(图 9 - 1)。所拼接的 unigene 长度主要分布在 200～500 nt,原始数据和拼接好数据分别被存档于 NCBI 序列读序档案(short read archive,SRA),登录号分别为 SRR1124206 和 SRR1125014。

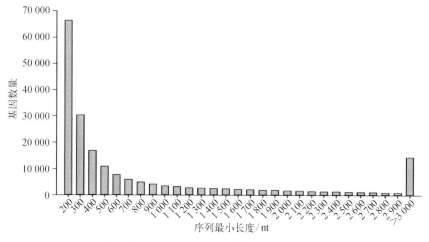

图 9 - 1　草鱼抗病、易感个体转录组测序组装 unigene 长度分布

(三) 基因功能注释

　　根据 GO 数据库注释的信息,有 34 207 条 unigene(52.03%)映射到 60 个 GO 不同的功能节点上。在细胞组分中主要聚集于细胞过程和代谢过程,其中参与细胞组分中的许多特异性基因,主要包括发育过程、解剖结构的形成过程、繁殖和死亡。生物学过程主要集中于细胞过程和代谢过程;在分子功能分类中,结合功能占绝对主导地位,其次是催化功能,说明这些功能在草鱼抵抗细菌侵袭过程中起着重要作用(图 9 - 2)。

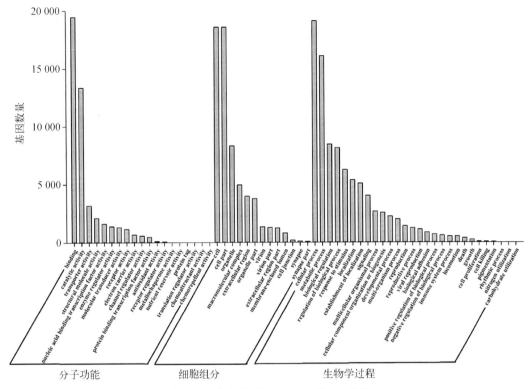

图 9 - 2　草鱼转录组 unigene 的 GO 分类

　　为了系统分析测序所得到转录本在草鱼抵抗细菌侵袭过程中参与代谢途径以及这些基因产物的功能,将所获得的 unigene 比对到 KEGG 数据库。表 9 - 8 展示富集最显著的 10 条信号通路,确定这些基因参与的路径主要有:分类和降解,癌症通路,PI3K - Akt 信号通路,HTLV - I 感染,黏着,钙信号转导通路,MAPK 信号转导通路,神经活性的配体-受体相互作用,内吞作用和阿尔茨海默病。在我们的分析中,发现共有10 561 个unigene 参与了 298 个代谢通路,其中有大量的代谢通路、次级代谢产物合成通路。一些与免疫相关的信号通路也被大量富集,包括 Toll 样受体信号通路(110 个 unigene)和趋化因子信号通路(224 个 unigene)(表 9 - 8、表 9 - 9)。

表 9 - 8　草鱼抗病、易感个体转录组注释基因的代谢通路

信号通路功能分类	基 因 数 量
infectious diseases	3 210
signal transduction	2 316
cancers	2 235
nervous system	1 648
immune system	1 554
neurodegenerative diseases	932
digestive system	875
endocrine system	861
cell communication	859
signaling molecules and interaction	763

表 9-9　免疫相关注释基因的信号通路

信号通路分类	信号通路名称	基因数量
immune system	chemokine signaling pathway	224
immune system	leukocyte transendothelial migration	199
immune system	T cell receptor signaling pathway	156
immune system	Fc gamma R-mediated phagocytosis	155
immune system	natural killer cell mediated cytotoxicity	129
immune system	B cell receptor signaling pathway	110
immune system	Toll-like receptor signaling pathway	110
immune system	antigen processing and presentation	86
immune system	Fc epsilon RI signaling pathway	84
immune system	RIG-I-like receptor signaling pathway	67

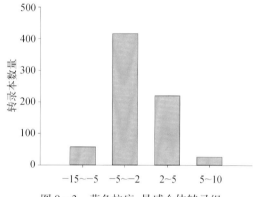

图 9-3　草鱼抗病、易感个体转录组
差异表达基因分析

（四）差异表达分析

以基因表达水平的 reads 值为基础,利用 DEGseq 包对易感和抗病个体数据库中的差异表达基因进行分析;对差异分析得到的 P 值进行多重检验校正为 q 值。把差异倍数 $|\log2(\text{fold change})|$ 大于 2 且 $q<0.001$ 设为基因差异表达的阈值。在草鱼易感和抗病个体中共检测到 721 个基因显著差异表达,相对于易感个体,在抗病个体中有 475 个基因为上调表达,246 个基因下调表达(图 9-3)。

这 721 个差异基因被注释到 969 条 GO 分类中。436 条被注释到生物学过程(biological process, BP)中,103 条被注释到细胞组分(cellular component, CC),430 条被注释到分子功能(molecular function, MF)。另外,对这些 GO 分类进行显著性分析,发现有 183 条 GO 分类能被显著富集,占所有富集的 18.89%,表 9-10 列出了部分显著富集的 GO 分类。

表 9-10　草鱼抗病、易感个体转录组差异表达基因 GO 显著富集

GO 编号	名　称	显著性统计（P 值)	基因数量	功能分类
GO：0006955	immune response	1.45E-10	28	生物学过程
GO：0042221	response to chemical stimulus	3.12E-07	9	生物学过程
GO：0006096	glycolysis	1.15E-06	10	生物学过程
GO：0055114	oxidation-reduction process	7.80E-06	75	生物学过程
GO：0006559	*L*-phenylalanine catabolic process	2.36E-05	3	生物学过程
GO：0005576	extracellular region	2.68E-07	92	细胞组分
GO：0034364	high-density lipoprotein particle	8.30E-06	3	细胞组分
GO：0005833	hemoglobin complex	8.45E-05	3	细胞组分
GO：0016020	membrane	3.74E-04	132	细胞组分
GO：0000015	phosphopyruvate hydratase complex	8.19E-04	3	细胞组分

GO 编号	名　　称	显著性统计 （P 值）	基因数量	功 能 分 类
GO：0008289	lipid binding	4.02E－07	14	分子功能
GO：0020037	heme binding	7.38E－06	16	分子功能
GO：0008009	chemokine activity	1.64E－05	8	分子功能
GO：0005506	iron ion binding	1.92E－05	21	分子功能
GO：0016705	oxidoreductase activity，acting on paired donors，with incorporation or reduction of molecular oxygen	3.77E－04	10	分子功能

（五）信号通路富集

721 个差异基因被富集到 188 条通路中，表 9－11 给出了部分显著富集的 KEGG 通路。其中，有 12 个基因被富集到补体和凝血级联反应通路中；还有一些基因被富集到与代谢相关的通路中，如卟啉与叶绿素代谢通路及果糖和甘露糖代谢通路等。此外，在细胞因子受体相互作用的细胞因子通路、T 细胞受体信号通路等经典的通路中也有基因被富集。一些已被鉴定的炎症免疫相关基因也被富集到相关通路，包括 C 型凝集素和基质金属蛋白酶 9 等。

表 9－11　草鱼抗病、易感个体转录组差异表达基因 KEGG 富集分析

信 号 通 路	编　号	基因数量	显 著 性
complement and coagulation cascades	ko04610	12	1.88E－07
staphylococcus aureus infection	ko05150	11	3.70E－07
porphyrin and chlorophyll metabolism	ko00860	9	9.63E－07
glycolysis/gluconeogenesis	ko00010	14	6.06E－06
vitamin digestion and absorption	ko04977	6	2.16E－05
butirosin and neomycin biosynthesis	ko00524	4	3.56E－05
cytokine-cytokine receptor interaction	ko04060	14	4.46E－04
graft-versus-host disease	ko05332	5	5.90E－04
streptomycin biosynthesis	ko00521	4	6.22E－04
fructose and mannose metabolism	ko00051	8	6.83E－04

三、肾脏和脾脏小 RNA 组学分析

利用 Hiseq 2000 技术平台对草鱼脾脏和肾脏易感与抗病个体小 RNA 文库进行高通量测序和表达模式分析。结合生物信息分析和表达量数据进行 miRNA 靶基因的鉴定，通过分子生物学实验进行验证，筛选抗细菌感染关键基因。通过分析鉴定 miRNA 的靶基因，可以有效地了解 miRNA 的生物学功能和调控机理以及在不同生理条件下 miRNA 对机体所产生的影响，miRNA 对其靶基因的调控效应主要是负调控。通过整合草鱼易感和抗病个体 miRNA 和 mRNA 的高通量测序数据，利用 miRNA 对 mRNA 负调控的这一特性，筛选那些 miRNA 和 mRNA 的表达具有负相关性的基因，以提高 miRNA 靶基因鉴定的效

率。以下实验利用 miRanda 软件对差异表达 miRNAs 的靶基因进行预测,对这些靶基因的生物学功能进行分类研究并对它们涉及的信号通路进行富集。

(一)草鱼肾脏易感和抗病个体小 RNA 测序

1. 数据质量及长度分析

易感个体 RNA 文库获得了 13 284 378 条原始序列,而抗病个体的文库的原始序列数为 16 095 116(表 9 - 12)。纯净序列在肾脏易感个体中所占的比例在 84.45%,而肾脏抗病个体小 RNA 文库中的纯净序列占 86.62%。不同样品小 RNA 序列长度主要分布在 20~23 nt,约占纯净序列的 70% 以上,以 22 nt 序列分布最多,在肾脏易感个体占到了 21.48%;在抗病个体为 22.50%。

表 9 - 12　草鱼肾脏易感和抗病个体小 RNA 测序数据产出情况

	易感个体	抗病个体
raw reads	13 284 378	16 095 116
clean reads	11 218 000	13 941 337
error rate	0.01%	0.01%
total mapped small RNA	3 301 265	4 905 728
mapped(+)	2 790 194	4 174 796
mapped(-)	511 071	730 932
mapped mature	97	93
total mapped mature	97	
novel miRNA	91	95
total novel miRNA	95	

2. 转录组比对和分类注释

采用 Bowtie2 将小 RNA 定位到草鱼的转录组数据中。2 个小 RNA 文库中分别有 29.43% 和 35.19% 的序列比对到草鱼的转录组中,24.87% 和 29.95% 的序列能比对到正义链,而比对到反义链的小 RNA 相对较少。2 个文库中共有 97 条序列能比对到成熟的 miRNA 中。在易感个体也存在着一些特异的 miRNA。整合 miREvo 和 miRDeep2 预测软件,探索其二级结构及 Dicer 酶切位点信息、能量等,预测样品中新 miRNA,并对这些 miRNA 序列、出现次数进行统计。在 2 个小 RNA 文库中总共预测得到 95 条 miRNA 前体。图 9 - 4 展示了部分新预测 miRNA 的二级结构。

3. 差异表达分析

文库中 miRNA 的测序读长可以作为评估其相对表达丰度的一个指标,首先要对测序读长用 TPM 值(transcript per million) 进行归一化处理,其中,归一化公式为:表达量 = [(read count×1 000 000)/total read counts]。把 TPM≥0.1 设为归一化处理后的 miRNA 表达阈值,采用 DESeq 软件对每个文库中 miRNA 的差异水平进行分析。比较 miRNA 在两个文库中的表达差异,发现 miR - 101a 在两个群体中的表达量都是最高的,表达丰度达到 308 750.21 TMP,随后是 miR - 146b(168 822.24 TMP 值) 和 miR - 126a - 3p(139 223.22 reads)。表 9 - 13 列出了前 30 个高丰度表达的 miRNA 在两个品种中的表达差异。

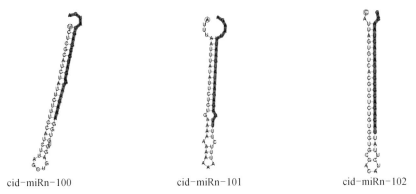

cid-miRn-100　　　　　　cid-miRn-101　　　　　　cid-miRn-102

图 9-4　草鱼 miRNA 二级结构

整个结构是 miRNA 的前体,红色阴影部分为成熟 miRNA 序列

扫一扫 见彩图

表 9-13　在草鱼肾脏易感和抗病个体中前 30 个高丰度表达 miRNA

miRNA	易感个体	抗病个体	log2(表达量差异倍数) 均一化处理	显著性分析
miR-223	1 460.9	6 800.7	-2.218 809 871	0
miR-142a-3p	4 770.8	9 798.3	-1.038 303 405	0
miR-731	850.91	1 529.7	-0.846 169 227	1.83E-43
let-7b	853.88	1 450.9	-0.764 819 22	6.78E-35
miR-142b-5p	3 117.6	5 203.5	-0.739 037 197	8.88E-116
let-7a	13 311	22 072	-0.729 577 4	0
miR-142a-5p	10 438	13 742	-0.396 709 487	3.76E-100
miR-148	19 918	25 353	-0.348 110 983	1.18E-145
miR-146b	75 217	93 605	-0.315 536 598	0
miR-23a	4 766.7	5 387	-0.176 512 43	2.59E-09
miR-451	22 794	23 335	-0.033 817 8	0.027 300 817
miR-101a	153 099	155 651	-0.023 849 551	2.06E-06
miR-30e-3p	4 159.6	4 124	0.012 399 306	0.732 744 519
miR-192	56 632	52 932	0.097 482 82	1.20E-29
miR-22a	34 382	32 067	0.100 545 289	4.36E-19
let-7e	41 740	38 458	0.118 159 006	2.65E-31
miR-24	2 823.3	2 479.1	0.187 550 739	6.99E-06
miR-199-5p	5 671.6	4 969.7	0.190 595 008	3.65E-11
miR-199-3p	6 173	5 231.6	0.238 724 395	5.41E-18
miR-375	5 548.1	4 623.7	0.262 954 09	2.61E-19
let-7j	3 935.3	3 228	0.285 836 04	2.68E-16
miR-126a-5p	4 992.7	3 821.9	0.385 558 412	6.78E-35
miR-126b-5p	4 987.4	3 817.5	0.385 668 501	6.78E-35
miR-2184	1 491.2	1 110.2	0.425 677 315	3.29E-13
miR-29a	1 761.8	1 278.8	0.462 261 116	8.85E-18
miR-126a-3p	81 396	57 827	0.493 197 816	0
miR-30e-5p	7 221.5	4 900.5	0.559 371 523	2.42E-98
miR-210-3p	989.17	621.87	0.669 615 566	2.61E-19
miR-21	3 431.5	1 640.5	1.064 719 594	5.01E-141
let-7i	3 419.7	1 475.4	1.212 751 983	7.01E-173

从高通量测序结果中随机选取了 11 个 miRNA(8 个为差异表达 miRNA,3 个为相似表达 miRNA),采用 qRT－PCR 方法进行验证。所有 11 个 miRNA 在草鱼肾脏易感和抗病个体中的表达情况,与高通量测序的分析结果基本一致(图 9－5A、B),从而验证了我们获得的高通量测序结果是可靠的。

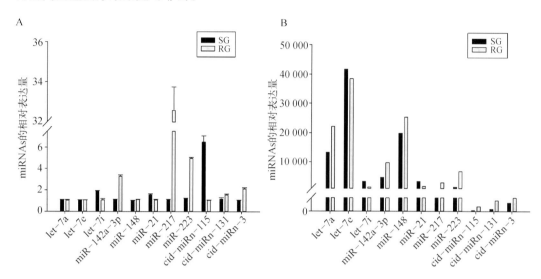

图 9－5　草鱼易感和抗病个体差异表达 miRNA 的 qRT－PCR 验证

A. 11 个 miRNA 在草鱼肾脏易感和抗病个体中的 qRT－PCR 结果;B. 11 个 miRNA 在草鱼肾脏易感和抗病个体的高通量测序结果

在易感和抗病个体 2 个小 RNA 样品的测序数据中,筛选得到 9 个差异表达 miRNA(表 9－14,图 9－6),其中,相对于易感个体,在抗病个体中有 6 个 miRNA 上调表达,3 个 miRNA 下调表达;在 mRNA 转录组测序中,总共获得了 721 个差异表达基因,相对于易感个体,在抗病个体中有 475 个差异表达基因为上调表达,246 个下调表达。把 miRNA 与转录组差异表达数据进行整合分析,利用 miRNA 与对应的靶基因呈负相关的特性,把所有获得的差异表达基因进行进一步的缩减,剔除那些没有负相关关系的基因,最终转录组中的差异基因数目缩减至 188 个,126 个基因上调表达,62 个基因下调表达。

4. 差异表达 miRNA 生物学功能富集

为了深入了解这些基因的功能,对它们进行 GO 和 KEGG 富集,从生物学功能和涉及的信号通路两个方面对这些差异基因进行信息挖掘。GO 富集分析结果表明这些基因主要富集到生物学过程中,比如基因表达、转录调控、免疫系统进程和压力刺激反应(图 9－7)。KEGG 富集分析结果发现,这些差异表达基因共富集到 48 条 KEGG 通路中。其中,靶基因及差异表达基因主要富集到免疫和疾病相关通路中,其中,10 个最显著差异基因信号通路富集结果见表 9－15,如沙门氏菌感染(*Salmonella* infection)、MAPK 信号通路(MAPK signaling pathway)、Toll 样受体信号通路(Toll-like receptor signaling pathway)、细胞因子信号通路(chemokine signaling pathway)等。在 Toll 样受体信号通路和细胞因子信号通路中都分别富集到 3 个基因。

表 9-14　草鱼肾脏易感和抗病个体差异表达 miRNA

miRNA	序列信息(5′-3′)	易感个体表达量(TMP)	抗病个体表达量(TMP)	log2(表达量倍数)均一化处理	显著性分析
novel_154	CCCAGCCAUAUUUGUUUGAAC	16.02	0	4.77	4.44E-05
let-7i	UGAGGUAGUAGUUUGUGCUGUU	3 419.67	1 475.40	1.21	4.62E-174
miR-21	UAGCUUAUCAGACUGGUGUUGGC	3 431.54	1 640.50	1.06	4.12E-142
miR-142a-3p	UGUAGUGUUUCCUACUUUAUGGA	4 770.81	9 798.34	-1.04	0
novel_3	UGUUUCUGGCUCUGAUAUUUGCU	32.043	71.82	-1.16	8.07E-05
miR-223	UGUCAGUUUGUCAAAUACCCC	1 460.91	6 800.68	-2.22	0
novel_115	UGAAGGCCGAAGUGGAGA	3.56	17.95	-2.33	1.25E-03
novel_131	UGCCCGCAUUCUCCACCA	7.71	40.29	-2.38	9.85E-07
miR-217	UACUGCAUCAGGAACUGAUUGG	240.91	2 983.65	-3.63	0

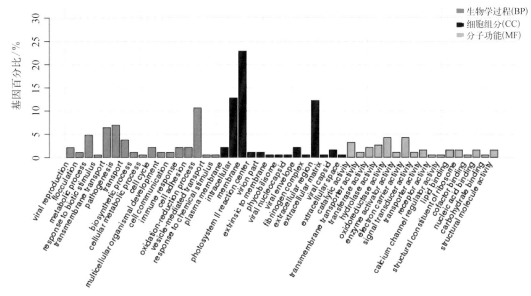

图 9-6　草鱼易感和抗病个体 miRNA 差异表达靶基因 GO 富集分析

表 9-15　草鱼易感和抗病个体 miRNA 差异表达靶基因前 10 位 KEGG 富集通路

信　号　通　路	信号通路类别
Toll-like receptor signaling pathway	免疫系统
hepatitis C	感染疾病：病毒
Salmonella infection	感染疾病：细菌
Fc epsilon RI signaling pathway	免疫系统
tuberculosis	感染疾病：细菌
influenza A	感染疾病：病毒
measles	感染疾病：病毒
MAPK signaling pathway	信号转导
toxoplasmosis	感染疾病：寄生虫
chemokine signaling pathway	免疫系统

扫一扫 见彩图

miR-21 可以调控多种基因来调控免疫相关疾病。其中,涉及信号通路最多的基因是蛋白激酶 1(protein kinase JNK1, jnk1)和趋化因子受体 7[chemokine (C-C motif) receptor 7, ccr7]。转录组数据显示 *Jnk1* 和 *ccr7* 在易感个体中显著低表达,而 *miR-21* 在易感个体中显著高表达,这也符合 miRNA 和 mRNA 具有负相关的原理。qRT-PCR 在同样的样品中对实验结果进行验证(图 9-7)。

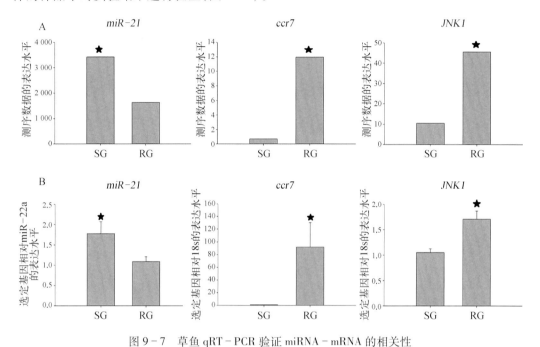

图 9-7 草鱼 qRT-PCR 验证 miRNA-mRNA 的相关性

A. 测序数据显示 3 个差异表达基因在易感与抗病个体中的表达情况;B. qRT-PCR 验证 3 个差异表达基因在易感与抗病个体中的表达情况;SG:易感个体;RG:抗病个体

从转录组的两方面出发,分别研究了草鱼易感和抗病个体脾脏、肾脏 miRNA 转录组与 mRNA 转录组,筛选了在易感和抗病个体中差异表达的 miRNA 与差异表达基因(mRNA),并对这些差异表达基因及 miRNA 进行功能注释、靶基因预测以及信号通路分析等。最后,把 miRNA 转录组与 mRNA 转录组两者结合起来进行关联分析,分析差异表达 miRNA 与差异表达基因的互作调控网络,以及对差异靶基因进行功能注释,从转录水平探寻造成草鱼感染嗜水气单胞菌后免疫差异的分子调控机制。对 RNA-seq 测序技术获得的序列分析,结果表明在草鱼易感与抗病不同个体之间存在大量的基因表达的差异。我们采用 RPKM 值对基因表达水平进行评估,在草鱼易感个体和抗病个体中共检测到 721 个基因显著差异表达,分析发现:相比较于易感个体,在抗病个体中有 475 个基因表达量上调,246 个下调。同时,利用软件 miRanda,将转录组差异表达数据和 miRNA 差异表达数据进行整合分析,9 个差异表达 miRNA 共预测出 188 个差异表达靶基因。在这些 miRNA 与靶基因的互作关系中发现,既存在同一个 miRNA 调控上百个靶基因的情况,也出现了多个 miRNA 调控同一个靶基因的情况。

(二) 草鱼脾脏易感和抗病个体小 RNA 测序

1. 测序质量及长度分布

易感个体小 RNA 文库获得了 18 415 417 条原始序列,而抗病个体的小 RNA 文库的原始序列数在 16 585 618。纯净序列在易感个体中所占的比例在 89.07%,而抗病个体小 RNA 文库中的纯净序列占 86.35%(表 9 - 16)。

表 9 - 16 小 RNA 测序数据产出情况

	易感个体	抗病个体
raw reads	18 415 417	16 585 618
clean reads	16 402 323	14 321 950
total mapped small RNA	4 255 845	5 741 013
mapped mature	60	59
total mapped mature	61	
novel miRNA	116	115
total novel miRNA	124	

如图 9 - 8 所示。两个样品小 RNA 序列长度主要分布在 20~24 nt,以 22 nt 序列分布最多,在易感和抗病个体小 RNA 文库中分别占到了 23.17%(SGC)和 24.03%(RGC)。其次为 21 nt,在 2 个文库中所占的比例分别为 22.47% 和 16.94%。

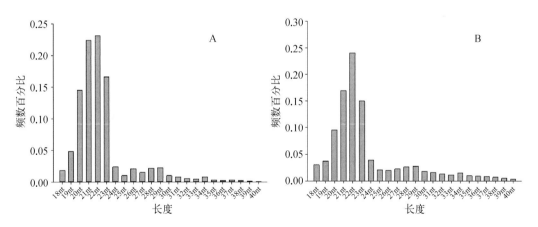

图 9 - 8 草鱼小 RNA 序列片段长度分布

A. 易感个体长度分布;B. 抗病个体长度分布;易感与抗病个体小 RNA 文库测序中小 RNA 的长度分布,其中以 20~23 nt 所占比例最大。另外,22 nt占有最大的比例,其次为 21 nt 与 23 nt

2 个小 RNA 文库中分别有 425 584 和 5 741 013 条序列能够比对到转录组数据当中。在易感个体与抗病个体这两个样品中都有 60 个左右成熟 miRNA,但是个体之间也存在着一些特异的 miRNA。分析二级结构、酶切位点等信息,来确认是否为潜在的新 miRNA。整合 miREvo 和 miRDeep2 预测软件,进行新 miRNA 的预测分析在抗病易感个体小 RNA 测序数据中总共预测得到新 miRNA 有 124 条,新预测的 miRNA 名称由出现顺序进行编号,加前缀 cid - miRn。

2. 差异表达分析

对所获得的 185 个 miRNA 进行显著性统计分析,筛选在两个样品中显著差异表达的 miRNA,结果在两个样品中获得 21 个显著差异表达的 miRNA[$q < 0.01$ 并且 |log2 (fold - change) normalized|>2](表9 - 17)。在易感个体中显著高表达的 miRNA 有 5 个;在抗病个体中显著高表达的 miRNA 有 16 个。在显著差异表达的 miRNA 中,包括 8 个新预测的 miRNA,上调 1 个,下调 7 个。从表9 - 17 我们也可以发现同一家族的 miRNA 差异表达水平虽然不是都具有显著性,但是都具有相似的表达模式。在这些差异表达 miRNA 中,很多都已鉴定出具有免疫和血液相关的功能,例如 miR - 146b、miR - 462、miR - 731、miR - 34a、miR - 23a 和 let - 7i 具有免疫调节功能,miR - 142a - 3p、miR - 142b - 5p、miR - 223、miR - 142a - 5p 和 miR -451 与促进血细胞成熟相关。

我们利用 qRT - PCR 方法对高通量测序结果进行验证,如图9 - 9A、B 所示,抗病易感个体 21 个差异表达 miRNA 的 qRT - PCR 的分析结果与高通量测序结果完全一致,这说明我们的高通量测序数据是完全可信的,所有得到的数据也可以进行进一步的分析。

3. 靶基因预测及富集分析

采取 2 个手段来提高预测效率: ① 使用优质的预测软件 miRanda;② 结合我们的转录组表达数据。共预测得到 215 481 个 mRNA - miRNA 互作位点;同时,在两个样品中共预测到 287 个靶基因。

将分析得到的 miRNA 靶基因在基因功能分类体系进行分类功能信息挖掘,这些靶基因被富集到 252 条生物学过程,66 条细胞组分,以及 278 条分子功能中。从差异表达 miRNA 的靶基因参与的生物学过程来分析(表9 - 18),主要涉及的功能注释包括:跨膜转运蛋白活性(transmembrane transporter activity)、蛋白结合(protein binding)、细胞骨架(cytoskeleton)、膜成分(integral to membrane)等。

预测得到的靶基因总共被注释到 65 条信号通路中,其中有 35 条通路与免疫功能相关。有 6 个靶基因被注释到 T 细胞受体信号通路(T cell receptor signaling pathway),有 4 个靶基因被注释到 Toll 样受体信号通路(Toll-like receptor signaling pathway)。

挑选易感个体的免疫相关 miRNA(cid - miRn - 118 和 let - 7i)进行后续的分析鉴定。根据已有的数据 cid - miRn - 118 和 let - 7i 分别有 27 和 11 个靶基因。然而它们有着共同的靶基因 tlr4 和 nfil3 - 6。先对 tlr4 和 nfil3 - 6 基因在易感和抗病个体的表达情况进行鉴定(图9 - 10A、B)。为了研究 cid - miRn - 118 和 let - 7i 的功能,首先合成了 cid - miRn - 118 和 let - 7i agomir,接下来对合成序列是否能在 CIK 细胞中发挥预期的功能进行了验证。分别转染 cid - miRn - 118 和 let - 7i agomir 后,对 CIK 细胞中 tlr4 和 nfil3 - 6 的表达水平进行相对定量分析。相对定量结果表明,与对照相比,tlr4 和 nfil3 - 6 的表达水平受到 cid - miRn - 118 和 let - 7i 的抑制(图9 - 11)。由此可见 cid - miRn - 118 和 let - 7i 在 CIK 细胞中对 tlr4 和 nfil3 - 6 发挥抑制的作用。

表 9 - 17 草鱼易感个体与抗病个体脾脏中显著差异表达的 miRNA

高丰度 miRNAs

miRNA	易感个体表达量	抗病个体表达量	倍数差异	显著性
易感群体高表达 miRNAs				
let - 7i	5 979.06	2 607.26	1.20	4.51E - 305
let - 7c	*512*	*261*	*0.11*	*0.76*
miR - 451	269 924.30	73 532.10	1.88	0.00E+00
抗病个体高表达 miRNAs				
miR - 142a - 3p	4 178.02	22 507.13	-2.43	0.00E+00
miR - 142a - 5p	16 787.43	35 387.01	-1.08	0.00E+00
miR - 142b - 5p	2 857.95	11 696.13	-2.03	0.00E+00
miR - 146b	25 567.73	82 174.54	-1.68	0.00E+00
miR - 223	2 409.34	7 335.38	-1.61	0.00E+00
miR - 462	217.57	651.81	-1.58	8.06E - 52
miR - 731	493.96	1 478.50	-1.58	9.50E - 116
miR - 34a	175.99	478.23	-1.44	1.42E - 33
miR - 2184	474.12	1 115.86	-1.23	1.29E - 60
let - 7b	499.40	1 139.06	-1.19	2.10E - 58
let - 7j	*3 588.14*	*4 625.00*	*-0.37*	*1.82E - 30*
cid - miRn - 1	269.31	592.52	-1.14	5.91E - 29
miR - 23a	3 316.47	6 698.17	-1.01	1.07E - 261
miR - 23b	*5.43*	*12.03*	*-1.14*	*0.25*

低丰度 miRNAs

miRNA	易感个体表达量	抗病个体表达量	倍数差异	显著性
易感群体高表达 miRNAs				
cid - miRn - 118	91.66	35.66	1.36	8.90E - 07
cid - miRn - 3	115.28	30.94	1.90	1.01E - 12
cid - miRn - 14	42.29	5.59	2.92	3.77E - 08
抗病个体高表达 miRNAs				
cid - miRn - 32	0.47	8.59	-4.18	7.53E - 03
cid - miRn - 115	2.83	21.91	-2.95	9.59E - 05
cid - miRn - 131	10.63	40.82	-1.94	2.80E - 05
cid - miRn - 9	37.80	88.51	-1.23	9.46E - 06

注：斜体代表同一家族但是不具有显著性差异的 miRNA

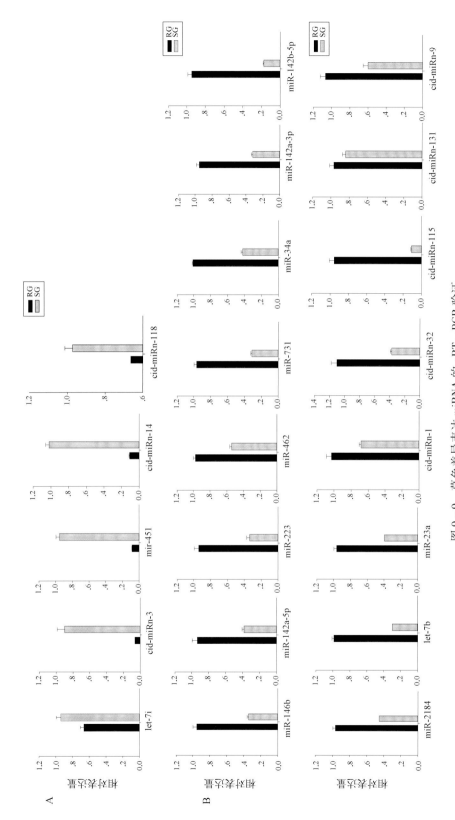

图 9 - 9　草鱼差异表达 miRNA 的 qRT - PCR 验证
A. 验证易感个体高表达 miRNA；B. 验证抗病个体高表达 miRNA

表 9-18　草鱼差异表达 miRNA 靶基因涉及的生物学过程分析

GO 号	功能注释	功能分类	基因数量	显著性分析
GO：0022857	transmembrane transporter activity		39	0.029 685 705
GO：0004332	fructose-bisphosphate aldolase activity	分子功能	3	0.048 110 902
GO：0005515	protein binding		108	0.049 051 685
GO：0005856	cytoskeleton		6	0.018 217 874
GO：0016021	integral to membrane	细胞组分	75	0.036 081 006
GO：0009523	photosystem II		8	0.036 739 354
GO：0016020	membrane		123	0.038 609 492
GO：0015979	photosynthesis	生物学过程	10	0.036 551 837

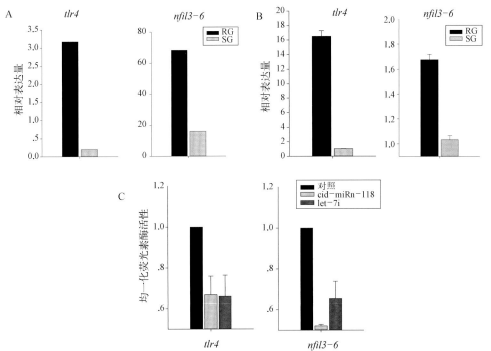

图 9-10　草鱼细胞内源 cid-miRn-118 和 let-7i 靶向 tlr4 和 nfil3-6 基因 3′非编码区

A. 转录组数据中 tlr4 和 nfil3-6 基因表达水平；B. qPCR 验证 tlr4 和 nfil3-6 基因表达水平；C. 双荧光分析 cid-miRn-118 和 let-7i 对 tlr4 和 nfil3-6 基因的抑制效果

为了确定 cid-miRn-118 和 let-7i 抑制 tlr4 和 nfil3-6 的作用是通过直接靶向 tlr4 和 nfil3-6 的 3′UTR 区域来实现的，实验构建了包含有假定靶标序列的荧光报告载体 pmirGLO-tlr4 和 pmirGLO-nfil3-6。将 cid-miRn-118 和 let-7i agomir 与 pmirGLO-tlr4 和 pmirGLO-nfil3-6 共转染 CIK 细胞后，对 pmirGLO-tlr4 和 pmirGLO-nfil3-6 表达的相对荧光素酶活性进行测定。正如预期的那样，与对照相比，cid-miRn-118 和 let-7i 的过表达对荧光信号起到了显著抑制的效应（图 9-10C），揭示了细菌感染草鱼 miRNA 进行调控的新机制。发现 cid-miRn-115 和 miR-142a-3p 在易感和抗病个体具有差异表达，它们可以影响 tlr4 基因的表达，通过调控 tlr4 基因来调控下游的炎症因子。

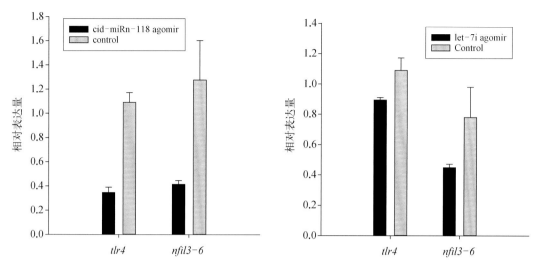

图9-11　Cid-miRn-118和let-7i能够抑制草鱼 *tlr4* 和 *nfil3-6* 基因表达

四、基因组 DNA 甲基化

DNA 甲基化对基因的表达具有抑制作用,通常发生在启动子区 DNA 甲基化对表达有直接抑制作用。我们构建了细菌感染草鱼脾脏 DNA 甲基化文库,利用高通量测序平台对草鱼脾脏基因组 DNA 进行深度测序,对比草鱼参考基因组进行序列的拼接、组装分析,鉴定细菌感染草鱼对基因组甲基化水平的影响。

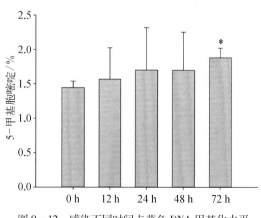

图9-12　感染不同时间点草鱼 DNA 甲基化水平

(一) 感染草鱼基因组 DNA 整体甲基化水平

DNA 甲基化水平显示,感染半致死量嗜水气单胞菌的草鱼脾脏基因组 DNA 甲基化水平从 0~72 h 呈上升趋势,72 h DNA 甲基化水平显著高于 0 h(图9-12)。

通过高通量测序得到感染 0 h 和 72 h 草鱼脾脏基因组 DNA 文库信息,如表9-19所示得到 0 h(对照组)和 72 h(处理组)共四个样的 Raw read,分别为 0 h:435 069 254、382 773 506 和 72 h:447 106 724、449 453 532 条 raw reads。去除污染、去接头及去除低质量数据后得到 0 h:369 430 570、317 824 502 和 72 h:383 342 678、392 824 084 条 clean reads。其中,0 h clean reads 占基因组的 84.91% 和 83.03%,72 h clean reads 占基因组的 85.74% 和 87.40%。测序 Phred 值为 Q20(99%)及以上,表明测序质量较好。

表 9－19　文库质量统计

样　品	原始数据	过滤后数据	过滤后数据比例/%	单一比对比例/%	多点比对比例/%
对照组 1	435 069 254	369 430 570	84.91	51.00	0.70
对照组 2	382 773 506	317 824 502	83.03	52.70	0.70
处理组 1	447 106 724	383 342 678	85.74	53.60	0.70
处理组 2	449 453 532	392 824 084	87.40	53.50	0.70

（二）甲基化位点密度分布

草鱼三种甲基化类型在基因组上的分布如图 9－13。随着甲基化位点覆盖度的提高，CHG 和 CHH 甲基化位点比例逐渐减小，而 CG 位点比例呈总体升高趋势；甲基化位点密度分布曲线呈两头高，中间低。

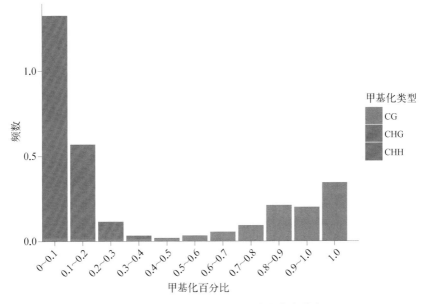

图 9－13　草鱼基因组甲基化位点密度分布

扫一扫 见彩图

（三）差异甲基化基因

针对整个基因区段（genebody）以及基因起始位置上下游 2 kb（TSS）两种标准来进行差异甲基化基因分析。0 h 和 72 h 样品分为两组，首先将同一组两个样品落到同一基因上的 C 位点相加（甲基化 C 与总 C 分别相加），利用 DMRcaller 包对甲基化水平存在差异的基因进行搜索。选择差异 $P<0.01$ 且 CG 甲基化水平差异至少 5%；CHG 和 CHH 甲基化水平差异至少 1% 的基因作为差异甲基化基因。如表 9－20、9－21 所示，在 2 个时间点的 4 个样品两两比较的结果中，差异表达基因在基因区合计为 1 010 和 974 个，而在转录起始位点的差异甲基化基因为 2 011 和 1 812 个。转录起始位点的差异甲基化基因总数目较基因区多出近一倍，且同组比较的 TSS 区下调或上调的基因数目较基因区也多出一倍。

表 9‑20   草鱼差异甲基化基因统计汇总(genebody)

	下　调	上　调	合　计
0 h 对比 72 h(第一组)	280	730	1 010
0 h 对比 72 h(第二组)	379	595	974

表 9‑21   草鱼差异甲基化基因统计汇总(TSS)

	下　调	上　调	合　计
0 h 对比 72 h(第一组)	540	1 471	2 011
0 h 对比 72 h(第二组)	801	1 011	1 812

(四) GO 功能分类和信号通路富集分析

将 0 h 和 72 h 的 4 个样品平均后进行 GO 功能分类和通路分析。TSS 区 GO 功能分类结果在生物学过程中主要参与心血管系统发育、生物合成过程和核苷酸代谢途径;在细胞组分主要参与构成细胞组分过程、真核翻译起始因子 3 复合体;在分子功能中主要参与外源神经氨酸酶活性(图 9‑14)。

将差异表达基因对比到 KEGG 数据库,图 9‑15 按照显著性 P 值从小到大排列展示 20 条富集显著的路径。主要为氨基酸、嘧啶、糖类和脂肪合成代谢,剪切体通路,同源重组,范可尼贫血通路,ABC 转运器通路,P53 信号通路,细胞外受体相互作用,m‑TOR 信号通路等。

在感染半致死量嗜水气单胞菌的草鱼中,发现脾脏基因组 DNA 甲基化水平在感染 72 h 显著上调,推测 72 h 可能为草鱼启动甲基化机制调控免疫过程的关键时间点。一般认为,生物基因组内存在 CG、CHG 和 CHH(H 可代表 A、C 或 T 碱基中的任何一个)。本次测序 4 个脾脏 DNA 样品两两比较,统计到 974 和 1 010 个差异表达基因,在 TSS 附近统计到 1 812 和 2 011 个差异甲基化基因。我们选择 TSS 附近差异甲基化基因进行 GO 功能分类,共有 3 149 个差异表达基因对应到 1 122 个 GO 功能分类,数目多于差异表达基因数目,表明在 GO 分类中部分基因同时参与不同生物学过程。差异表达基因主要参与生物学过程中的合成和代谢过程,在细胞组分和分子功能条目中,参与细胞成分构成和酶活性代谢,表明这些功能可能在草鱼抗病过程中发挥重要作用。通路结果表明在 127 个通路中共有 411 个差异表达基因参与调控。我们发现甲基化上调显著的 ABC 转运器通路、泛素水解蛋白途径、范可尼贫血通路、P53 信号通路、mTOR 信号通路与疾病发生相关。此外,赖氨酸降解途径、细胞黏附分子途径发生甲基化下调,推测这些途径在感染草鱼的抗病过程中发挥直接或间接的作用。

第三节　草鱼病毒感染过程分析

草鱼出血病是草鱼的一种严重病毒性疾病,其病原是草鱼呼肠孤病毒(grass carp reovirus, GCRV),该病毒是水生动物呼肠孤病毒的一员,是中国大陆分离的第一株鱼类病

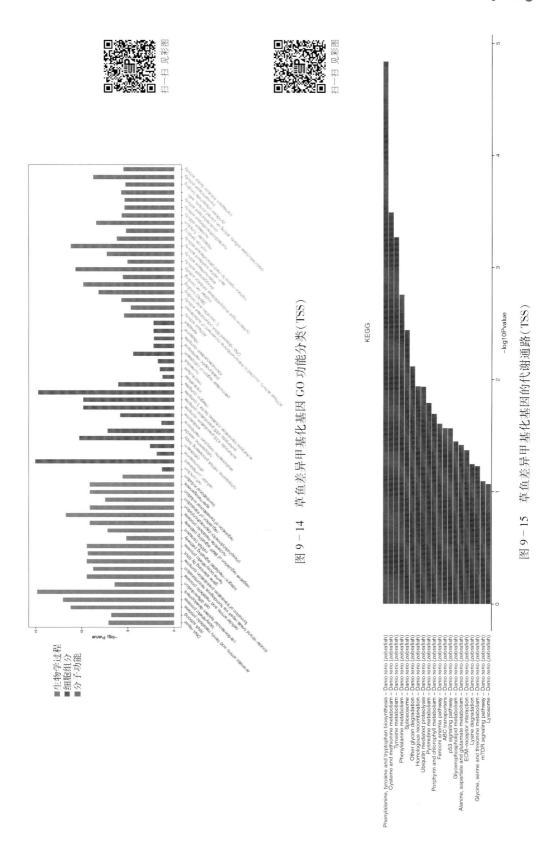

图 9 - 14　草鱼差异甲基化基因 GO 功能分类（TSS）

图 9 - 15　草鱼差异甲基化基因的代谢通路（TSS）

毒。主要危害 1 龄草鱼和 2 龄草鱼鱼种,其流行范围广,发病率高,死亡率可达 90% 以上。通过构建草鱼 CIK 细胞的感染组和对照组,采用 iTRAQ 技术来分析经 GCRV 感染后的草鱼 CIK 细胞和对照之间的蛋白组差异,鉴定与草鱼出血病相关的功能蛋白,利用 Illumina Hiseq 2000 高通量测序平台进行测序,对所有数据进行拼接、组装和功能注释。开展转录组和蛋白质组的比较研究,发现有 27 个关联差异蛋白与差异基因属于上调表达趋势,107个关联差异蛋白与差异基因属于下调表达趋势。

草鱼呼肠孤病毒 GCRV - JX01 是从江西采集的患病草鱼种分离得到。草鱼肾细胞(*Ctenopharyngodon idella* kidney, CIK)细胞系从上海海洋大学国家水生动物病原库获得,培养温度 28℃,培养基使用 M199。CIK 细胞在 M199 培养基中以 28℃ 的培养温度进行培育。将长成单层的 CIK 细胞弃去细胞培养基,用 PBS 缓冲液洗三遍,接种 GCRV - JX01 病毒,按病毒接种复数(MOI)为 1 接种,同时以加上等量 M199 培养液作为对照。感染 48 h 后,出现了明显的病毒性细胞病变,分别收集感染组和对照组细胞。

一、蛋白质组学分析

(一)蛋白质检测

当 Bradford 工作液与蛋白质在酸性条件下结合时,在一定的范围内,蛋白质含量与 595 nm 的吸光度成正线性相关关系。如图 9 - 16(A)所示,制作的定量标准曲线回归方程为 $y = 0.050\ 7x + 0.131\ 1$,相关系数 $r^2 = 0.995\ 8$。分别对呼肠孤病毒感染组和对照组提取蛋白后,经 SDS - PAGE 电泳分析(图 9 - 18B),其结果显示,两个样品条带多且清晰,蛋白大小集中在 14~66 kDa。从结果来看,样品的条带和蛋白量均合格,可用于后续实验。

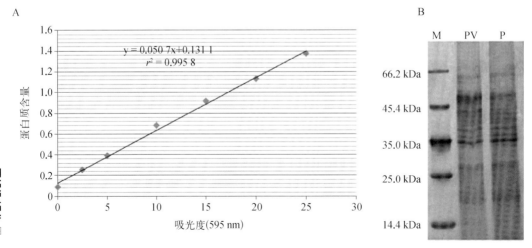

图 9 - 16　草鱼 CIK 细胞蛋白标准曲线(A)和 SDS - PAGE 分析(B)

(二)蛋白质鉴定

受 GCRV 感染后,草鱼 CIK 细胞蛋白鉴定基本信息结果显示(图 9 - 17),二级谱图总数(total spectra)为 429 698,其中匹配到的谱图数(spectra)为 64 164,匹配到特定肽段的谱图数(unique spectra)为 57 384,鉴定到的肽段数(peptide)为 24 544,鉴定到的特有肽段数(unique peptide)为 22 839,总共鉴定到的蛋白数(protein)为 4 970。

肽段序列长度大多数分布在 7~20 kDa,其中 10~11 kDa 区间为分布高峰区。图 9-17(C)显示肽段序列的覆盖度分布情况,覆盖度在 0~10% 的蛋白 2 597 个,占所有鉴定到的蛋白的 36.4%;覆盖度在 10%~20% 的蛋白 1 203 个,占所有鉴定到的蛋白的 6.5%;覆盖度在 20%~30% 的蛋白 521 个,占所有鉴定到的蛋白的 10.5%;覆盖度在 30%~40% 的蛋白 323 个,占所有鉴定到的蛋白的 24.2%;覆盖度大于 40% 的蛋白 326,占所有鉴定到的蛋白的 22.5%。图 9-17(D)显示鉴定到的蛋白所含肽段的数量分布情况,大部分被鉴定到的蛋白,其所含的肽段数量在 10 个以内,且蛋白数量随着匹配肽段数量的增加而减少。

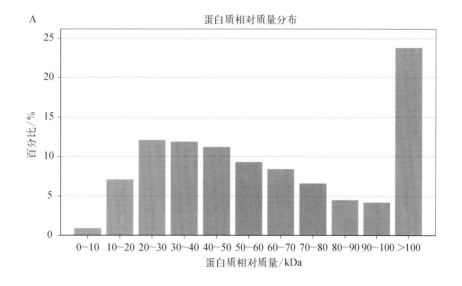

扫一扫 见彩图

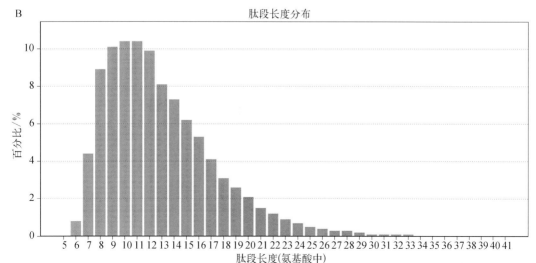

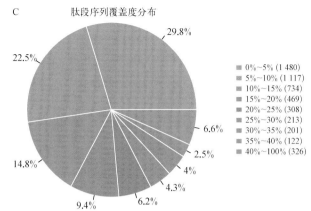

图 9-17　草鱼 CIK 细胞鉴定到蛋白质的整体分布

A. 蛋白质相对质量分布;B. 肽段长度分布;C. 肽段序列覆盖度分布;D. 肽段数量分布

（三）蛋白功能注释

对鉴定到的蛋白进行 GO 分类（图 9-18），4 970 个鉴定到的蛋白被注释到具有显著差异的 50 个 GO-term 上。3 个 GO 本体所涉及的 GO-term 的分布情况: 生物学过程中蛋白数量最多的是 transcription DNA-dependent（依赖 DNA 的转录）、regulation of transcription DNA-dependent（依赖 DNA 的转录调控）和 protein transport（蛋白转运），细胞组分中数量最多的是 cytoplasm（细胞质）、nucleus（细胞核），分子功能中数量最多的是 ATP binding（ATP 结合）、protein binding（蛋白结合）。

KEGG 是系统分析基因功能、基因组信息数据库,它有助于研究者把基因及表达信息作为一个整体网络进行研究。通路分析结果显示,4 970 个蛋白注释到 245 个通路中。根据通路分类结果来看,蛋白数量最多的前 10 个是 cell communication（细胞通讯）、signal transport（信号传输）、transport and catabolism（运输和代谢）、immune system（免疫系统）、infectious diseases（传染疾病）、carbohydrate metabolism（糖代谢）、neurodegenerative diseases（神经退行性疾病）、amino acid metabolism（氨基酸代谢）、endocrine system（内分泌系统）、cancers（癌症）代谢途径（图 9-19）。

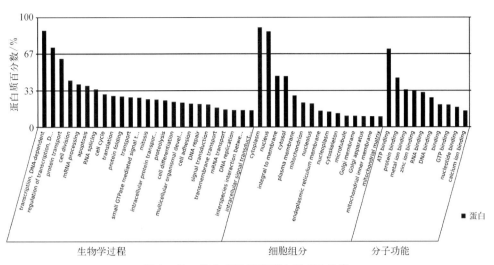

图 9-18　草鱼 CIK 细胞蛋白质 GO 分类

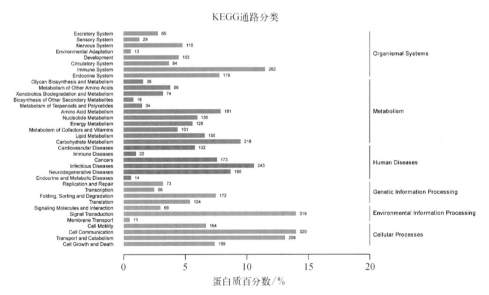

图 9-19　草鱼 CIK 细胞蛋白质 KEEG 分析

扫一扫 见彩图

(四) 差异表达蛋白功能富集

根据蛋白质的丰度水平,当蛋白质的丰度比即差异倍数达到 1.2 倍以上,且 $P<0.05$ 时,视该蛋白为不同样品间的差异蛋白。实验将感染组与对照组进行了比较,感染呼肠孤病毒后,鉴定到的差异表达蛋白有 627 个,其中 291 个上调表达,336 个下调表达(表 9-22)。

表 9-22　GCRV 感染草鱼 CIK 后部分差异表达蛋白

蛋白编号	注释信息	差异表达
CI01000000_02092375_02096188	RNA polymerase II subunit B	down
CI01000000_05409025_05413963	transmembrane protein 33	down

蛋 白 编 号	注 释 信 息	差异表达
CI01000000_05488574_05498163	NMDA receptor-regulated gene 1a	down
CI01000000_05722204_05726248	integrator complex subunit 5 – like	down
CI01000000_11600258_11602519	solute carrier family 25 member 43 – like	down
CI01000004_03267663_03271388	60S ribosomal protein L5	down
CI01000000_00957794_00974051	histidine-tRNA ligase, cytoplasmic-like isoform X2	up
CI01000000_01400145_01404700	probable tRNA(His) guanylyltransferase	up
CI01000000_03129624_03148993	PDZ and LIM domain protein 7 – like	up
CI01000000_03786592_03794075	synaptopodin – like	up
CI01000000_07661879_07673345	cleavage stimulation factor subunit 2 isoform X3	up
CI01000000_10227326_10228613	prefoldin subunit 6	up
CI01000003_01921110_01928830	thioredoxin domain-containing protein 12 precursor	up
CI01000004_02777722_02810321	parafibromin isoform 2	up

将计算得到的 P 值以小于等于 0.05 为阈值,满足此条件的 GO term 定义为在差异表达蛋白中显著富集。草鱼 CIK 细胞经呼肠孤病毒感染后,563 个鉴定到的差异表达蛋白被注释到具有显著差异的 107 个 GO term 上。生物学过程中有 188 个差异蛋白显著富集在 44 个 GO term 中,且具有极显著富集的 GO term 有 8 条,包括 cell redox homeostasis(细胞氧化还原动态平衡)、transport(传递)、cytoplasmic mRNA processing body assembly(胞质 mRNA 加工体组件)、response to xenobiotic stimulus(外源性应激反应)、electron transport chain(电子传递链)、response to oxidative stress(氧化胁迫反应)、cholesterol biosynthetic process(胆固醇生物合成过程)、glycerol ether metabolic process(甘油醚代谢过程)。细胞组分中有 113 个差异蛋白显著富集在 39 个 GO term 中,且具有极显著富集的 GO term 有 16 条,包括 integral to membrane(膜组分)、endoplasmic reticulum membrane(内质网膜)、microsome(微粒体)、clathrin coat of coated pit(有被小凹网格蛋白包被)、melanosome(黑素体)、stress fiber(应力纤维)、clathrin coat of trans-Golgi network vesicle(跨高尔基体囊泡网格蛋白包被)、oligosaccharyltransferase complex(低聚糖糖基转移酶复合物)、stress granule(胁迫颗粒)、mitochondrial inner membrane(线粒体内膜)、prefoldin complex(前折叠素复合物)、peroxisomal membrane(过氧化物酶体膜)、eukaryotic translation elongation factor 1 complex(真核翻译延伸因子 1 复合物)、lysosomal membrane(溶酶体膜)、mitochondrial outer membrane(线粒体外膜)、integral to plasma membrane(质膜组分)。分子功能中有 94 个差异蛋白显著富集在 24 个 GO term 中,且具有极显著富集的 GO term 有 6 条,包括 dolichyl-diphosphooligosaccharide-protein(二磷酸寡聚糖蛋白)、glycotransferase activity(糖基转移酶活性)、electron carrier activity(电子载体活性)、structural molecule activity(结构分子活性)、protein disulfide oxidoreductase activity(蛋白二硫氧化还原酶活性)、prostaglandin-E synthase activity(前列腺素 E 合成酶活性)、enzyme binding(酶连接)。

以 P 值小于等于 0.01 的信号通路定义为差异蛋白极显著富集的信号通路。有 298 个差异蛋白富集到 15 条具有显著差异的通路中,且具有极显著的富集通路有 5 条,包括 Huntington's disease(亨廷顿病)、phagosome(吞噬体)、ABC transporters(ABC 转运蛋白)、

N – Glycan biosynthesis(N 糖链合成)、calcium signaling pathway(钙信号通路)。根据通路分类结果来看,蛋白数量最多的前 5 个通路是 Huntington's disease(亨廷顿病)、phagosome(吞噬体)、ribosome(核糖体)、Parkinson's disease(帕金森病)、calcium signaling pathway(钙信号通路)(图 9 – 20)。

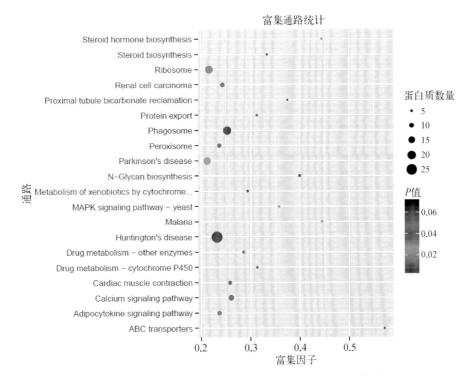

扫一扫 见彩图

图 9 – 20　GCRV 感染草鱼 CIK 差异表达蛋白 KEGG 富集信息

二、转录组学分析

(一) 测序结果统计

利用 Illumina Hiseq 2000 高通量测序平台,共获得了 32.29 Gb 原始数据量,117 259 610 对序列读取片段(reads)。各个样品用于 map 的测序数据 Q20(Q20 是评价测序数据质量的标准)达到了 89% 以上,GC 含量分别为 54.05% 和 54.22%(表 9 – 23)。

表 9 – 23　GCRV 感染草鱼 CIK 样品测序数据评估统计

	感 染 组	对 照 组
序列读取片段	63 798 674	53 460 936
序列全长	17 375 807 578	14 916 787 160
Q20/%	89.82	89.89
GC 含量/%	54.05	54.22

（二）比对统计分析

感染组和对照组分别获得高质量的 102 775 068（80.55%）和 85 452 354（79.92%）对序列片段。感染组和对照组分别有 88.6% 和 88.1% reads 能够比对到草鱼基因组上。对 reads 在基因组上的分布情况进行了统计，定位区域分为基因区域（gene region）、基因间区（intergenic region）、外显子（exon）。2 个样品的 RNA－Seq reads 比对到外显子上面的比例均为 97% 以上（表 9－24、9－25）。

表 9－24　所有草鱼样品中 reads 与参考基因组比对情况

	感　染　组	对　照　组
过滤后高质量序列数	102 775 068	85 452 354
比对到基因组上的序列数和比例/%	91 809 887（88.6）	75 319 961（88.1）
比对到多个位置的数量和比例/%	2 365 326（2.6）	2 151 508（2.8）
比对到基因上的数量和比例/%	83 471 527（80.5）	68 825 223（78.3）

表 9－25　reads 在草鱼参考基因组中不同区域的分布情况

	比对到基因区域		比对到基因间区		比对到外显子	
	数量	比例/%	数量	比例/%	数量	比例/%
感染组	83 471 527	80.53	20 176 705	19.47	81 735 623	97.92
对照组	68 825 223	78.26	19 116 287	21.74	67 357 474	97.87

（三）表达差异基因分析

差异表达基因的分布情况见图 9－21，符合差异表达条件的基因在图上以橙色圆点表示，不符合差异表达条件的基因在图上以蓝色圆点表示。与对照组相比，感染组出现上调的基因 121 个，下调的基因 126 个。

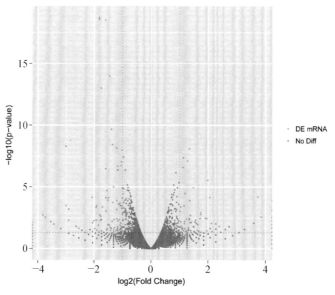

图 9－21　差异表达基因火山图

247 个差异表达基因被注释到 103 个 GO term 上。生物学过程中差异表达基因显著富集在 6 个 GO term 中,包括生物合成过程(biosynthetic process)(40 个)、细胞死亡(cell death)(10 个)、细胞分化(cell differentiation)(24 个)、异构酶活性(isomerase activity)(4 个)、脂质代谢过程(lipid metabolic process)(11 个)、小分子代谢过程(small molecule metabolic process)(23 个)。细胞组分中差异表达基因显著富集在 1 个 GO term 中,它是外细胞(extracellular region)。分子功能中差异表达基因显著富集在 2 个 GO term 中,包括脂结合(lipid binding)、结构分子活性(structural molecule activity)(图 9 - 22)。

表 9 - 26　GCRV 感染草鱼 CIK 部分差异表达基因

基 因 序 列 号	感染组表达量	对照组表达量	基 因 注 释
CI01000304_01560571_01565345	7 134.888	3 510.908	hydroxymethylglutaryl - CoA_synthase,_cytoplasmic
CI01000090_00424344_00430306	2 525.858	719.088	stearoyl - CoA_desaturase_b
CI01000009_10376105_10382009	1 716.09	825.579	lanosterol_synthase_isoform_X1
CI01000113_01120464_01124821	1 498.39	649.924	heme - binding_protein_soul4
CI01000340_16895536_16961467	904.499	402.909	neuron_navigator_1 - like
CI01000006_08184916_08188512	895.391	266.776	vimentin,_partial
CI01000160_01681700_01688286	799.749	357.897	beta - klotho
CI01000033_00131331_00201065	289.658	142.72	palladin_isoform_X2
CI01000304_03214897_03241215	261.421	122.959	eph_receptor_B4b_precursor
CI01000010_01362528_01364652	235.917	110.882	epigen - like
CI01000046_04040958_04080846	212.234	92.219	unconventional_myosin - X_isoform_X2
CI01000115_01979913_01986183	144.829	49.403	cytochrome_b5_reductase_4_isoform_X2
CI01000018_04118240_04160401	110.216	38.425	latrophilin - 2_isoform_X3
CI01000115_01978631_01979377	108.394	36.229	rab15_effector_protein
CI01000339_03092627_03099083	65.583	21.957	kinesin_heavy_chain - like
CI01000265_00075583_00081563	53.742	14.272	potassium/chloride_cotransporter_kcc2
CI01000012_11799629_11846842	50.098	13.174	zinc_finger_protein_Xfin - like

167 个差异表达基因富集到 8 条具有显著差异的信号通路中(表 9 - 27),包括碳水化合物代谢、氨基酸代谢、信号转导、内分泌系统、循环系统、神经系统、感觉系统、癌症。根据信号通路分类结果来看,差异基因数量前 5 位是癌症(41 个)、信号转导(36 个)、内分泌系统(28 个)、神经系统(19 个)、糖代谢(10 个)。

表 9 - 27　GCRV 感染草鱼 CIK 差异表达基因 KEGG 富集分析

信 号 通 路	差异基因数量	显著性分析
cancers	41	5.06E - 08
signal transduction	36	1.45E - 03
endocrine system	28	1.11E - 06
nervous system	19	5.39E - 04
carbohydrate metabolism	10	6.29E - 03
sensory system	9	1.09E - 04
circulatory system	5	1.66E - 01
amino acid metabolism	2	8.32E - 01

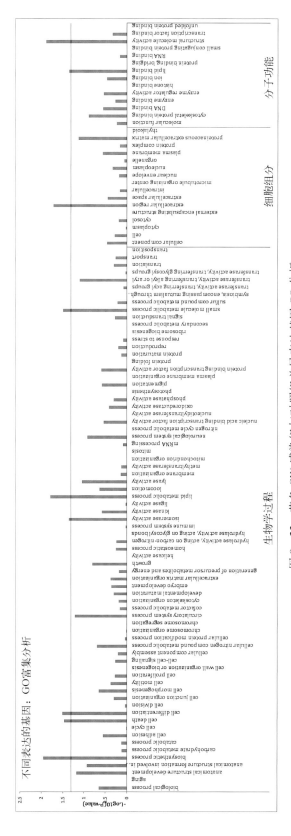

图 9－22　草鱼 CIK 感染组与对照组差异表达基因 GO 分析

（四）转录组与蛋白质组联合分析

转录组与蛋白质组联合分析,共有 27 个关联差异蛋白与差异基因属于上调表达趋势,107 个关联差异蛋白与差异基因属于下调表达趋势(表 9-28)。

表 9-28 GCRV 感染草鱼 CIK 转录组与蛋白质组表达数据共相关的差异表达基因

蛋 白 编 号	基 因 注 释	差异表达倍数	显著性
CI01000021_03382666_03386768	type II keratin, basic	−2.583	4.89E−21
CI01000029_08722756_08730839	molecular chaperone HtpG	−4.316	6.80E−14
CI01000320_03644131_03647944	large subunit ribosomal protein L15e	−4.946	7.46E−14
CI01000034_04997343_04999344	small subunit ribosomal protein S2e	−3.935	7.25E−12
CI01000016_04193887_04198494	tubulin beta	−4.165	7.56E−11
CI01000030_02911153_02916952	basigin	−4.003	2.11E−10
CI01000325_07482540_07486516	small subunit ribosomal protein S7e	−3.671	3.02E−09
CI01000050_02328316_02331115	tubulin beta	−6.306	1.30E−08
CI01000006_07757777_07795187	NAD(P) transhydrogenase subunit beta	−1.201	3.53E−08
CI01154339_00007781_00010254	large subunit ribosomal protein L18Ae	−6.141	8.03E−08
CI01000034_04997343_04999344	small subunit ribosomal protein S2e	−4.382	3.52E−07
CI01000057_00713870_00835798	low density lipoprotein−related protein 1	−1.121	3.71E−06
CI01000339_04119042_04125903	cytochrome b reductase 1	1.044	1.01E−05
CI01000026_02947832_02950047	small subunit ribosomal protein S13e	−4.155	4.18E−05
CI01000004_15653837_15673610	nuclear factor of activated T−cells, cytoplasmic, calcineurin−dependent	2.035	1.35E−03
CI01000006_12684154_12695960	DnaJ homolog, subfamily A, member 5	1.794	0.012 915
CI01000065_04684547_04687726	plectin	1.811	0.029 728
CI01000016_04104194_04120918	SCAN domain−containing zinc finger protein	−1.759	0.040 789
CI01000027_09210702_09220403	Rho−related BTB domain−containing protein 2	−1.304	0.043 312

第十章 草鱼经济性状相关
基因功能解析

草鱼基因的差异决定了不同种质资源间的差异。长期以来,我们通过物理化学诱变、插入或删除突变、RNA 干扰及过量表达等不同途径来创新种质资源,以满足对优质草鱼的培育和基因功能研究的需要。所有的这些突变种质资源创新其最终目标是探究了解不同基因在草鱼发育生长过程中的角色,并对其各种可能的利用价值加以评价。因此,了解草鱼的基因功能也就对草鱼发育生长过程及其分子调控等机理有了更加清楚的认识。

第一节 草鱼生长相关基因

一、神经肽 Y 家族

神经肽 Y 家族蛋白是一类高度保守的活性肽。它们广泛分布于脊椎动物的中枢神经系统及其外周组织,具有摄食调控及能量调节等多种生理功能。克隆获得 NPY、PYY 和 PY 在内的所有草鱼神经肽 Y 家族基因,通过实时荧光定量 PCR 技术,分析了它们在草鱼不同组织、不同个体发育阶段及餐后不同时间节点的表达模式;结合外源性蛋白注射试验,证实了神经肽 Y 蛋白对草鱼摄食活动起到调节作用;通过图谱定位,将草鱼各神经肽 Y 基因定位到了相应的连锁群,揭示了它们之间的进化关系,丰富了草鱼遗传连锁图谱信息。

(一) 序列分析

1. 草鱼神经肽 Y 基因核苷酸及氨基酸序列分析

如图 10-1 所示,草鱼 NPY 基因包括 3 个内含子和 4 个外显子,内含子与外显子的交界处均含有 gt/ag 剪切位点。3 个内含子长度分别为 276 bp、803 bp 和 175 bp。草鱼 NPY cDNA 全长 1 090 bp(含 polyA),包括长 380 bp 的 5′非编码区(5′- untranslated region)、291 bp 的开放阅读框(open reading frame, ORF),以及 421 bp 的 3′非编码区(3′- untranslated region),其中 5′非编码区全部位于第 1 外显子,3′非编码区位于第 4 外显子,开放阅读框则由第 2、第 3 和部分第 4 外显子构成。在 polyA 上游 14~20 bp 处有多聚酸腺苷信号(AATAAA)。经推导的草鱼 NPY 前体蛋白含有 96 个氨基酸,由 28 个氨基酸的信号肽、36 个氨基酸的 NPY 成熟肽、3 个氨基酸 GKR 蛋白水解加工位点及 29 个氨基酸的碳端肽组成,起始和终止密码分别位于第 2 和第 4 外显子。通过与其他脊椎动物

NPY 前体氨基酸序列进行同源性比较发现,草鱼 NPY 与硬骨鱼类 NPY 相似度极高。其中草鱼 NPY 与鲤鱼、中华倒刺鲃、金鱼、斑马鱼、胭脂鱼等鲤科鱼类 NPY 的氨基酸相似度分别达到了 100%、98%、96%、94% 和 95%,与其他非鲤科鱼类,如银鲛、黄颡鱼、虹鳟、大西洋鲑和海鲈 NPY 的氨基酸相似度为 65%~69%。此外,草鱼 NPY 与爬行类、鸟类、哺乳类 NPY 的氨基酸序列相似度也达到了 60% 及以上(蜥蜴 64%、吊带鸡 64%、小鼠 66%、人类 64%)。与祖先 NPY 成熟肽氨基酸序列相比,草鱼 NPY 成熟肽只在第 3 和第 16 位氨基酸处发生了氨基酸替换,分别由 Thr 和 Glu 替换了 Ser 和 Asp。

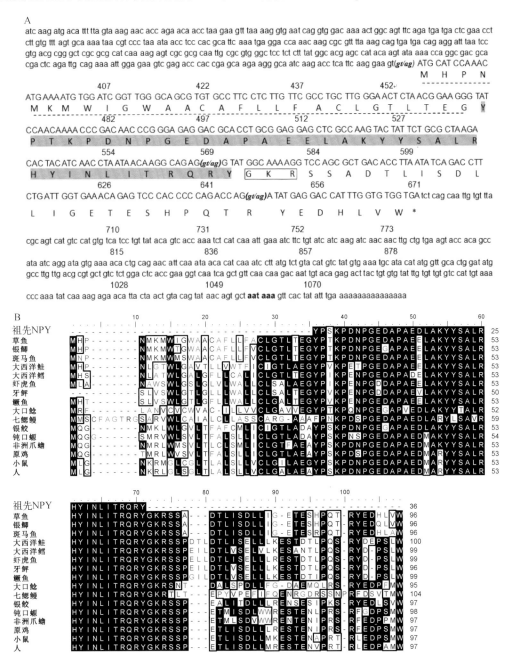

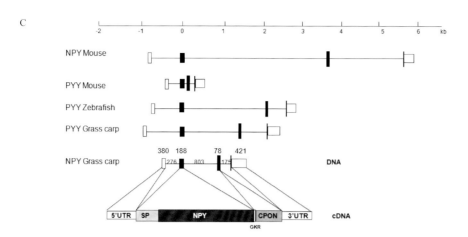

图 10 - 1　草鱼 NPY 核苷酸、氨基酸序列及基因结构分析

　　A. NPY 全长 cDNA 及氨基酸序列。信号肽和成熟肽区域分别以虚线和阴影表示,蛋白水解位点以方框圈出,星号代表终止密码子。内含子与外显子交界处均镶入了剪接位点(gt/ag),polyA 加尾信号(aataaa)以加粗字母显示。B. NPY 前体蛋白氨基酸序列比对。在一半以上列举物种中相同的位点以阴影表示;成熟肽区域以方框标出。C. 草鱼 NPY 基因结构图。所有外显子的相对位置均以第二个外显子为参照。组成开放阅读框的外显子以黑色方框表示;空白方框代表非编码区。SP(signal peptide)代表信号肽;CPON(carboxyl-terminal peptide of NPY)代表碳端肽

　　草鱼 PYY 基因同样包括 3 个内含子和 4 个外显子,3 个内含子长度分别为 674 bp、1 315 bp 和 568 bp。草鱼 PYY cDNA 全长 743 bp(含 polyA),包括长 276 bp 的 5′非编码区、294 bp 的开放阅读框及 307 bp 的 3′非编码区。草鱼 PYY 前体蛋白含有 97 个氨基酸,由 28 个氨基酸的信号肽、36 个氨基酸的 NPY 成熟肽、3 个氨基酸 GKR 蛋白水解加工位点,以及 30 个氨基酸的碳端肽组成,起始和终止密码分别位于第 2 和第 4 外显子。草鱼 PYY 前体氨基酸与金鱼、斑马鱼、鲶鱼、姆鱼、鳗鲡、大西洋鲑和海鲈等硬骨鱼类 PYY 氨基酸序列的相似度分别为 96%、96%、74%、70%、80%、80% 和 54%,与其他脊椎动物如蜥蜴、银鲛、爪蟾蜍、小鼠和家兔 PYY 相似度分别为 64%、66%、55%、53% 和 55%。与祖先 PYY 成熟肽氨基酸序列相比,草鱼 PYY 成熟肽只在第 10 和第 22 位氨基酸处发生了氨基酸替换,分别由 Asp 和 Thr 替换了 Glu 和 Ser(图 10 - 2)。

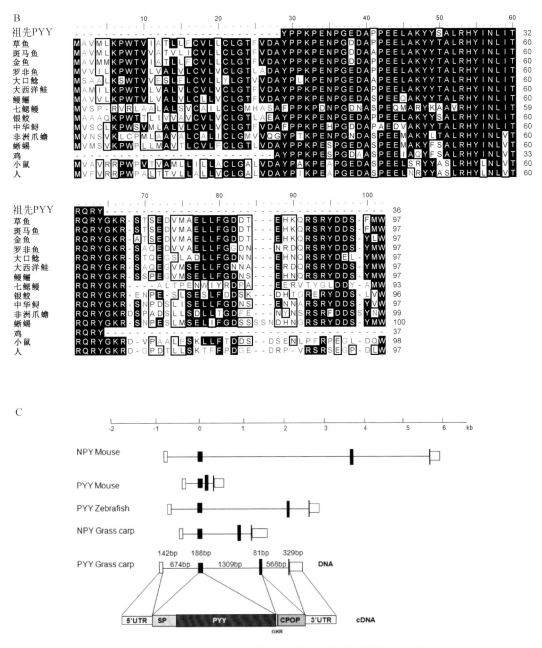

图 10 - 2　草鱼 PYY 核苷酸、氨基酸序列以及基因结构分析

A. PYY 全长 cDNA 及氨基酸序列。信号肽和成熟肽区域分别以虚线和阴影表示，蛋白水解位点以方框圈出，星号代表终止密码子。内含子与外显子交界处均镶入了剪接位点（gt/ag），polyA 加尾信号（aataaa）以加粗字母显示。B. PYY 前体蛋白氨基酸序列比对。在一半以上列举物种中相同的位点以阴影表示；成熟肽区域以方框标出。C. 草鱼 PYY 基因结构图。所有外显子的相对位置均以第二个外显子为参照。组成开放阅读框的外显子以黑色方框表示；空白方框代表非编码区。SP（signal peptide）代表信号肽；CPOP（carboxyl-terminal peptide of PYY）代表碳端肽

草鱼 PY 基因包括 2 个内含子和 3 个外显子,2 个内含子长度分别为 2 074 bp 和 179 bp。草鱼 PY cDNA 全长 940 bp(含 polyA),包括长 353 bp 的 5′非编码区、288 bp 的开放阅读框及 299 bp 的 3′非编码区。开放阅读框主要由部分第 1 和第 3,以及全部的第 2 外显子构成。polyA 上游 16~21 bp 处为多聚酸腺苷信号(AATAAA)。草鱼 PY 前体蛋白含 95 个氨基酸,由 28 个氨基酸的信号肽、36 个氨基酸的 NPY 成熟肽、3 个氨基酸 GKR 蛋白水解加工位点及 28 个氨基酸的羟基端肽组成,起始和终止密码分别位于第 1 和第 3 外显子。草鱼 PY 前体氨基酸与斑马鱼、罗非鱼、海鲈、鲥鱼、河豚和牙鲆 PY 氨基酸序列相似度分别为 98%、65%、65%、70%、57% 和 65%。与祖先 PYY 成熟肽氨基酸序列相比,草鱼 PY 成熟肽在第 7、9、10、12、13、17、21 和 22 位氨基酸处发生了氨基酸改变,分别为 Asn→Pro、Gly→Ala、Glu→Gly、Ala→Val、Pro→Gly、Leu→Met、Tyr→His、Ser→Thr(图 10 − 3)。

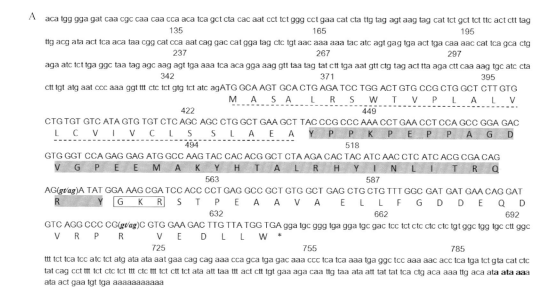

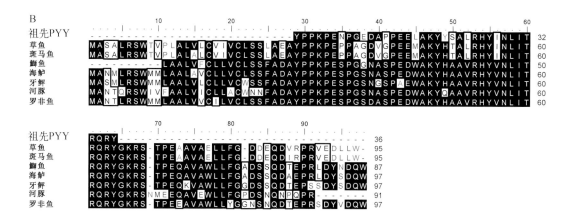

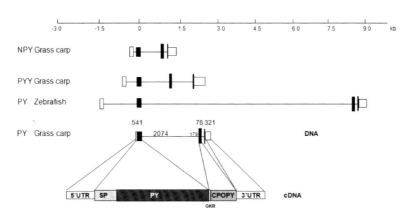

图 10-3　草鱼 PY 核苷酸、氨基酸序列以及基因结构分析

A. PY 全长 cDNA 及氨基酸序列。信号肽和成熟肽区域分别以虚线和阴影表示,蛋白水解位点以方框圈出,星号代表终止密码子。内含子与外显子交界处均镶嵌了剪接位点(gt/ag),polyA 加尾信号(aataaa)以加粗字母显示。B. PY 前体蛋白氨基酸序列比对。在一半以上列举物种中相同的位点以阴影表示;成熟肽区域以方框标出。C. 草鱼 PYY 基因结构图。所有外显子的相对位置均以第二个外显子为参照。组成开放阅读框的外显子以黑色方框表示;空白方框代表非编码区。SP(signal peptide)代表信号肽;CPOPY(carboxyl-terminal peptide of PY)代表碳端肽

通过比对草鱼各神经肽 Y 蛋白前体氨基酸序列发现,存在氨基酸差异的成熟肽位点分别有第 3、6、7、9、10、12、13、14、17、21 和 22 位氨基酸,其中同一位点有两种或两种以上氨基酸形式的位点只有第 10 位氨基酸(NPY:Glu;PYY:Asp;PY:Gly),作为标志性位点的第 14 位氨基酸,在 NPY 中为 Ala,在 PYY 和 PY 中则同为 Pro(图 10-4)。

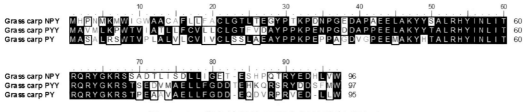

图 10-4　草鱼神经肽 Y 蛋白氨基酸序列比对

2. 草鱼神经肽 Y 蛋白的系统发育分析

基于脊椎动物 NPY 蛋白前体构建的 NJ 系统发育树(图 10-5),其拓扑结构与传统分类基本一致。该系统发育树中,草鱼首先与同属鲤科的斑马鱼、银鲫和中华倒刺鲃等聚为一支,再与鲑科、鲶科及鲈科鱼类构成硬骨鱼类分支。系统发育树的其他分支则分别由两栖类、鸟类和哺乳类构成,其中原始哺乳类(袋獾)和软骨鱼类(象鲨)又构成相对独立的小分支。以上分支共同构成现存脊椎动物分支,区别于原始的圆口纲脊椎动物(七鳃鳗)分支。与脊椎动物 NPY 系统发育树相似,PYY 系统发育树也由相互独立的硬骨鱼类、哺乳动物以及两栖类分支构成。鉴于鱼类 PY 与 PYY 之间的从属关系,我们将 PY 一并加入 PYY 进化关系的讨论。在硬骨鱼类 PYY 分支中,草鱼 PYY 首先与金鱼、斑马鱼等鲤科鱼类 PYY 聚为一支,构成鲤形目分支。鲤形目分支再分别与鲇形目(大口鲶)、鲟形目(中华鲟)、鲈形目(尼罗罗非鱼)、鲑形目(大西洋鲑)、鲀形目(红鳍东方鲀)等分支聚为一支。鱼类 PYY 分支则由硬骨鱼类和软骨鱼类(象鲨)分支一起构成,该分支最后与圆口

纲(七鳃鳗、八目鳗等)PYY 分支和硬骨鱼类 PY 分支一起构成一支区别于两栖动物(热带爪蟾)、啮齿动物(小家鼠等)、有蹄动物(牛等)、灵长类动物(倭黑猩猩等)PYY 的分支。

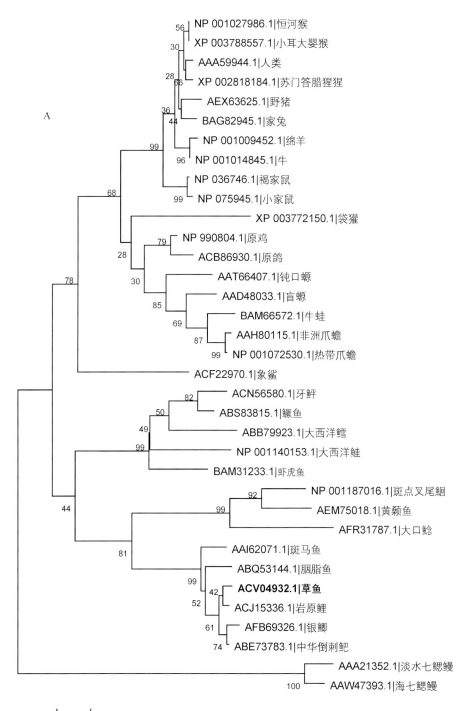

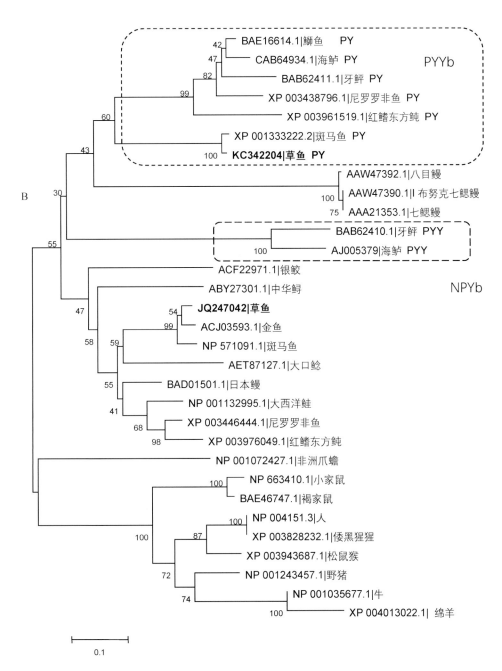

图 10-5 草鱼神经肽 Y 蛋白系统发育分析

A. 脊椎动物 NPY 蛋白系统发育树。B. 脊椎动物 PYY 及鱼类 PY 系统发育树。鱼类 PY 基因作为 PYY 基因的一个亚型，也被纳入到了进化分析

（二）不同组织和发育阶段表达模式

1. 组织特异性表达

草鱼各神经肽 Y 家族基因特异性引物的扩增效率分别为：NPY，96%；PYY，96%；PY，98%。内参基因 β-actin 扩增效率为 98%。各标准曲线的直线回归相关系数 $r^2 >$

0.990。荧光定量结果表明草鱼脑部 NPY mRNA 相对表达量最高,比外周组织相对表达量高出数百倍。在外周组织中,鳃部 NPY mRNA 表达量相对较高,中肠及脂肪组织也有少量表达,其他组织如肾脏、肝脏、脾脏、肌肉和心脏等则几乎检测不到 NPY mRNA。草鱼 PYY mRNA 分布范围相对较广,在各种组织中均能检测到 PYY mRNA。其中,中枢神经系统(脑、脊髓)PYY 相对表达量最高,其次为肠、肝脏、心脏、鳔、脂肪组织、肾脏等。单就肠道而言,中肠的 PYY mRNA 相对表达量高于前肠,后肠相对表达量又高于中肠。草鱼 PY mRNA 在前肠的浓度最高,其次为后肠和中肠,其余组织相对表达量较低,肾脏、心脏、肌肉等组织则几乎没有 PY mRNA 表达(图 10-6)。

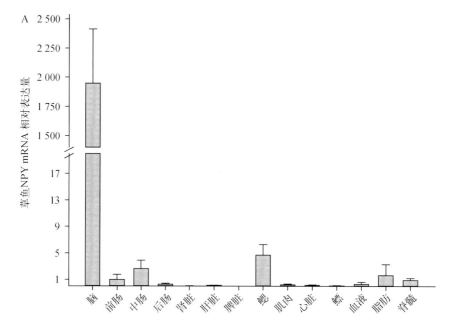

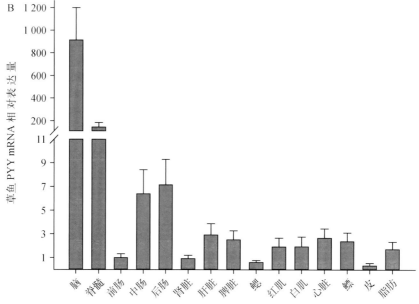

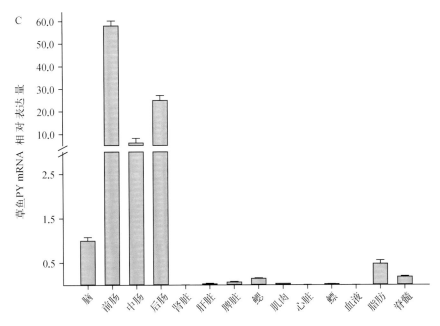

图 10-6　草鱼各神经肽 Y 基因组织特异性表达

A. 草鱼 NPY mRNA 组织分布。各组织相对表达水平以前肠表达水平为参照。结果以平均值±标准误表示。B. 草鱼 PYY mRNA 组织分布。各组织相对表达水平以前肠表达水平为参照。C. 草鱼 PY mRNA 组织分布。各组织相对表达水平以脑的表达水平为参照

2. 胚胎及幼体阶段的表达模式

定量实验结果表明,在草鱼早期胚胎发育过程中,NPY mRNA 表达量相对较低,但在未受精卵可以检测到微量的 NPY mRNA。从囊胚期开始,NPY 相对表达量有了一定程度的升高,但与出膜后的 NPY 表达量相比仍相对较低。仔鱼出膜后,NPY 表达量逐步升高,到第 10 d 达到最高,到第 14 d 则有小幅回落。与 NPY mRNA 的胚胎发育阶段的表达模式相似,PYY 在胚胎发育初期的表达量相对较弱,从囊胚期开始表达量逐步上升,孵化期的相对表达水平已接近出膜后的水平。PYY mRNA 浓度在胚胎破膜后相对比较稳定,但从第 8 d 开始浓度进一步升高,并一直持续到出膜后的第 14 d。与 NPY 和 PYY 在胚胎期的表达模式略有不同,PY 在草鱼未受精卵中的表达水平较高,几乎与神经胚期的表达水平接近,但在随后的几个时期表达量较低。PY mRNA 浓度水平在囊胚期后开始稳步上升,一直持续到出膜后第 14 d(图 10-7)。

(三) 摄食调控作用

1. 摄食后表达水平变化

草鱼消化道排空时间如图 10-8 所示,消化道内的食糜重量在餐后 1 h 达到最大(10.6%体重),在接下来的几个小时里,消化道历经了一个较快速的排空过程。5 h 以后已有过半食糜通过消化道,而前肠在这一时期已基本没有残留食糜。与对照组相比,实验组的 NPY mRNA 表达水平在餐后 1~2 h 内没有明显变化。但从第 3 h 开始,实验组 NPY mRNA 表达水平开始显著下降,一直到餐后第 6 h。从第 8 h 开始,实验组的表达水平开始逐渐回升,在第 12 h 左右已升至对照组水平。与 NPY mRNA 餐后表达模式不同,

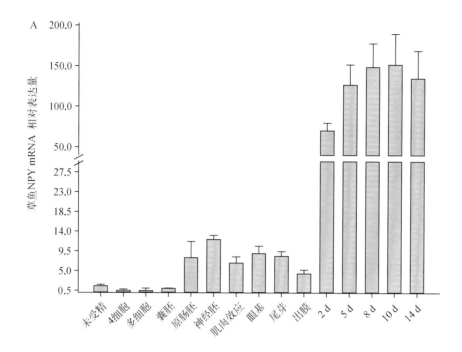

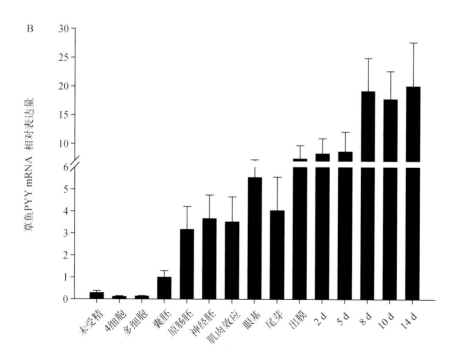

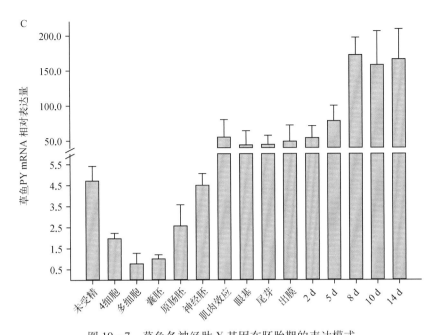

图 10-7 草鱼各神经肽 Y 基因在胚胎期的表达模式

A. 草鱼 NPY mRNA 在各胚胎发育阶段的表达水平。各阶段相对表达水平以囊胚期表达水平为参照,结果以平均值±标准误表示。B. 草鱼 PYY mRNA 在各胚胎发育阶段的表达水平。C. 草鱼 PY mRNA 在各胚胎发育阶段的表达水平

PYY mRNA 表达水平在餐后的 4 h 内,均比对照组有显著的升高。实验组 PYY mRNA 的这种高表达水平在餐后第 5 h 开始下降,在随后的十几个小时里也没有明显的升高趋势。相对于 NPY 和 PYY 餐后表达水平的剧烈波动,PY mRNA 的餐后表达水平要缓和得多。与对照组相比,实验组的 PY mRNA 表达水平在餐后虽有上升,但幅度较小。除了在第 3、4 h 有一个较为显著的上升期外,其余各时间点的上升水平均不显著。

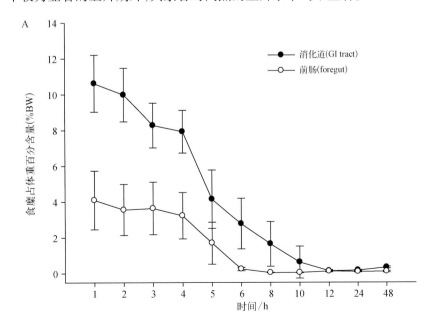

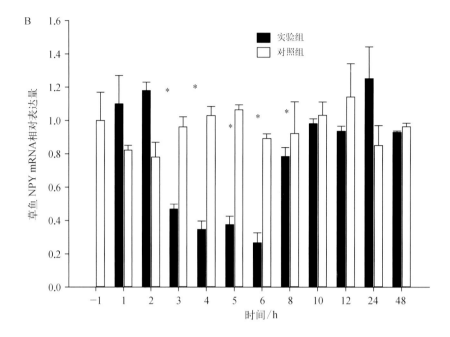

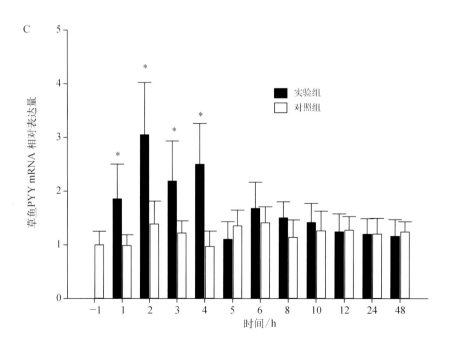

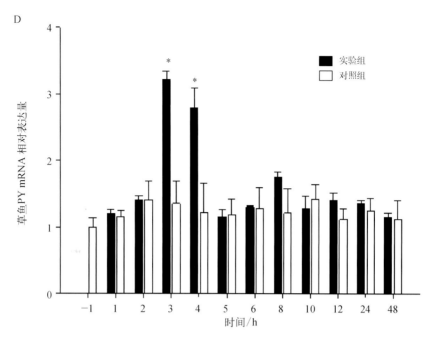

图 10-8 草鱼各神经 Y 基因的餐后表达水平变化

A. 草鱼消化道排空时间。B. 草鱼脑部 NPY mRNA 餐后表达水平变化。每个时间点的相对表达水平以-1 h 的表达水平为参照,结果以平均值±标准误表示。星号表示差异显著(* P<0.05)。C. 草鱼脑部 PYY mRNA 餐后表达水平变化。D. 草鱼前肠 PY mRNA 餐后表达水平变化

2. gcPYY1-36 对草鱼摄食活动的影响

对自由摄食的草鱼而言,经由外周注射的不同浓度的外源性 gcPYY1-36 多肽溶液能够对其起到不同程度的摄食抑制作用。但这种抑制作用在低于 150 ng/g 浓度时达不到显著效果,浓度更低时基本没有抑制作用,更高剂量的 gcPYY1-36(200 ng/g BW)也能起到显著的抑制效果(图 10-9)。

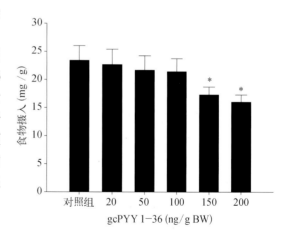

图 10-9 gcPYY1-36 多肽溶液注射对草鱼摄食活动的影响

对照组注射相同剂量生理盐水,结果以平均值±标准误表示。星号表示差异显著(* P<0.05)

(四)图谱定位

通过筛查,分别在草鱼 NPY(C/T)、PYY(C/T)、PY(T/C)的第 2、第 2、第 1 内含子区域获得明确的 SNP 位点。采用重测序的方法对两个家系 192 个子代进行基因分型,确定 SNP 位点在每个子代的基因型。与构建图谱已有数据结合起来进行连锁分析,将草鱼 NPY、PYY 和 PY 基因分别定位于草鱼第 4、2、9 号连锁群上,并分别对应于斑马鱼第 19、3、12 号连锁群(图 10-10)。

（对我来说）

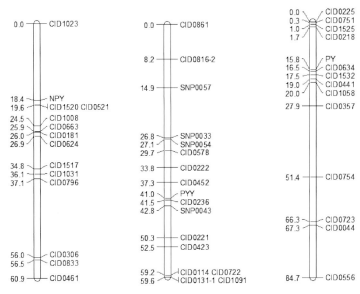

图 10-10　定位于草鱼遗传连锁图谱的各神经肽 Y 基因

二、生长因子家族

生长因子是指天然的蛋白,能刺激细胞增殖和细胞分化。生长因子能调节细胞的各类活动与功能,通常充当细胞间的信号分子。

(一)肌肉生长抑素

肌肉生长抑素基因编码 MSTN 蛋白,是一种肌肉生长的潜在负调控因子,对动物肌肉的生长起着抑制作用。最早在小鼠中被发现,后来在牛、猪、羊、鸡等其他动物中相继被发现和克隆。鱼类相比其他动物在进化过程中,多经历一次基因组的复制,所以 myostatin (MSTN)基因在鱼类中存在两个: MSTN1 和 MSTN2。

草鱼 MSTN1 基因的 cDNA 全长序列,序列长 2 200 bp,包括 88 bp 的 5′非翻译区 (UTR)和 984 bp 的 3′非翻译区(UTR),开放阅读框长度为 1 128 bp,可编码 376 个氨基酸。草鱼 MSTN 蛋白有两个 TGF-β 蛋白结构域,一个是 TGF-β 前肽结构域,另一个是 TGF-β 或类 TGF-β 结构域。该蛋白也有典型的 RXXR 蛋白酶水解位点,为 RIRR,并且有 9 个保守的半胱氨酸残基。草鱼 MSTN2 基因的 cDNA 全长序列,序列长 1 976 bp,包括 78 bp 的 5′非翻译区(UTR),803 bp 的 3′非翻译区(UTR),1 095 bp 的开放阅读框,可编码 364 个氨基酸。

草鱼 MSTN-1 mRNA 则在整个胚胎发育过程中都有表达,但早期的表达较弱,从 30 hpf(hour post fertilization,受精后小时)开始表达明显增加。草鱼 MSTN2 mRNA 在整个胚胎发育过程中都有表达,但早期的表达较弱,从 24 hpf 开始表达明显增加。

整胚原位杂交结果显示 MSTN-1 mRNA 16 hpf 时在脊索中表达(图 10-11A);22 hpf 主要在脑和尾部表达(图 10-11C);36 hpf 时则在脑和脊索中表达(图 10-11E)。正义探针在所有时期都没有信号(图 10－11B,图 10－11D 和图 10－11F)。这是首次使用整胚原位杂交实验在养殖鱼类中获得关于 MSTN 的实验数据。

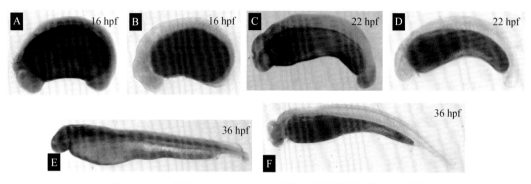

图 10－11　草鱼 MSTN mRNA 在胚胎时期的整胚原位杂交结果

A、C、E 表示 *MSTN1* 分别在胚胎 16 hpf、22 hpf 和 36 hpf 时的表达;B、D、F 表示 *MSTN1* 分别在胚胎 16 hpf、22 hpf 和 36 hpf 时的对照

整胚原位杂交结果显示 MSTN2 mRNA 在 16 hpf 时几乎没有表达(图 10－12A);22 hpf 主要在脑和脊索中微弱表达;36 hpf 时则在脑和脊索中表达信号加强(图 10－12C 和图 10－12E)。正义探针在所有时期都没有信号(图 10－12B,图 10－12D 和图 10－12F)。

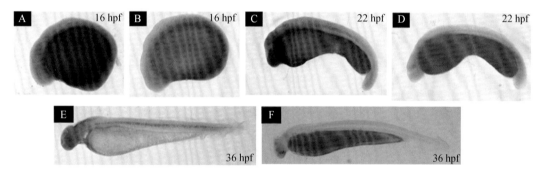

图 10－12　草鱼 MSTN2 mRNA 在胚胎时期的整胚原位杂交结果

A、C、E 表示 *MSTN2* 分别在胚胎 16 hpf、22 hpf 和 36 hpf 时的表达;B、D、F 表示 *MSTN2* 分别在胚胎 16 hpf、22 hpf 和 36 hpf 时的对照

利用 PSC2－eGFP 载体,通过构建 PCS2－MSTN－eGFP 和 PCS2－MSTN2 重组表达质粒,通过显微注射将草鱼构建好的 mRNA 导入 1 细胞期草鱼受精卵中。受精后 10 h,MSTN－1 mRNA 过表达组草鱼胚胎与对照组在形态上并不明显不同,但发育有所减缓。受精后20 h,过表达组草鱼胚胎(图 10－13A,B)在形态上与对照组(图 10－13C,D)相比出现明显异常,表现为体节生长畸形,肌节生长出现萎缩,并开始大量死亡。此外,过表达胚胎表现出了较少的活动能力和不正常的运动方式,并于受精后 28 h 全部死亡。相比于注射绿色荧光蛋白对照组22.4%的成活率,实验组出现了较低的成活率,仅为 8.6%。结果显示注射 MSTN2 的 mRNA 的 16 hpf 草鱼胚胎表型变化并不明显。而到达 36 hpf 表型非常明显。大部分鱼体都表现为体轴弯曲,尾部向上翘,呈现出严重的畸形(图 10－14)。

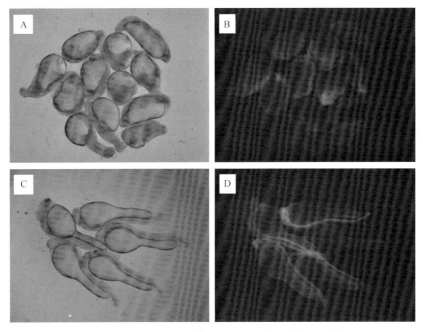

图 10 - 13   *MSTN - 1* 过表达对草鱼胚胎的影响(见彩版)

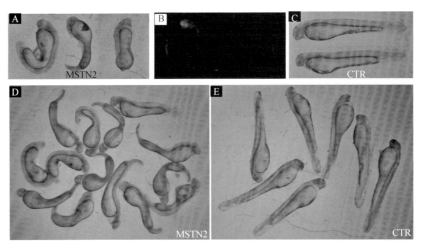

图 10 - 14   *MSTN2* 过表达对草鱼发育 36 h 时的胚胎的影响(见彩版)

A. 3 个胚胎为 *MSTN2* 的注射组;B. 为其荧光图;C. 2 条为对照组;D. *MSTN2* 的注射组的多个胚胎的集体照;E. 对照组的集体照

　　为了分析抑制 *MSTN* 基因对草鱼生长的影响,构建 pTgf2 - EF1α - antimstn1 反义载体,该载体包含有 *Tgf2* 转座子的两个末端,在转座酶的帮助下,能有效启动转座,将载体整合到鱼的基因组中,使得鱼体可以稳定遗传下去。同时此载体在 EF1α 强启动子的辅助下,能稳定地转录 MSTN 的反义链 antimstn1,从而抑制 *MSTN1* 的表达。

　　对生长半年的转基因草鱼,分别测定了其体重、体长和体高三个指标,如表 10 - 1 所示。进一步对三种鱼的阳性和阴性个体的三个指标进行独立 *t* 检验,发现转基因草鱼的阳性个体的体重比阴性大。

表 10-1　转基因草鱼阳性和阴性个体体重、体长和体高的统计

	样本数/尾	体重均值/g	体长均值/cm	体高均值/cm
草鱼 antimstn 阳性	22	461.67±25.90	32.20±0.60	6.53±0.17
草鱼阴性	19	383.25±25.59	28.65±0.94	6.06±0.18

（二）成纤维细胞生长因子

成纤维细胞生长因子简称 FGFs,是促有丝分裂因子,整个家族包含 23 个成员,它们通过与成纤维细胞生长因子受体(FGFRs)结合,在细胞的增殖、生长和分化活动中起到重要的调节作用,所编码的多肽通常由 150~200 个氨基酸组成,构成 FGF 结构域的氨基酸的相似度为 50%~70%。在哺乳动物中,FGF1/FGFR1 信号通路参与多种信号调节,包括能量代谢和生长。FGF1 在 PPARγ 的控制下在脂肪组织中表达,并在投喂-禁食周期中维持脂肪塑性的生理作用中起着至关重要的作用。此外,FGF1 对维持代谢稳定起着关键的作用,如恢复小鼠的血糖水平和胰岛素水平。

fgf1a cDNA(GenBank Accession No. KU863004)全长为 709 bp,其中,5′非编码区(5′-UTR)共 63 bp,具有 polyA 加尾序列的 3′非编码区(3′-UTR)共 202 bp,开放阅读框(ORF)为 444 bp,共编码 147 个氨基酸,预测的等电点为 8.53,分子量为 16.61 kDa;*fgf1b* cDNA(GenBank Accession No. KU863005)全长为 987 bp,其中,5′非编码区(5′-UTR)共 92 bp,具有 polyA 加尾序列的 3′非编码区(3′-UTR)共 418 bp,开放阅读框(ORF)为 477 bp,共编码 158 个氨基酸,预测的等电点为 9.05,分子量为 17.95 kDa。

草鱼 *fgfrl1a* 和 *fgfrl1b* 基因全长 cDNA 序列长度分别为 3 405 bp 和 2 666 bp。*fgfrl1a* cDNA 全长 3 405 bp,包括 470 bp 的 5′非翻译区(5′-UTR),1 461 bp 的开放阅读框(ORF)和 1 474 bp 的 3′非翻译区(3′-UTR)。3′-UTR 包括一个 polyA 尾。*fgfrl1a* ORF 编码 486 个氨基酸,序列分析软件分别预测到一个含有 20 个氨基酸的信号肽,和 466 个氨基酸残基的 *fgfrl1a* 成熟肽,其蛋白质分子量为 54 kDa。草鱼 *fgfrl1b* 的 cDNA 全长 2 666 bp,包括 230 bp 的 5′-UTR,1 458 bp 的 ORF 和 978 bp 的 3′-UTR。3′-UTR 包括一个 polyA 尾。*fgfrl1b* ORF 编码 485 个氨基酸,包括 23 个氨基酸的信号肽和 462 个氨基酸残基的 *Fgfrl1b* 成熟肽,其蛋白质分子量为 54 kDa。

整胚原位杂交结果显示:与对照组相比,草鱼 *fgf1a* 和 *fgf1b* 基因在肌节时期(12 hpf)主要在脊索表达(图 10-15A,D,G);在肌肉效应阶段(24 hpf),*fgf1a* 主要在内脏及肌节表达(图 10-15E),*fgf1b* 主要在脊索及尾巴表达(图 10-15H);在孵化期(36 hpf),*fgf1a* 和 *fgf1b* 均在脑、肌节、尾巴表达(图 10-15F,I),除此之外,*fgf1a* 在卵黄囊的基部表达(图 10-15F),*fgf1b* 在胸鳍处也有表达(图 10-15I)。

整胚原位杂交结果显示 *fgfrl1a* mRNA 14hpf 时在脊索、体节和眼睛中表达(图 10-16D),24 hpf 在脊索、眼和后部体节表达(图 10-16E),而 36 hpf 时则在脊索、脑中表达(图 10-16F)。而 *fgfrl1b* mRNA 在 14 hpf 时在内胚层显著表达(图 10-16G),24 hpf 在内脏和原肛中表达明显(图 10-16H),而 36 hpf 时则在晶状体、咽弓和原肛中表达(图 10-16I)。正义探针在所有时期都没有信号。

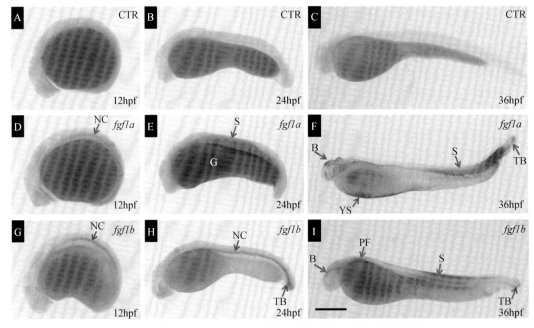

图 10 - 15　草鱼 *fgf1a* 和 *fgf1b* 基因在不同时期胚胎的整胚原位杂交

A~C 表示 *fgf1a* 分别在胚胎 12 hpf、24 hpf 和 36 hpf 时的对照；D~F 表示 *fgf1a* 分别在胚胎 12 hpf、24 hpf 和 36 hpf 时的表达；G~I 表示 *fgf1b* 分别在胚胎 12 hpf、24 hpf 和 36 hpf 时的表达；箭头表示 fgf1a 和 fgf1b 信号表达部位；NC. 脊索；YS. 卵黄囊；S. 肌节；B. 脑；EN. 内胚层；TB. 尾部；PF. 胸鳍；G. 肠；图上比例尺 = 600 μm

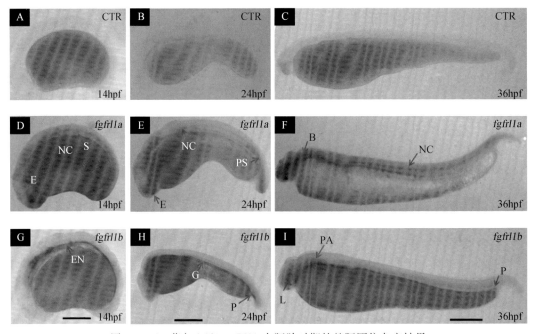

图 10 - 16　草鱼 fgfrl1s mRNA 在胚胎时期的整胚原位杂交结果

A~C 表示 *fgfrl1a* 分别在胚胎 14 hpf、24 hpf 和 36 hpf 时的对照；D~F 表示 *fgfrl1a* 分别在胚胎 14 hpf、24 hpf 和 36 hpf 时的表达；G~I 表示 *fgfrl1b* 分别在胚胎 14 hpf、24 hpf 和 36 hpf 时的表达；箭头标示 fgfrl1s 信号表达部；NC. 脊索；S. 肌节；E. 眼睛；PS. 后部体节；B. 脑；EN. 内胚层；G. 内脏；P. 原肛；L. 晶状体；PA. 咽弓；图上比例尺 = 600 μm

在脑中,fgf1a 在禁止投喂的第 6 d 显著上调($P<0.05$),随后在恢复投喂的第 3 d 和第 6 d 恢复到正常水平(图 10 - 17A);fgf1b 在禁止投喂的第 2 d 显著上调($P<0.05$),在禁止投喂的第 6 d 显著下调($P<0.05$),在恢复投喂后的第 6 d 达到正常水平(图 10 - 17D)。在肌肉中,fgf1a 在禁止投喂的第 2 d 和第 4 d 显著上调($P<0.05$)(图 10 - 17B),而 fgf1b 在禁止投喂的第 4 d 和第 6 d 显著上调($P<0.05$)(图 10 - 17E),随后 fgf1a 和 fgf1b 基因都在恢复投喂后的第 3 d 和第 6 d 恢复到正常水平。在肝脏中,fgf1a 在禁止投喂的第 4 d 显著上调,之后一直保持在正常的水平(图 10 - 17C),而 fgf1b 在禁止投喂的第 4 d 和第 6 d 显著上调($P<0.05$),随后在恢复投喂后恢复到正常水平(图 10 - 17F)。

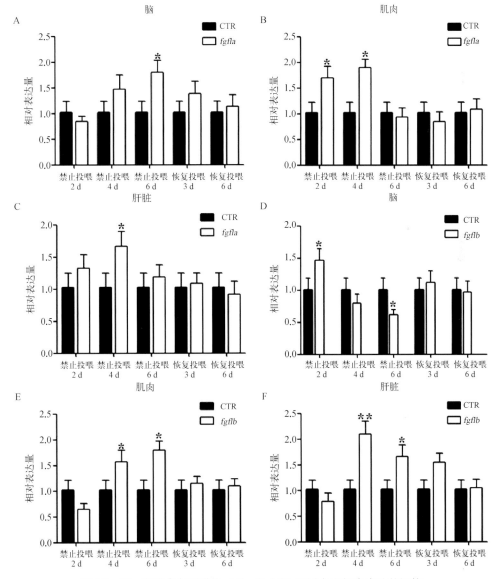

图 10 - 17　营养条件对草鱼 fgf1a 和 fgf1b 基因在组织中表达的调控

A~C 表示 fgf1a 分别在脑、肌肉和肝脏组织中不同饥饿时间的表达;D~F 表示 fgf1b 分别在脑、肌肉和肝脏组织中不同饥饿时间的表达;＊＊$P<0.01$,＊$P<0.05$

禁止投喂第 2、4、6 d 的结果显示,草鱼肌肉中 *fgfrl1a* 和 *fgfrl1b* mRNA 的表达量显著升高($P<0.05$)。而恢复投喂第 3 d 时,*fgfrl1s* mRNA 的表达量则开始降低,恢复投喂的第 6 d *fgfrl1a* 和 *fgfrl1b* mRNA 的表达量已基本和正常投喂一致。禁止投喂和恢复投喂第 3 d 时,*fgfrl1s* mRNA 在草鱼脑中的表达模式和肌肉基本相似,只是在恢复投喂后第 6 d 表达量比正常投喂组有所降低(图 10 - 18)。上述实验结果表明,营养条件对草鱼肌肉和脑中 *fgfrl1s* mRNA 的表达量影响十分显著。

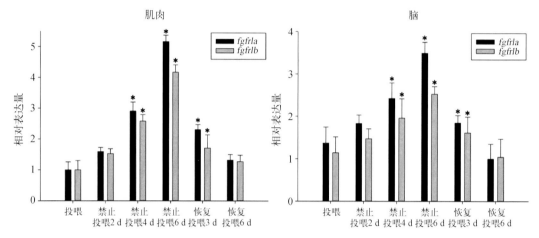

图 10 - 18　不同营养条件下草鱼肌肉和脑中重复基因 *fgfrl1s* mRNA 的表达

用 β - *actin* 作为内参。qRT - PCR 结果,数值表示为 mean±SE,* 表示 $P<0.05$

(三) 胰岛素生长因子

胰岛素生长因子 IGFs 在进化过程中高度保守,对胚胎、神经和骨骼肌的生长发育,细胞的增殖和转化具有重要作用。在哺乳动物中,IGFs 包括 2 个配体(IGF - Ⅰ 和 IGF - Ⅱ),2 个受体(IGF - IR 和 IGF - ⅡR)和 6 个高亲和力结合蛋白(IGFBP - S)。IGF - IR 与配体结合后,引起不同底物活化,启动不同的信号通路,引多数细胞的促有丝分裂和抑止凋亡作用。

草鱼 *IGF - 2a* 和 *IGF - 2b* 基因的 cDNA 全长序列分别为 2 076 bp 和 1 692 bp。*IGF - 2a* cDNA 全长 2 076 bp,包括 127 bp 的 5′非翻译区(5′- UTR),603 bp 的开放阅读框(ORF)和 1 346 bp 的 3′非翻译区(3′- UTR)。3′- UTR 包括一个 polyA 尾,但并没有找到加尾信号。*IGF - 2a* ORF 编码 201 个氨基酸,预测包括 40 个氨基酸的信号肽,28 个氨基酸的 B 区,9 个氨基酸的 C 区,21 个氨基酸的 A 区,7 个氨基酸的 D 区和 96 个氨基酸的 E 区。草鱼 *IGF - 2b* cDNA 全长 1 692 bp,包括 106 bp 的 5′- UTR,692 bp 的 ORF 和 947 bp 的 3′- UTR。3′- UTR 包括一个 polyA 尾,但并没有找到加尾信号。*IGF - 2b* ORF 编码 212 个氨基酸,包括 48 个氨基酸的信号肽,29 个氨基酸的 B 区,11 个氨基酸的 C 区,21 个氨基酸的 A 区,7 个氨基酸的 D 区和 96 个氨基酸的 E 区。

IGF - IR 序列全长 5 741 bp,包括 822 bp 的 5′非翻译区(5′- UTR),4 338 bp 的开放阅读框(ORF)和 581 bp 的 3′非翻译区(3′- UTR)。3′- UTR 含有一个 polyA 尾巴和一个 AT 富集区,未发现加尾信号。推测 *IGF - IR* 基因前体蛋白等电点为 5.78,分子量为 163.1 kD。

草鱼 *IGFBP - 5a* 和 *IGFBP - 5b* 基因的 cDNA 全长序列总长分别 2 067 bp 和 2 137 bp。
草鱼 *IGFBP - 5a* cDNA 全长 2 067 bp，包括 380 bp 的 5′- UTR，807 bp 的 ORF 和 880 bp 的
3′- UTR。*IGFBP - 5a* ORF 编码 268 个氨基酸，包括 21 个氨基酸的信号肽，247 个氨基酸
的成熟肽。推测 *IGFBP - 5a* 前体蛋白等电点为 8.98，分子量为 29.85 kD。*IGFBP - 5b*
cDNA 全长中包括 384 bp 的 5′- UTR，792 bp 的 ORF 和 961 bp 的 3′UTR，包括一个 polyA
尾。可编码 263 个氨基酸，预测包括 19 个氨基酸的信号肽，244 个氨基酸的成熟肽。推测
IGFBP - 5b 前体蛋白等电点为 8.66，分子量为 28.88 kD。

整胚原位杂交结果显示 *IGF - 2a* mRNA 16 hpf 时在脊索中表达（图 10 - 19A），而在
36 hpf 时则在脑和脊索中表达（图 10 - 19B）。而 *IGF - 2b* mRNA 则在整个胚胎中都有表
达（图 10 - 19C，D）。

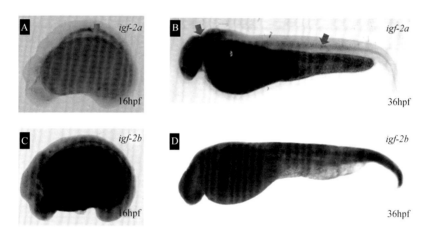

图 10 - 19　草鱼 *igf - 2* mRNA 在胚胎时期的整胚原位杂交结果

A、B 分别表示 *igf - 2a* 在胚胎 16 hpf 和 36 hpf 时的表达；C、D 分别表示 *igf - 2b* 在胚胎 16 hpf 和 36 hpf 时的表达

整胚原位杂交结果显示 IGF - IR mRNA 从 16 phf 开始，在各时相胚胎中均有表达，但
表达模式不同。在 16 phf 时，全身均有表达，其中在脑部和脊索信号较强，尾部信号相对
较弱（图 10 - 20D）；在 24 phf 时，在脑部信号最强，脊索中信号其次，尾部信号最弱
（图 10 - 20E）；在 32 phf 时，在组织生长旺盛的尾尖信号表达增强，其他部位的信号相对
弱（图 10 - 20F）。对照正义探针在所有时期胚胎中均没有信号（图 10 - 20A，B，C）。

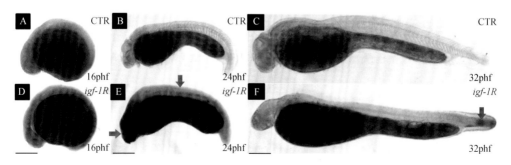

图 10 - 20　草鱼 *igf - IR* mRNA 在胚胎时期的整胚原位杂交结果

A～C：正义探针原位杂交结果；D～F：反义探针原位杂交结果，横向观察所有胚胎头部在左边，比例尺 = 600 μm

$igfbp-5a$ mRNA14hpf 时没有明显信号(图 10-21D),24 hpf 时只在后部肌节有微量表达(图 10-21E),$igfbp-5a$ 在 36 hpf 时脑部能够观察到明显信号(图 10-21F)。而 $igfbp-5b$ mRNA 在 14 hpf 时体节部位有明显信号(图 10-21G),24 hpf 时在体节后部表达(图 10-21H),在 36 hpf 时 $igfbp-5b$ mRNA 信号出现在脑部和脊索(图 10-21I)。正义探针在所有时期都没有信号。

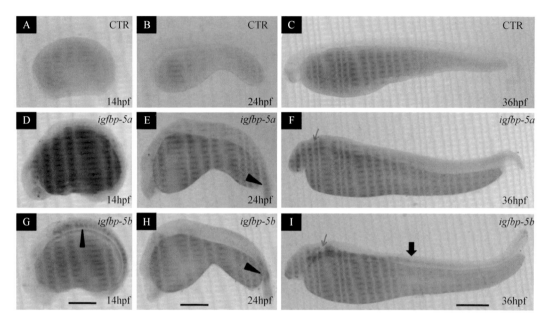

图 10-21　草鱼 $igfbp-5s$ mRNA 在胚胎时期的整胚原位杂交结果(见彩版)

A~C 表示 $igfbp5a$ 分别在胚胎 14 hpf、24 hpf 和 36 hpf 时的对照;D~F 表示 $igfbp5a$ 分别在胚胎 14 hpf、24 hpf 和 36 hpf 时的表达;G~I 表示 $igfbp5b$ 分别在胚胎 14 hpf、24 hpf 和 36 hpf 时的表达
黑色三角形指向肌节,红色箭头指向头部,黑色箭头指向脊索

禁止投喂第 2、4、6 d 的结果显示,草鱼肝脏 $igf-1$、$igf-2a$ 和 $igf-2b$ mRNA 的表达量显著下降($P<0.01$)。而经 6 d 的恢复投喂后,$igfs$ 的表达量则迅速恢复,恢复投喂的第 3 d $igf-2a$ 和 $igf-2b$ mRNA 的表达量已回复到正常水平,在恢复投喂后第 6 d 表达量升至正常水平的 2 倍(图 10-22)。上述实验结果表明,营养条件对草鱼肝脏 $igfs$ mRNA 的表达量影响十分显著。

禁止投喂第 2、4、6 d 的结果显示,草鱼肝脏中 $igfbp-5a$ 和 $igfbp-5b$ mRNA 的表达量明显升高,尤其是禁止投喂第 6 d 升高十分显著(图 10-23)。同时草鱼肌肉中 $igfbp-5a$ 和 $igfbp-5b$ mRNA 的表达量也显著升高,与 $igfbp-5a$ 相比 $igfbp-5b$ 表达量变化更大($P<0.05$)(图 10-23)。禁止投喂后脑组织 $igfbp-5a$ 和 $igfbp-5b$ mRNA 表达量的变化是缓慢降低的(图 10-23)。而恢复投喂第 3 d 时,肝脏和肌肉中 $igfbp-5s$ mRNA 的表达量则开始降低,恢复投喂的第 6 d $igfbp-5a$ 和 $igfbp-5b$ mRNA 的表达量已基本和正常投喂一致,然在脑中 $igfbp5a$ 和 $igfbp-5b$ mRNA 的表达量是升高的,到第 6 d 恢复到正常状态。上述实验结果表明,营养条件对草鱼肝脏、肌肉和脑中 $igfbp-5s$ mRNA 的表达量影响显著。

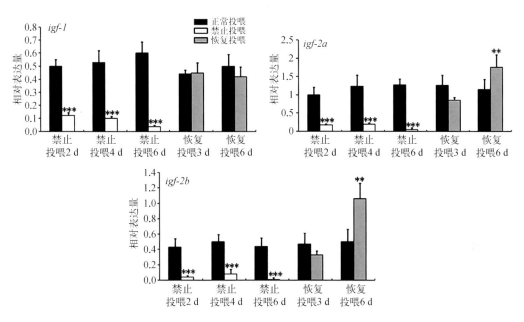

图 10-22 不同营养条件下草鱼肝脏重复基因 *igf-2s* mRNA 的表达

用 18S rRNA 作为内参,实时定量 PCR 结果,数值表示为 mean±SE,＊＊表示 P<0.01,＊＊＊表示 P<0.001

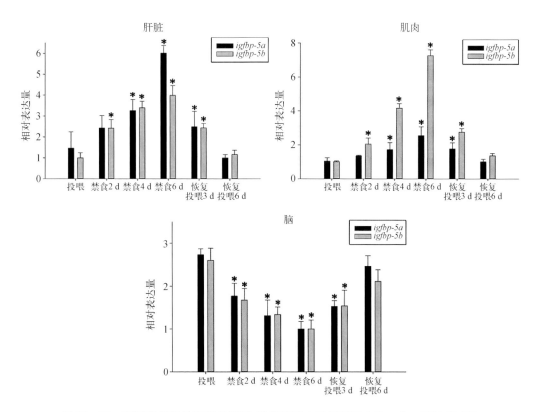

图 10-23 不同营养条件下草鱼肝脏、肌肉和脑中重复基因 *igfbp-5s* mRNA 的表达

qRT-PCR 结果以 *β-actin* 作为内参,数值以 mean±SE 表示,＊表示 P<0.05

（四）卵泡抑素

人们对于卵泡抑素（FST）最初的认识，只是作为激活素（activin）的结合蛋白，对动物的生殖系统有着重要的调节作用，而作为肌肉生长相关基因的研究并不多，对其具体功能和作用机制的了解也十分有限。一般认为卵泡抑素可作为肌肉生长的正性调控因子来发挥作用，具有抑制 MSTN 活性的功能，从而恢复肌肉的生长。

目前，仅在在斑马鱼、鲦鱼和鲶鱼中发现 *fsts* 重复基因的存在。草鱼是我国重要的经济鱼类，提高其产肉率是水产种质创制重要的研究内容。本实验克隆获得了草鱼 *fst - 1* 和 *fst - 2* 重复基因，并研究了草鱼 *fst - 1* 和 *fst - 2* 的结构和功能，对进一步揭开草鱼肌肉生长发育的生理应答机制，阐明鱼类卵泡抑素和肌肉生长发育之间的关系具有重要的研究意义。

fst - 1 cDNA 全长 1 341 bp，包括 103 bp 的 5′非翻译区（5′- UTR），969 bp 的开放阅读框（ORF）和 269 bp 的 3′非翻译区（3′- UTR），3′- UTR 包括一个 polyA 尾，但并没有找到加尾信号。*fst - 1* 可编码 322 个氨基酸，预测包括 32 个氨基酸的信号肽，成熟肽 290 个氨基酸。推测的 *fst - 1* 前体蛋白等电点为 8.6，分子量为 35.5 kD。经序列分析，草鱼 *fst - 2* cDNA 全长 1 376 bp，包括 92 bp 的 5′- UTR，1 053 bp 的 ORF 和 231 bp 的 3′- UTR。*fst - 2* ORF 编码 350 个氨基酸，包括 29 个氨基酸的信号肽，321 个氨基酸的成熟肽。推测的 *fst - 2* 前体蛋白等电点为 6.5，分子量为 38.8 kD。

将草鱼 *fst - 1* 和 *fst - 2* 的 ORF 氨基酸序列与斑马鱼（*Danio rerio*）和人类（*Homo sapiens*）进行相似性比较，结果如图 10 - 24 所示。草鱼重复基因 Fsts mRNAs 分别编码 2 个不同的成熟 Fsts 多肽，即 290 个氨基酸的 *fst - 1* 和 321 个氨基酸的 *fst - 2*。与人类和斑马鱼一样，草鱼成熟 *fst - 1* 和 *fst - 2* 多肽也包含四个区域：N - domain、Domain Ⅰ、Domam Ⅱ 和 Domain Ⅲ，其中 N - domain 含有 6 个半胱氨酸，Domain Ⅰ、Domain Ⅱ 和 Domain Ⅲ 三

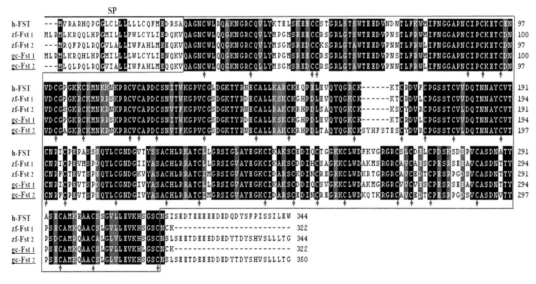

图 10 - 24　草鱼重复基因 Fsts 氨基酸序列与斑马鱼和人类的比对

方框内为成熟肽，箭头标示保守的半胱氨酸

个功能区各含 10 个半胱氨酸。草鱼 *fst-1* 和 *fst-2* 的编码区相似度为 78%,草鱼 *fst-1* 与人 *Fst-1* 和斑马鱼 *fst-1* 的相似度分别为 98% 和 99%,草鱼 *fst-2* 与人 *Fst-2* 和斑马鱼 *fst-2* 的相似度分别为 87% 和 92%,由此可见 Fsts 在进化过程中具有很强的保守性。

用 CLUSTAL X 分析了包括草鱼 Fsts 和其他物种 Fsts 蛋白序列。根据 CLUSTAL X 的数据分析,运用 MEGA 4 构建了草鱼 Fsts 与其他物种的 NJ 系统发育树,结果如图 10-25 所示。系统发育树结果显示草鱼 *fst-1* 与鲇鱼 *fst-1* 聚为一支,而草鱼 *fst-2* 与鲇鱼 *fst-2*,很明显地看出同一种属的两种重复基因都聚为一类。

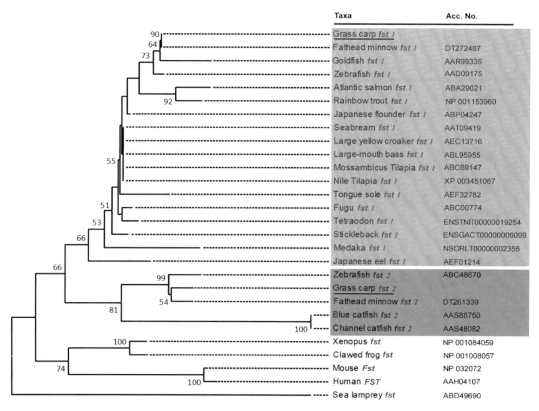

图 10-25 草鱼重复基因 Fst 系统发育树

其中草鱼 *fst-1* 和 *fst-2* 用下划线标出,数值代表置信的百分比

以 β-*actin* 为参照,对草鱼胚胎不同时期 RNA 进行 RT-PCR 分析,结果如图 10-26 显示,*fst-1* 从 0 hpf 至 40 hpf 出苗均有表达,而且表达量均比较恒定,差异不明显;草鱼 *fst-2* 在早期的胚胎中不表达,直到 16 hpf 时才开始表达,但是从 16 hpf 至 40 hpf 表达量呈逐渐降低的趋势。

整胚原位杂交结果显示,草鱼 *fst-1* mRNA 整个胚胎时期都有表达,12 hpf 时在眼部和前后脑结合部有表达(图 10-27D),而 24 hpf 时则在脑和后脑中表达(图 10-27E),34 hpf 时在头部、后脑等神经组织中表达(图 10-27F)。而 *fst-2* mRNA 在 12 hpf 时没有表达(图 10-27G),24 hpf 时只有在骨骼肌肌节处表达(图 10-27H),34 hpf 时在头部和尾部骨骼肌肌节处存在表达(图 10-27 I)。在所有胚胎时期正义探针都没有信号(图 10-27A,B,C)。

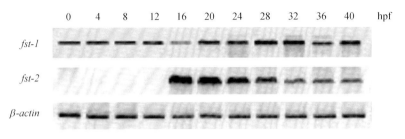

图 10 - 26　草鱼 *fsts* mRNA 在不同胚胎时期的表达(发育阶段时期见图示上方)

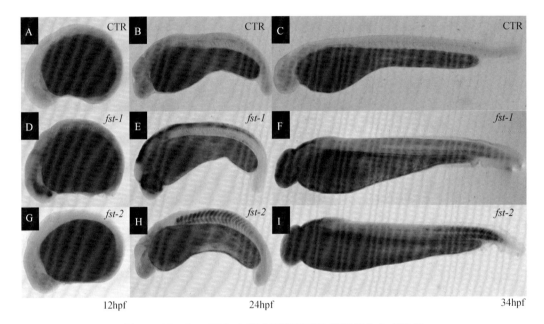

图 10 - 27　*fsts* mRNA 在草鱼胚胎时期的整胚原位杂交结果

A～C 表示 *fst* 分别在胚胎 12 hpf、24 hpf 和 34 hpf 时的对照;D～F 表示 *fst* - 1 分别在胚胎 12 hpf、24 hpf 和 34 hpf 时的表达;G～I 表示 *fst* - 2 分别在胚胎 12 hpf、24 hpf 和 34 hpf 时的表达

以 β - *actin* 为参照,对草鱼脑、眼、鳃、皮、心脏、肝脏、脾脏、肾脏、快肌、慢肌、卵巢和精巢进行了 RT - PCR 分析,结果如图 10 - 28 所示。草鱼 *fst* - 1 在所检测的这些组织中除了脾脏和肠,其他组织都存在表达,但表达量存在着很大的差异,其中,以眼、鳃和皮中的表达量最高,快肌、心脏和卵巢表达量其次。*fst* - 2 在所检测的这些组织中除了脾脏外,在其他组织中均有表达,其中,在眼、快肌、慢肌、卵巢和皮中的表达量最高,而在其他组织表达量较低。

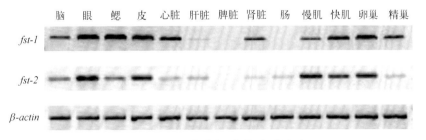

图 10 - 28　*fsts* 在草鱼不同组织的表达

通过显微注射,将草鱼 *fst-1*、*fst-2* 和 EGFP 的 mRNA 导入1~2细胞期的草鱼受精卵中,以单独注射 EGFP 的 mRNA 的胚胎作为对照,荧光拍照说明 EGFP 的 mRNA 能够成功表达(图10-29A~F)。草鱼后期胚胎的整胚原位杂交结果显示,用地高辛标记的 *fst-1* mRNA 探针检测,对照组只在头部、后脑等神经组织中有表达(图10-27F),而注射 *fst-1* mRNA 的草鱼胚胎全身都有表达(图10-29J);*fst-2* mRNA 探针检测,对照组后期胚胎只有在头部以及尾部肌节处有表达(图10-27G),而注射 *fst-2* mRNA 的草鱼胚胎全身都有表达(图10-29K),这些证明显微注射草鱼 *fst-1*/*fst-2* mRNA 能够在草鱼早期胚胎中成功转入,并持续实现表达。

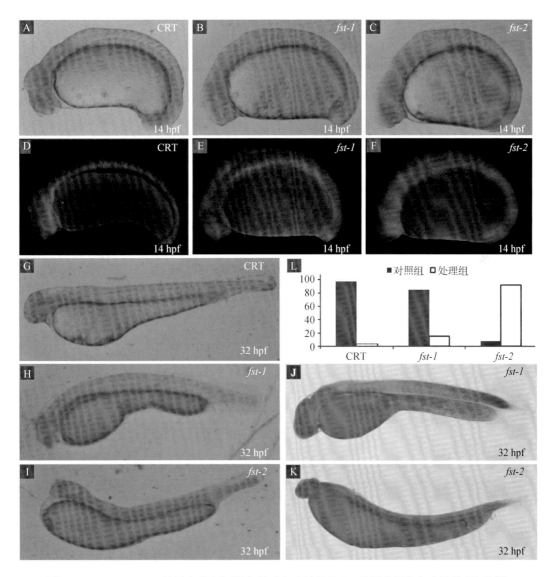

图10-29　EGFP、*fsts* 基因在草鱼胚胎中的过表达结果及 *fsts* 基因的原位杂交结果(见彩版)

A,D,G. 单独注射 EGFP 的 mRNA 的正常对照组;B,C,E,F,H,I. 共同注射 *fsts* 重复基因的 mRNA 和 EGFP 的 mRNA *fsts* 过表达组;L. 显微注射后导致的畸形率;J,K. 草鱼 *fsts* 整胚原位杂交

　　观察草鱼胚胎发育情况,在 14 hpf、32 hpf 草鱼 *fst - 1* 过表达胚胎在形态上都没有出现异常(图 10 - 29B,H)。结果说明,过表达 *fst - 1* mRNA 对草鱼胚胎发育没有明显的异常。过表达草鱼 *fst - 2* 在早期(14 hpf)胚胎发育形态上并没出现异常(图 10 - 29C),但在 32 hpf 后,过表达 *fst - 2* 会引发草鱼胚胎发育异常,表现为背部脊索轻微扭曲、向卵黄囊外弯曲及尾巴翘起(图 10 - 29I)。结果说明,过表达 *fst - 2* 的 mRNA 能够对背-腹轴的发育发生重要的影响。

　　显微注射后导致一定的畸形率,通过统计分析,如图 10 - 29L 所示,野生对照的畸形率是 3%,共同注射 *fst - 1* 和 EGFP 的 mRNA 的胚胎的畸形率为 15%,共同注射 *fst - 2* 和 EGFP 的 mRNA 的胚胎的畸形率为 92%。由此可以看出,*fst - 1* 基因的过表达对草鱼胚胎发育不明显,但是否对草鱼的胚胎发育和器官分化有潜在的功能作用还有待考证。*fst - 2* 基因的过表达对草鱼胚胎肌肉的生长和发育有着重要的影响,能够改变其正常形体,导致其发育畸形。

　　基因 *ntl* (*no tail*)是控制脊索中胚层形成的关键基因,主要在胚胎的脊索中表达,调控骨骼肌肌节的生长和发育。对 *fsts* mRNA 过表达胚胎的 *ntl* mRNA 表达进行检测,可进一步探知过表达对草鱼胚胎肌肉生长发育的影响。结果显示,在草鱼早期 14 hpf 尾芽期的胚胎中,草鱼 *fst - 1*、*fst - 2* 过表达组与对照组相比,没有显著的差异(图 10 - 30A,B,C),都是在胚胎背中线有表达,尾部表达量均比较高。经过 32 hpf 的胚胎发育,注射 *fst - 1* mRNA 与对照组的相比没引起 *ntl* 基因的转录水平的异常变化(图 10 - 30D,E);但是,表达 *fst - 2* mRNA 会提高草鱼胚胎 *ntl* 基因的转录水平,使得过表达胚胎脊索中部明显变粗,表达范围向左右两侧显著扩展,颜色也较对照组的加深,改变了中线的发育模式,并导致明显的畸形(图 10 - 30F)。

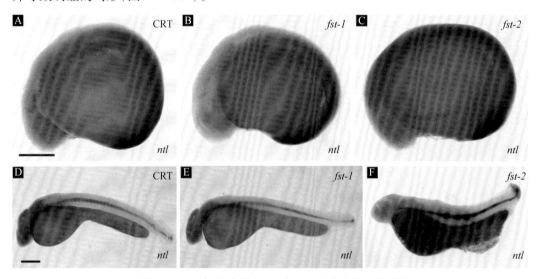

图 10 - 30　*ntl* 探针检测 *fsts* 过表达导致脊索的异常发育

A. *ntl* 探针在 14 h 对照胚胎脊索的表达;B. *ntl* 探针在注射 *fst - 1* mRNA 的 14 h 胚胎脊索的表达;C. *ntl* 探针在注射 *fst - 2* mRNA 的 14 h 胚胎脊索的表达;D. *ntl* 探针在 32 h 对照胚胎脊索的表达;E. *ntl* 探针在注射 *fst - 1* mRNA 的 32 h 胚胎脊索的表达;F. *ntl* 探针在注射 *fst - 2* mRNA 的 32 h 胚胎脊索的表达。所有的胚胎都是从左侧头部观察。比例尺＝600 μm

　　骨骼肌标记探针 *myoD* 只在骨骼肌细胞以及它们的前体细胞中表达,在非肌细胞系中,*myoD* 的表达会被其他特异性的基因抑制。*myoD* 在肌肉细胞系的分化特化过程中具有重要作用,因此选用 *myoD* 进行整胚原位杂交,以观察过表达 *fsts* 基因对草鱼胚胎肌肉生长发育的影响。结果表明,*myoD* 探针检测早期 14 hpf 的胚胎,处理组与对照组相比,没有显著的差异(图 10 – 31A,B,C),都是在肌节处有表达。经过 32 hpf 的胚胎发育,注射 *fst – 1* mRNA 的处理组与对照组相比,还是没有显著的差异(图 10 – 31D,E);但是,表达 *fst – 2* mRNA 会提高草鱼胚胎 *myoD* 基因的转录水平,导致该胚胎时期的肌节部位较对照组明显变粗,沿左右轴的宽度显著增宽,可能会导致脊索发育缺陷,据此可推测出 *fst – 2* 在草鱼胚胎肌肉发育中起着重要的作用(图 10 – 31F)。

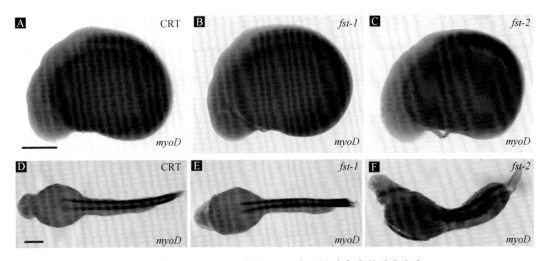

图 10 – 31　*myoD* 探针检测 *fsts* 过表达导致脊索的异常发育

A. *myoD* 探针在 14 h 对照胚胎脊索的表达;B. *myoD* 探针在注射 *fst – 1* mRNA 的 14 h 胚胎脊索的表达; C. *myoD*探针在注射 *fst – 2* mRNA 的 14 h 胚胎脊索的表达;D. *myoD* 探针在 32 h 对照胚胎脊索的表达;E. *myoD* 探针在注射 *fst – 1* mRNA 的 32 h 胚胎脊索的表达;F. *myoD* 探针在注射 *fst – 2* mRNA 的 32 h 胚胎脊索的表达。所有的胚胎都是从左侧头部观察。比例尺 = 600 μm

　　作为一种竞争结合蛋白,卵泡抑素(FST)与 MSTN 的功能相拮抗从而促进肌肉的生长。在转基因小鼠中,过表达 MSTN 使得肌肉品质显著增加。草鱼有两个功能分化的 *fst* 基因(*gcfst1* 和 *gcfst2*),为了确定 *gcfst* 基因在鱼类是否也演绎类似的角色,我们培育出一种由 *gcfst1* 和 *gcfst2* 转基因杂合的团头鲂 F0 子代,并获得了纯合的雌核发育 F1 代,最终获得了纯合的转基因 F2 代。由斑马鱼骨骼 *Mylz2* 这一特定基因启动,*gcfst1* 或 *gcfst2* 的 mRNA 在纯合的 *gcfst1* 或 *gcfst2* 转基因 F2 代团头鲂的胚胎发育体节期及成体肌肉中均有高水平、相对应的表达。与 *gcfst1* 转基因鱼或野生型对照组相比,团头鲂 *gcfst2* 转基因 F2 代成体呈现双倍的肌肉效应概型,在体高、体厚增加方面尤为显著(图 10 – 32)。在 *gcfst2* 转基因 F2 代团头鲂中,*gcfst2* 的过表达导致骨骼肌纤维尺寸的显著增大(图 10 – 33)。我们的研究显示在转基因团头鲂中,由 *gsfst2* 的过表达诱导的肌肉生长速率的增强是由肥厚性肌肉的生长引起的,将来这种方法可能在重要的水产物种(如团头鲂)中发挥促使定向筛选的作用。

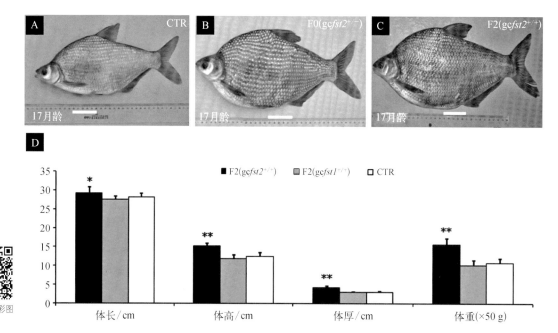

图 10-32　转草鱼 *fst2* 基因的纯合 F2 代团头鲂的体形变高和变厚

A. 阴性对照；B. 转草鱼 *fst2* 基因的杂合的团头鲂 F0 代；C. 转草鱼 *fst2* 基因的纯合 F2 代团头鲂；均为 17 月龄，比例尺 = 5 cm；D. 转草鱼 *fst2* 基因的纯合 F2 代团头鲂的平均体长、体高、体厚和体重。＊P<0.05，＊＊P<0.01

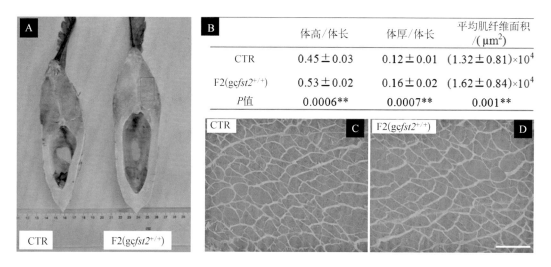

图 10-33　转草鱼 *fst2* 基因的纯合 F2 代团头鲂的肌纤维显著肥大（见彩版）

A. 转草鱼 *fst2* 基因的团头鲂与对照组的肌纤维纵切面对比；B. 转草鱼 *fst2* 基因的团头鲂与对照组的肌纤维形态指标对比；C,D. 分别表示对照组与转草鱼 *fst2* 基因团头鲂的肌肉切片对比；＊＊P<0.01，比例尺为 500 μm

第二节　草鱼免疫相关基因

一、Toll 样受体家族

天然免疫系统是机体抵御微生物入侵的有效途径之一,Toll 样受体(toll-like receptor, TLR)是这里面研究比较彻底的免疫受体蛋白。我们研究发现,草鱼基因中有 20 种 TLR, 分为 6 个 TLR 亚家族。比较基因组分析表明,脊椎动物大部分 TLR 比较保守,但也存在某些连锁特异性。我们分析了健康草鱼中 TLR 表达谱和嗜水气单胞菌侵染组织表达谱。发现嗜水气单胞菌侵染的脾脏组织中,鱼类特有 TLR 家族,即 TLR11 亚家族基因表达量受到显著性调控,推测 TLR11 亚家族可能参与草鱼抵御细菌入侵的免疫反应。TLR 基因全基因组和大量组织表达谱分析将为基因的功能分析及它在机体与病原微生物互作中的作用提供新的视角。

(一) 草鱼 TLR 基因生物信息

TLR 家族拥有高度保守的 N 端 LRR 结构域和 C 端 TIR 结构域。通过其他物种的 TLR 基因与草鱼基因组 BLAST 对比发现,草鱼有 94 个候选 TLR 基因,去除 74 个冗余序列后,筛选 20 个 TLR 基因用 ScanProsite 确定 LRR 和 TIR 结构域。结果显示,这 20 个 TLR 基因都包含 LRR 和 TIR 结构域,根据斑马鱼 TLR 命名法则,分别命名 TLR1 ～ TLR27。表 10-2 列出了具体的信息,包括基因名、cDNA、DNA 位置和氨基酸序列的长度,并且在其他物种发现 25 种 TLR 基因。

综合比较,只有 TLR3 基因存在于所有的物种中。而且 TLR1 和 TLR11 家族在所有物种一样,其中陆地物种的 TLR 基因大部分属于 TLR1 家族的,而硬骨鱼类 TLR 则属于 TLR11 家族。TargetP 和 PProwler 预测这 20 种 TLR 基因的亚细胞地位发现,TLR 蛋白可能属于分泌蛋白。

20 个 TLR 基因分布在 11 个连锁群上,如表 10-2 所示,其中有 4 个属于 LG16,LG12 和 LG5 连锁群上有 3 个,LG8 和 LG14 连锁群有 2 个,LG 3,11,13,20,21 和 24 各有一个,其他连锁群没有 TLR 基因。

表 10-2　草鱼基因组分离鉴定的 TLR 基因

基因	序列长度/bp	氨基酸长度	图谱位置(LG)	基因家族	基因组位置			外显子数量	亚细胞定位	
					scafford	起 点	终 点		PProwler	TargetP
TLR1	3 260	795	LG13	TLR1	CI01000046	00670755	00673139	0	SP	S
TLR2	2 754	816	LG08	TLR1	CI01000300	00685357	00687717	0	SP	S
TLR3	3 251	904	LG08	TLR3	CI01000300	06064983	06069084	3	SP	S
TLR4.2	2 052	683	LG05	TLR4	CI01180000	05382432	05385414	0	Other	—
TLR4.3	2 641	818	LG05	TLR4	CI01180000	05375498	05377949	2	SP	S
TLR4.4	3 283	820	LG05	TLR4	CI01180000	05371182	05374133	2	SP	S
TLR5a	2 693	881	LG14	TLR5	CI01000029	07514095	07516740	0	SP	S

基因	序列长度/bp	氨基酸长度	图谱位置（LG）	基因家族	基因组位置			外显子数量	亚细胞定位	
					scafford	起　点	终　点		PProwler	TargetP
TLR5b	3 577	878	LG14	*TLR5*	CI01000029	07514095	07516740	0	SP	S
TLR7	3 741	1 051	LG16	*TLR7*	CI01000201	00626293	00629439	0	SP	S
TLR8a	3 699	1 023	LG16	*TLR7*	CI01000201	00616218	00623616	1	SP	S
TLR8b	3 318	1 041	LG24	*TLR7*	CI01000158	01595127	01599555	1	Other	M
TLR9	3 308	1 058	LG21	*TLR7*	CI01000050	01039500	01042679	0	SP	S
TLR13	4 131	851	LG12	*TLR11*	CI01000027	04419264	04422151	1	Other	S
TLR18	3 617	852	LG12	*TLR1*	CI01000027	07888504	07893711	2	SP	S
TLR20.1	1 110	293	LG16	*TLR11*	CI01000009	06237366	06242607	1	SP	M
TLR20.2	3 565	1 073	LG16	*TLR11*	CI01000009	06214501	06218695	1	SP	S
TLR21	3 337	985	LG12	*TLR11*	CI01000016	04936283	04939240	0	SP	S
TLR22	3 429	954	LG3	*TLR11*	CI01000041	00478810	00481674	0	SP	S
TLR25	2 901	815	LG11	*TLR1*	CI01000020	05132989	05135436	0	SP	S
TLR27	3 410	927	LG20	*TLR11*	CI01000191	01004951	01006777	0	SP	S

（二）系统发育与共线性分析

为探究 *TLR* 基因在进化上的关系，利用人、鼠、鸡及其他硬骨鱼类 TLR 蛋白序列全长构建系统发育树。如图 10 - 34 所示，*TLR* 家族由 6 个亚家族组织，分别为 *TLR1*、*TLR3*、*TLR4*、*TLR5*、*TLR7* 和 *TLR11* 家族，其中 *TLR11* 家族由 5 个成员构成最大的分支，*TLR1* 和

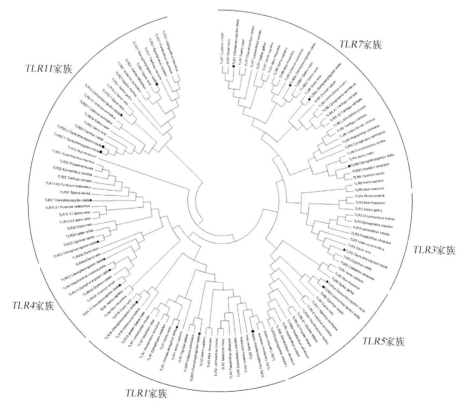

图 10 - 34　草鱼 *TLRs* 与脊椎动物 *TLRs* 系统发育分析

采用 ClustalW 多重氨基酸序列对比构建系统发育树。其中黑点为草鱼 *TLRs*

TLR7 家族由四种 *TLR* 蛋白组成,属于第二大分支,*TLR3* 家族由一种蛋白组成,为最小分支。草鱼 18 种 *TLR* 蛋白注释比较容易,但是系统发育树上 *TLR13* 和 *TLR27* 注释比较难,因为它们分别单独为一支。草鱼 *TLR13* 先与斑马鱼 *TLR13 - 1*、*TLR13 - 2* 聚为一支,再与 *TLR21* 聚为一支。草鱼 *TLR27* 先与大西洋鲑 *TLR13 X1*、*TLR13 X2* 聚为一支,再与 *TLR22* 聚为一支。

如图 10 - 35 共线性分析结果显示,草鱼 *TLR11* 家族的相邻基因与斑马鱼、洞穴鱼、河豚、罗非鱼的相似,除了 *TLR27*。草鱼 *TLR13* 最相关基因是 *pbxip1b* 和 *sl100t*,这与斑马鱼和洞穴鱼的类似(图 10 - 35A)。草鱼 *TLR20.1* 和 *TLR20.2* 靠近 *c3orf17*,该基因也存在于斑马鱼和洞穴鱼中(图 10 - 35B)。草鱼 *TLR21* 的下一个基因是 *cnfn*,这与斑马鱼、洞穴鱼和罗非鱼的共线性相同(图 10 - 35C)。草鱼 *TLR22* 的下一个基因是 *ddc52*,也与斑马鱼和洞穴鱼的共线性结果相同(图 10 - 35D)。因此,共线性结果也支持了系统发育树的结果。

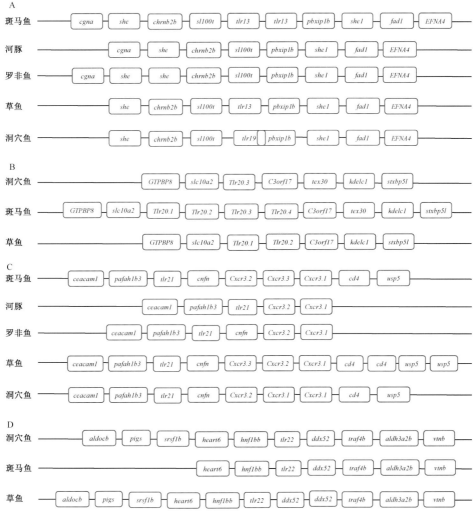

图 10 - 35　斑马鱼、洞穴鱼、河豚、罗非鱼和草鱼基因组共线性分析

A 为 *TLR13*;B 为 *TLR20*;C 为 *TLR21*;D 为 *TLR22*

（三）*TLR* 基因结构分析

分析草鱼 *TLR* 基因的内含子/外显子以及保守结构域以为了更好地理解草鱼 *TLR* 基因的多样性。利用 NJ 法构建新的系统发育树,如图 10 - 36 所示,大部分 *TLR* 基因没有内含子,属于一个亚分支的 *TLR* 有相似的基因结构,包括基因的内含子和外显子结构和数量。*TLR8a* 和 *TLR8b* 的外显子结构相同,而但部分异变体出现在 *TLR11* 家族。

利用 SMART 预测和分析 *TLR* 保守基序,*TLR* 基因有以下结构特征:功能性保守的 LRR 结构域,跨膜区以及 TIR 结构域。草鱼 20 个 *TLR* 的 LRR 结构域数量为 0 到 18(表 10 - 3)。大部分 *TLR* 基因都有 LRR_CT 基序,但 *TLR13*,*TLR20.1*,*TLR20.2* 和 *TLR21* 没有;*TLR7*,*TLR13* 和 *TLR27* 没有跨膜结构域,*TLR4.2*,*TLR20.1* 和 *TLR22* 没有信号肽。结构域分布不能说明 *TLR* 之间的相关性,所以还需要系统发育树分析。

表 10 - 3　人、斑马鱼和草鱼 *TLR* 基因结构域

	人	斑马鱼	草 鱼
TLR1	SP - 5LRR - LRR_CT - TM - TLR	SP - 5LRR - LRR_CT - TM - TIR	SP - 5LRR - LRR_CT - TM - TIR
TLR2	SP - 7LRR - LRR_CT - TM - TIR	SP - 7LRR - TM - TIR	SP - 7LRR - LRR_CT - TM - TIR
TLR3	SP - 16LRR - LRR_CT - TM - TLR	LRR_NT - 13LRR - LRR_CT - TM - TIR	SP - 13LRR - LRR_CT - TM - TIR
TLR4	SP - 11LRR - LRR_CT - TM - TIR	7LRR - LRR_CT - TM - TIR (TLR4ba); SP - 5LRR - TM - TIR(TLR4bb)	2LRR - RPT - 4LRR - LRR_CT - TM - TIR(TLR4.2); SP - 8LRR - LRR_CT - TM - TIR (TLR4.3); SP - 8LRR - LRR_CT - TM - TIR (TLR4.4)
TLR5	SP - 9LRR - LRR_CT - TM - TIR	10LRR - LRR_CT - TM - TIR	SP - 12LRR - LRR_CT - TM - TIR (TLR5a); SP - LRR_NT - 12LRR - LRR_CT - TM - TIR(TLR5b)
TLR7	SP - LRR_NT - 13LRR - LRR_CT - TM - TIR	SP - LRR_NT - 15LRR - LRR_CT - TIR	SP - LRR_NT - 13LRR - LRR_CT - TIR
TLR8	SP - 16LRR - LRR_CT - TIR; 16LRR - LRR_CT - TM - TIR	SP - 17LRR - LRR_CT - TM - TIR; SP - 16LRR - LRR_CT - TM - TIR; SP - 4LRR - LRR_CT - TM	SP - LRR_NT - 15LRR - LRR_CT - TM - TIR(TLR8a); SP - 15LRR - LRR_CT - TM - TIR (TLR8b);
TLR9	SP - 19LRR - LRR_CT - TIR	SP - 15LRR - LRR_CT - TIR	SP - 15LRR - LRR_CT - TM - TIR
TLR13		SP - 8LRR - TIR	SP - 8LRR - TIR
TLR18		SP - 6LRR - LRR_CT - TM - TIR	SP - 6LRR - LRR_CT - TM - TIR
TLR20		SP - 5LRR - TM - TIR	TM - TIR(TLR20.1) SP - 6LRR - TM - 2TIR(TLR20.2)
TLR21		SP - 12LRR - TIR	SP - 17LRR - TM - TIR
TLR22		SP - 15LRR - LRR_CT - TM - TIR	17LRR - LRR_CT - TM - TIR
TLR25			SP - 5LRR - LRR_CT - TM - TIR
TLR27			SP - 17LRR - LRR_CT - TIR

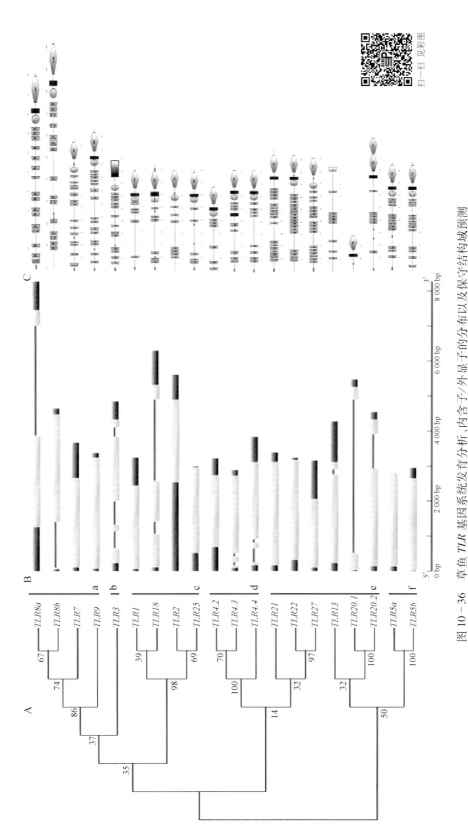

图 10-36　草鱼 TLR 基因系统发育分析,内含子/外显子的分布以及保守结构域预测

A. NJ 法构建的系统发育树;B. 草鱼 TLR 基因内含子和外显子分布情况,外显子为黄色圆柱,内含子为黑色直线,蓝色圆柱是下游或上游基因;C. 草鱼 TLR 基因的结构域预测信息.

（四）草鱼 *TLR* 基因组织表达谱分析

健康草鱼 *TLR* 基因组织表达谱分析,包括头肾、胚胎、肝脏、脾脏、脑和肾脏。如图 10-37 所示,有四个 *TLR* 基因在组织中高表达,*TLR5b* 表达量最高,随后依次为 *TLR5a*、*TLR1* 和 *TLR25*,其他基因表达量相对较低。但是总体上来说 *TLR* 基因在整个转录水平上来说表达量相对比较低,20 个 *TLR* 基因的 RPKM 值累计大约 144.73。

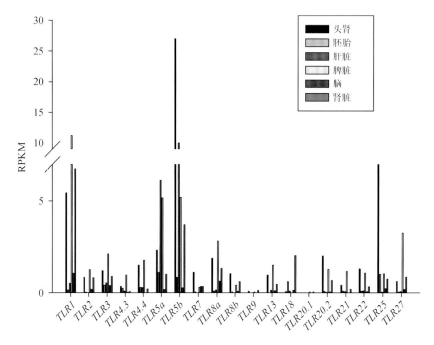

图 10-37   健康草鱼各个组织转录组中 20 个 *TLR* 基因表达谱

（五）嗜水气单胞菌侵染诱导组织表达谱分析

利用转录组测序技术分析细菌诱导后 *TLR* 基因表达谱,如图 10-38 所示,有 9 个 *TLR* 基因在 SG/RG 组(易感组/抗病转录组)存在差异表达,其中 6 个 *TLR* 基因转录水平随时间变化,详见表 10-4。易感组和抗病转录组中仅有 3 个基因 *TLR5b*、*TLR8a* 和 *TLR27* 显著性诱导,*TLR8a* 和 *TLR27* 显著性上调,而 *TLR5b* 显著性下调,其他 14 个 *TLR* 也有不同程度的上调,见图 10-38。

嗜水气单胞菌感染草鱼脾脏后,6 个 *TLR* 基因上调,其中 2 个 *TLR* 基因随时间差异表达。差异表达的基因上调或抑制的程度为 2 到 12.9 倍,其中 *TLR20.2* 上调最为显著,在感染 48 h 后上调至 12.9 倍。有 14 个 *TLR* 基因不存在差异表达,其中 *TLR1*、*TLR2*、*TLR7*、*TLR8a*、*TLR13* 和 *TLR20.1* 表达没差异,*TLR2*、*TLR4.3*、*TLR4.4*、*TLR8b*、*TLR9*、*TLR18* 和 *TLR25* 处于低表达状态,详见表 10-4。

二、补体系统

鱼类补体对外界病原微生物的调理作用导致吞噬细胞吞噬活性增强,是补体减少病

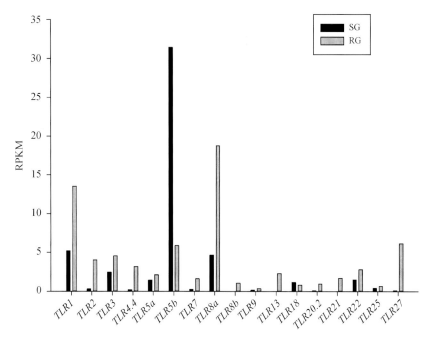

图 10 – 38 草鱼 RG/SG 转录组中 TLRs 基因的表达

将符合 q 值小于 0.005 和∣log2.Fold change.normalized∣>2'的表达视为显著性差异

表 10 – 4 嗜水气单胞菌感染草鱼脾脏转录组中 TLRs 的表达

基因＼时间	0 h	4 h	8 h	12 h	24 h	48 h	72 h
TLR1	4.90	10.26	7.83	9.41	3.90	5.80	4.88
TLR2	1.17	2.09	1.54	2.13	0.66	0.40	0.63
TLR3	0.25	0.46	0.35	0.09	0.12	0.14	0.81
TLR4.2	—	—	—	—	—	—	—
TLR4.3	0.46	—	0.30	0.43	0.16	—	0.23
TLR4.4	0.34	—	—	0.13	0.11	0.25	0.34
TLR5a*	2.52	24.38	16.83	15.54	15.44	21.89	19.65
TLR5b*	0.14	0.67	0.31	0.43	0.26	1.23	0.46
TLR7	0.52	1.80	0.38	0.39	0.40	0.39	2.85
TLR8a	2.91	7.53	3.01	5.35	3.61	2.06	1.99
TLR8b	—	0.15	0.64	0.27	0.06	0.96	—
TLR9	0.17	—	0.17	0.12	0.34	—	0.68
TLR13	1.67	1.27	2.15	3.74	2.50	1.33	1.44
TLR18	0.31	0.34	0.13	—	—	0.15	0.78
TLR20.1	1.67	1.27	2.15	3.74	2.50	1.33	1.44
TLR20.2*	0.26	0.61	0.62	1.33	0.98	2.99	0.86
TLR21*	0.49	1.02	1.05	1.88	1.26	1.82	2.06
TLR22*	0.90	3.35	2.30	3.76	1.28	2.16	1.75
TLR25	0.15	1.66	1.22	1.59	0.65	0.22	0.37
TLR27*	1.64	5.23	3.75	5.51	2.07	3.57	3.01

注：* 表示显著性差异（P<0.05）。—表示 reads 数不够足以分析

原菌的最基本的功能。调理作用主要通过 C3、C4 共价连接到病原体,导致表面有补体受体的噬菌细胞轮流识别和吞噬病原体,而补体依赖的吞噬作用主要靠 C3b/iC3b 和 C4b/iC4b 来介导的。由于补体在激活过程中产生的 C3 比 C4 要多,所以在吞噬过程中 C3 具有比 C4 更加重要的作用,但是在硬骨鱼类中还没有 C3 受体基因被鉴定。我们目前已经对草鱼 C2、C6 和 C7 进行克隆以及功能分析。

(一) *Bf/C2A* 和 *Bf/C2B*

Bf/C2A 基因 cDNA 序列全长为 2 486 bp(GenBank 登录号:JF47038)。*Bf/C2A* 基因含有一个 2 259 bp 的 ORF,5′-UTR 长度为 43 bp,3′-UTR 长度为 184 bp。*Bf/C2A* 基因含有一个 polyA 尾巴。*Bf/C2A* 基因 ORF 区编码 752 个氨基酸,其中前 15 个氨基酸残基为信号肽。理论等电点为 5.87,分子量为 84.6 kDa。结构域分析预测结果发现推测的氨基酸序列含有 3 个 CCP 结构域(28~82,87~142,149~202)、1 个 von Willebrand 因子、1 个丝氨酸蛋白酶结构域。*Bf/C2B* 基因含有一个 2 514 bp 的 ORF,5′-UTR 长度为 4 bp,3′-UTR 长度为 486 bp。*Bf/C2B* 基因 ORF 区编码 837 个氨基酸,前 24 个氨基酸残基为信号肽序列,含有 4 个 CCP 结构域(34-94,106-165,174-233,236-293)、1 个 von Willebrand 因子、1 个丝氨酸蛋白酶结构域。

如图 10-39 所示,*Bf/C2A* 基因在健康草鱼所有检测的 12 个组织中均发现表达,包括血液、脑、肌肉、肾脏、肝脏、头肾、皮、脾脏、心脏、鳃、肠、鳍。*Bf/C2A* 在草鱼肝脏中表达量最高,其次是肾脏和头肾组织,而在血、脑、肌肉、心脏、鳃和鳍中仅能检测得到,处于非常低的水平。*Bf/C2B* 基因在所有检测的 12 个组织中均表达,见图 10-40。在肝脏中表达量最高,其次是肾脏和头肾组织,在心脏、鳃和鳍组织中表达处于较低的水平。

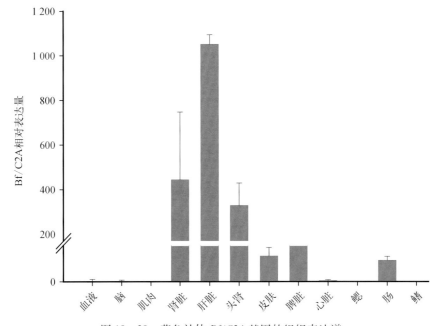

图 10-39　草鱼补体 *Bf/C2A* 基因的组织表达谱

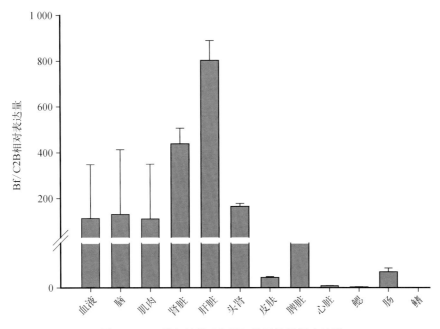

图 10-40　草鱼补体 *Bf/C2B* 基因的组织表达谱

　　采用灭活嗜水气单胞菌感染健康草鱼 4 h 后，*Bf/C2A* 基因在所检测的 12 个组织中的表达均显著上调。4 h 之后，*Bf/C2A* 基因的转录水平逐渐降低。心脏组织在感染 1 d 后表达量达到最高，是对照组的 11.8 倍。与对照组相比，12 个组织经诱导后的表达水平均显著变化（$P<0.05$），其中变化幅度最大的是心脏、肾脏和头肾组织（图 10-41）。采用灭活嗜水气单胞菌进行诱导后，草鱼补体 *Bf/C2B* 基因在头肾、脾脏和鳍组织中的表达水平均显著上调，在其他组织中出现了下调（图 10-42）。

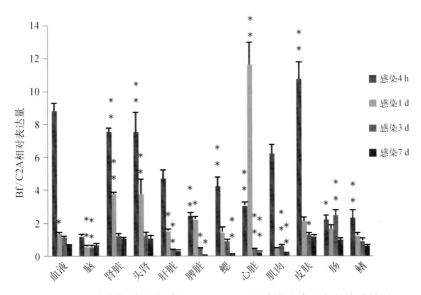

图 10-41　嗜水气单胞菌诱导后 *Bf/C2A* 基因在草鱼各组织的表达情况

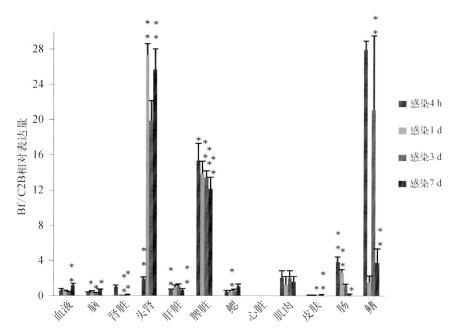

图 10-42 嗜水气单胞菌诱导后 *Bf/C2B* 基因在草鱼各组织的表达情况

（二） C6

草鱼 *C6* 基因 cDNA 序列全长 3 180 bp（GenBank 登录号：JF416903）。包括 2 724 bp 的 ORF，5′UTR 为 237 bp，3′UTR 为 219 bp，在转录起始位点上游-21 至-27 位具有 TATA 盒。一个 CCAAT 盒出现在-533 位。草鱼 *C6* 基因 ORF 编码 907 个氨基酸，25 个氨基酸信号肽，存在 TSP1（28~79，86~134，538~585）、LDL-R（140~174）、MACPF （261~485）、EGF-1（492~541）、CCP 结构域（616~671，676~735）和 FIMAC （746~811，834~906）。

草鱼 *C6* 基因在所有检测的 12 个组织中均表达，脾脏和肝脏里表达量最高，在血液、鳃和鳍中表达量非常少（图 10-43）。经灭活嗜水气单胞菌感染健康草鱼后，*C6* 表达量迅速上调，但是在脑、鳃和皮肤出现了下调（图 10-44）。

草鱼补体 C6 在未受精卵内已转录。补体 C6 在胚胎早期的转录很有可能是储存在未受精卵内的母性遗传。在心跳期前，补体 C6 表达水平较低。孵化 1 d 后，表达量迅速上升，孵化 6 d 后，表达量最高，可能是由于鱼苗失去了卵膜的保护。接下来，我们发现表达量下降到低谷期是孵化 10 d 后（图 10-45）。

（三） C7

草鱼 *C7* 基因含有一个 2 463 bp 的 ORF，5′-UTR 为 43 bp，3′-UTR 为 135 bp，在转录起始位点上游-33 至-39 位具有 TATA 盒。草鱼 *C7* 基因 ORF 区编码 821 个氨基酸，1~18 个氨基酸是信号肽。草鱼 *C7* 存在 TSP1（26~76，485~534）、LDL-R（80~116）、MACPF（232~433）、EGF-1（437~470）、CCP 结构域（554~609，614~671）和 FIMAC （679~747，754~821）。

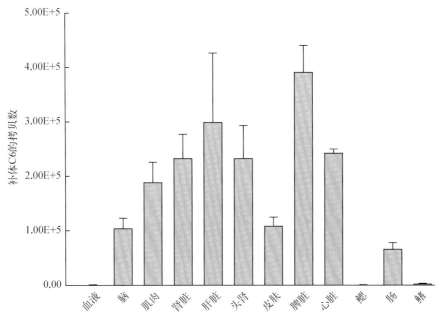

图 10-43　草鱼补体 C6 在不同组织的定量表达谱

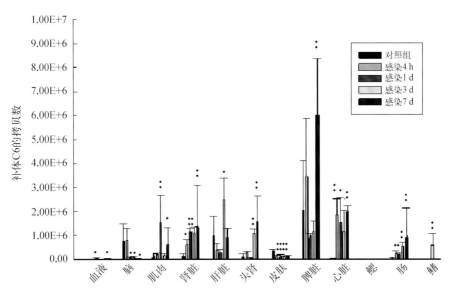

图 10-44　经嗜水气单胞菌感染后草鱼补体 C6 的定量表达

　　C7 基因在草鱼肾脏、肝脏、头肾、皮、脾脏、心和肠中都有表达,但在血液、脑、肌肉、鳃和鳍中没有检测到 C7 mRNA 的表达。在肝脏的表达量最高,肾脏和头肾次之(图 10-46)。细菌感染健康草鱼 1 d 后,C7 基因在头肾中显著上调,诱导 7 d 后头肾的表达量增至 36.87 倍。在脾脏中也发现了 C7 表达也显著性变化,特别是诱导 4 h 后(图 10-47)。

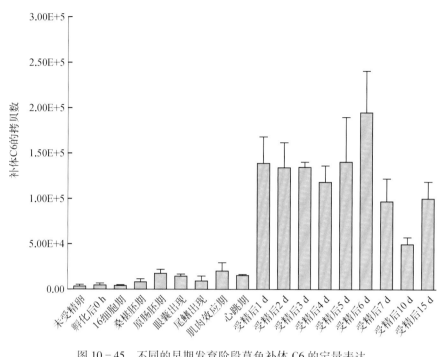

图 10-45 不同的早期发育阶段草鱼补体 C6 的定量表达

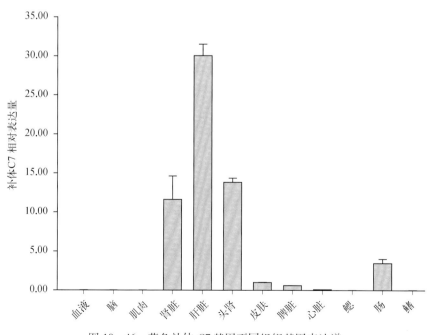

图 10-46 草鱼补体 *C7* 基因不同组织基因表达谱

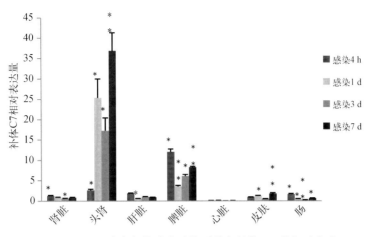

图 10 - 47　经嗜水气单胞菌感染后草鱼补体 *C7* 的相对表达

三、Gadd45 家族

生长阻滞和 DNA 损伤修复基因 45(growth arrest and DNA damage-inducible gene 45) 是一类重要的 DNA 损伤修复基因。该基因家族有三个成员 *Gadd45α*、*Gadd45β* 和 *Gadd45γ*(亦称作 *Gadd45*、*MyD118*、*CR6*)。在损伤因子作用后,随着 DNA 修复途径的启动 而诱导产生。该基因细胞静息期中广泛表达,参与维持基因组稳定,在抑制细胞周期、凋 亡、衰老和免疫方面起着重要的作用。目前在鱼类上研究较少,只在青鳉、斑马鱼、半滑舌 鳎、罗非鱼及草鱼中有研究。

(一) 序列分析

利用 RACE 技术获得了草鱼 Gadd45 家族 (Gadd45aa, Gadd45ab, Gadd45ba, Gadd45bb, Gadd45g) 基因全长,*Gadd45aa* (GenenBank 登录号: KX523186) 的全长为 1 272 bp,包括 134 bp 的 5′-UTR,664 bp 的 3′-UTR 和 474 bp 的 ORF,ORF 编码一个 157 个氨基酸的多肽,预测分子量为 17.547 kDa,理论等电点为 4.98。*Gadd45ab*(GenenBank 登录号: KX523187) 全长为 1 248 bp,包括 101 bp 的 5′-UTR,667 bp 的 3′-UTR 和 480 bp 的 ORF,ORF 编码一个 159 个氨基酸的多肽,预测分子量为17.708 kDa,理论等电点为 4.45。*Gadd45ba*(GenenBank 登录号: MH046777) 全长为 1 279 bp,包括 650 bp 的 5′- UTR,149 bp 的 3′-UTR 和 480 bp 的 ORF,ORF 编码一个 159 个氨基酸的多肽,预测分子 量为 17.91 kDa,理论等电点为 4.38。*Gadd45bb*(GenenBank 登录号: MH046776) 全长为 1 190 bp,包括 564 bp 的 5′-UTR,140 bp 的 3′-UTR 和 486 bp 的 ORF,ORF 编码一个 161 个氨基酸的多肽,预测分子量为17.97 kDa,理论等电点为 4.51。*Gadd45g* 全长为 1 189 bp, 包括 90 bp 的 5′-UTR,619 bp 的 3′-UTR 和 480 bp 的 ORF,ORF 编码一个 159 个氨基酸 的多肽,预测分子量为 17.72 kDa,理论等电点为 4.03。多重序列分析,草鱼 *Gadd45aa* 和 *Gadd45ab* 具有 78% 的相似度;Gadd45ba 和 Gadd45bb 具有 76% 的相似度。

(二) 健康个体组织表达

在健康草鱼的 12 个组织中(鳃、肝脏、脾脏、肠、肾脏、头肾、心脏、脑、血液、皮肤、肌肉和鳍),草鱼 Gadd45 家族基因均有表达,但是表达量存在显著差异。其中,在草鱼 *Gadd45aa* 和 *Gadd45ab* 基因中,*Gadd45aa* 在脑中表达量最高,显著高于其他组织($P <$ 0.01),在鳃、肠、肾脏、血液、皮肤和鳍中均有表达,在肝脏、脾脏、头肾、心脏和肌肉中表达量较低。*Gadd45ab* 基因在脾脏中表达量明显高于其他组织,在肝脏、血液中均有表达,在其余组织中表达量较低。在草鱼 *Gadd45ba* 和 *Gadd45bb* 基因中,*Gadd45ba* 在肝脏、心脏、肌肉、皮肤、血液和脾脏中表达量较高,*Gadd45bb* 在血液、鳍、心脏和脾脏中表达量较高。草鱼 *Gadd45g* 在肝脏、肾脏、心脏、脑、血液和皮肤中表达量较高,而在鳃、脾脏、肠、头肾、肌肉和鳍中表达量较低。在罗非鱼中,*Gadd45aa* 和 *Gadd45ab* 基因在鳃和肾脏具有高表达量;在小鼠中,*Gadd45a* 基因在肝脏、肺、脾脏、肌肉、心脏和肾脏都有表达。草鱼 *Gadd45* 基因在免疫相关组织中都有表达,说明其在免疫反应中具有一定作用。

(三) 嗜水气单胞菌感染后表达

在草鱼感染嗜水气单胞菌的 4 h、12 h、24 h、48 h 和 72 h,利用 qRT - PCR,采用 18S rRNA 和 $\beta - actin$ 作为对照,对草鱼 *Gadd45aa*、*Gadd45ab*、*Gadd45ba*、*Gadd45bb*、*Gadd45g* 基因在不同组织的表达模式进行了分析。总的来说,这 5 个基因在受到感染后,表达量首先上调,达到顶峰之后再慢慢回落。在 *Gadd45aa*、*Gadd45ab* 中,基本上都在 24 h 后开始上升,详见图 10 - 48 至图 10 - 52。

分析了感染嗜水气单胞菌的不同时间的不同免疫相关组织(鳃、肝脏、脾脏、肠、肾脏和头肾)中 Gadd45 家族基因的 mRNA 表达谱。在 *Gadd45aa* 和 *Gadd45ab* 的表达谱中,研究表明,在无乳链球菌感染后,罗非鱼中脾脏、肾脏、肝脏和肠中 *Gadd45aa* 和 *Gadd45ab* 基因的显著上调。虽然草鱼 *Gadd45ab* 水平在肝脏中略低。这两个基因的上调表达了它们在草鱼免疫刺激后作为早期反应基因的功能(图 10 - 48、图 10 - 49)。在 *Gadd45ba*、*Gadd45bb* 中,感染之后的组织表达量大致都是先上升达到顶峰之后下降。*Gadd45ba* 在脾脏中的高表达可能在补体系统的激活和淋巴细胞的生长和增殖中起作用。*Gadd45bb* 在头肾中的高表达可能与白细胞转移和促炎细胞因子的诱导有关。*Gadd45ba*、*Gadd45bb* 表达水平在 12 h 和 72 h 之间达到峰值,可能由于当炎症期间免疫细胞的数量增加(图 10 - 50、图 10 - 51)。在 *Gadd45g* 中,感染后的表达量基本大致上先上升到顶峰之后在下降(图 10 - 52)。

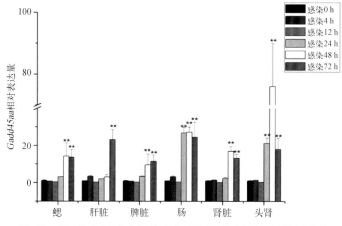

图 10 - 48　草鱼经嗜水气单胞菌感染后 *Gadd45aa* 的定量表达

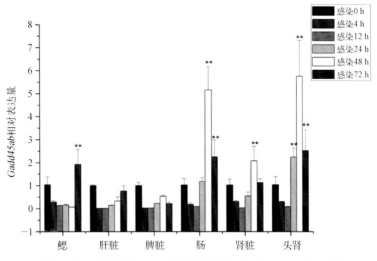

图 10-49 草鱼经嗜水气单胞菌感染后 *Gadd45ab* 的定量表达

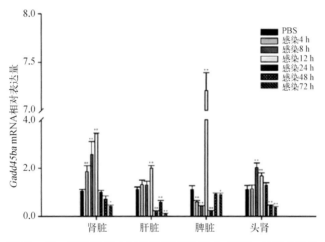

图 10-50 草鱼经嗜水气单胞菌感染后 *Gadd45ba* 的定量表达

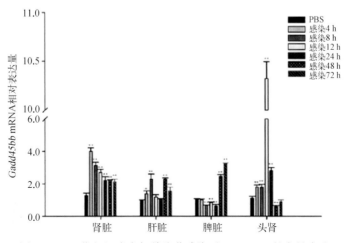

图 10-51 草鱼经嗜水气单胞菌感染后 *Gadd45bb* 的定量表达

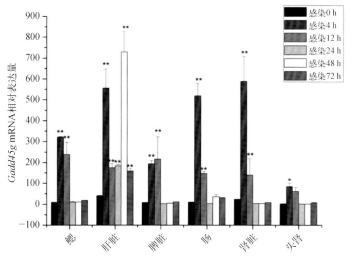

图 10－52　草鱼经嗜水气单胞菌感染后 *Gadd45g* 的定量表达

四、其他功能基因

（一）基质金属蛋白酶

草鱼基质金属蛋白酶 2 基因 cDNA 全长 3 102 个碱基，包含编码 658 个氨基酸的 1 974 个碱基的开放阅读框。分析草鱼 MMP－2 氨基酸序列发现一个由 29 个氨基酸组成的信号肽。预测蛋白分子量为 74.419 2 kDa，理论等电点是 5.12。草鱼基质金属蛋白酶 2 氨基酸含有三段保守结构域，分别为含有半胱氨酸开关序列的保守肽结构域、含有 TIMP 表面结合位点和激活位点的催化结构域和含有保守金属结合位点的类血红素重复结构域。

如图 10－53 所示，在所有的被检测组织中都检测到草鱼基质金属蛋白酶 2 基因的表达，在血液、头肾和鳍组织发现较低的表达水平。经福尔马林灭活嗜水气单胞菌感染健康草鱼后，基质金属蛋白酶 2 基因的表达量除了在脑、肝脏、鳍、肠和心脏外都显著上调。值得注意的是，在诱导后 1 d，所有组织基质金属蛋白酶 2 基因表达量迅速回调。在第 7 d，基质金属蛋白酶 2 基因只有在肠和鳍 2 个组织中的表达有上调的表现。

检测草鱼胚胎从未受精卵到鱼苗阶段基质金属蛋白酶 2 基因的表达模式，见图 10－54。尽管在 16 细胞期和受精后 4 d 也检测到较高的表达水平，在桑葚胚期、受精后 0 h 和未受精卵三个时期具有极显著高表达（$P<0.01$）。表达量在原肠期开始明显降低，并在随后的各发育阶段保持一个较低水平的表达。

草鱼基质金属蛋白酶 9cDNA 全长 2 880 个碱基，包含编码 675 个氨基酸的 2 025 bp 开放阅读框。分析草鱼基质金属蛋白酶 9 氨基酸序列发现一个由 20 个氨基酸组成的信号肽。推导出其成熟蛋白分子量为 75.816 1 kDa，理论等电点是 5.25。在草鱼基质金属蛋白酶 9 的氨基酸序列的催化结构域插入有三个重复的纤维蛋白 II 型结构域。

在所有的被检测组织中都检测到草鱼基质金属蛋白酶 9 基因的表达，在免疫相关组

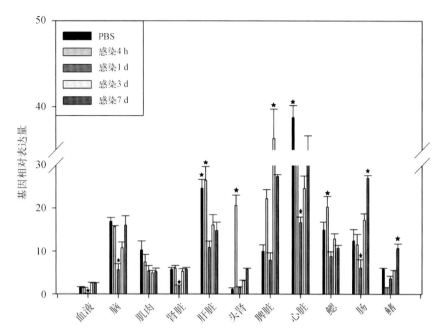

图 10 - 53　草鱼基质金属蛋白酶 2 诱导表达定量分析

使用 $\beta - actin$ 作为内参基因,并进行归一化处理。所显示的为相对定量数据,表示为平均值±标准误 ★ $P<0.05$

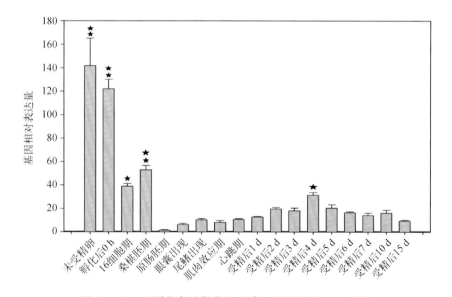

图 10 - 54　不同发育时期草鱼基质金属蛋白酶 2 表达分析

使用 $\beta - actin$ 作为内参基因,并进行归一化处理。所显示的为相对定量数据,表示为平均值±标准误 ★ $P<0.05$

织血液、头肾、肾脏和脾脏组织中检测到极其显著的高表达($P<0.01$)(图 10 - 55)。采用灭活嗜水气单胞菌感染健康草鱼 4 h 后,除了肠和脑组织外,其他组织都检测到表达量的显著升高。随后第 1 d 和第 3 d,表达量纷纷下调,在第 7 d,除了肝脏、鳃和肠这三个组织

外,其他组织基质金属蛋白酶9都具有一个较高的表达水平。肠组织在整个诱导期间的表达量都没有显著变化,脑组织在初期也无任何变化,但是在第7 d时表达量显著性升高。肝脏和鳃的表达模式相似,均在4 h表达量迅速上调,随后立即恢复到正常水平。在血液、头肾、肾脏、脾脏、心脏、肌肉、鳍条和皮肤的表达水平类似,在4 h和第7 d表达水平显著高于其他时期(图10-56)。表达量在发育初期保持一个较低水平的表达,从受精后2 d开始,进入到一个高表达水平阶段,在受精后3 d具有极其显著性的高表达量(P<0.01)(图10-57)。

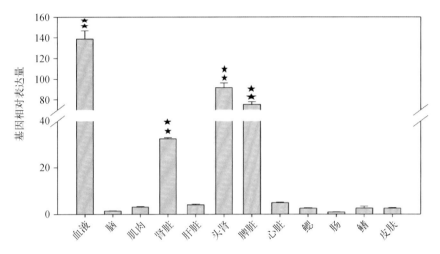

图 10-55　草鱼基质金属蛋白酶 9 组织表达谱

依据标准曲线对草鱼基质金属蛋白酶 9 的相对表达量进行计算,使用 $\beta-actin$ 作为内参基因,并进行归一化处理。所显示的为相对定量数据为平均值±标准误 ★★ P<0.01

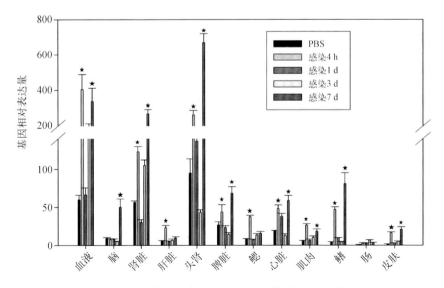

图 10-56　草鱼基质金属蛋白酶 9 诱导表达定量分析

对照组注射 PBS。依据标准曲线对草鱼基质金属蛋白酶 9 的相对表达量进行计算,使用 $\beta-actin$ 作为内参基因,并进行归一化处理。所显示的为相对定量数据为平均值±标准误 ★ P<0.05

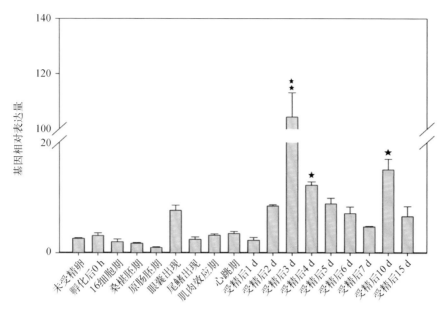

图 10-57 不同发育时期草鱼基质金属蛋白酶 9 表达分析

使用 β-actin 作为内参基因，并进行归一化处理。所显示的为相对定量数据为平均值±标准误 ★ P<0.05，★★ P<0.01

　　草鱼基质金属蛋白酶抑制剂 2b cDNA 全长 1 224 bp，包含 204 bp 5′非编码区，657 bp 开放阅读框(编码 218 个氨基酸)和包含 polyA 序列的 363 bp 3′非编码区。草鱼基质金属蛋白酶抑制剂 2b 氨基酸序列含有一个信号肽和一个包含 N 端和小 C 端的 NTR 结构域。预测草鱼基质金属蛋白酶抑制剂 2b 氨基酸分子量为 24.240 8 kDa，理论等电点是 6.16。

　　草鱼基质金属蛋白酶抑制剂 2b 基因在血液、脑、肌肉、肾脏、肝脏、头肾、脾脏、心脏、皮肤、鳃、肠和鳍组织中均检测到表达。在肾脏的表达量最高，在鳍的表达量最低(图 10-58)。在注射过嗜水气单胞菌后的 4 h，草鱼基质金属蛋白酶抑制剂 2b 的表达量

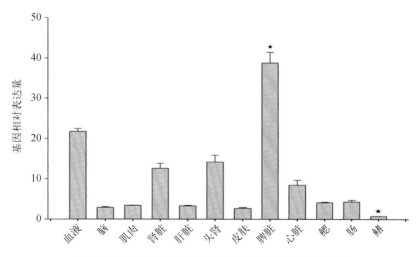

图 10-58 草鱼基质金属蛋白酶抑制剂 2b 组织表达谱

使用 β-actin 作为内参基因，并进行归一化处理。所显示的为相对定量数据为平均值±标准误 ★★ P<0.01

在所有组织都迅速升高(图10-59)。草鱼基质金属蛋白酶抑制剂2b在未受精卵和16细胞期即检测到表达。草鱼基质金属蛋白酶抑制剂2b在受精后3 d达到峰值,随后又呈下滑状态,在受精后10 d达到另外一次峰值(图10-60)。

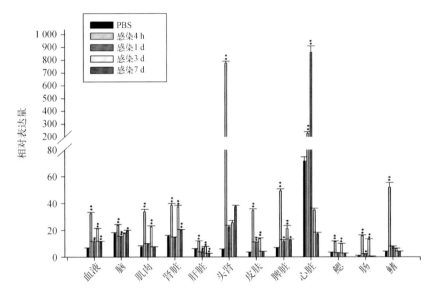

图10-59　草鱼基质金属蛋白酶抑制剂2b诱导表达定量分析

使用$\beta-actin$作为内参基因,并进行归一化处理。所显示的为相对定量数据为平均值±标准误 ★ $P<0.05$,★★ $p<0.01$

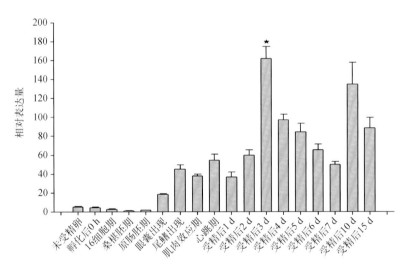

图10-60　不同发育时期草鱼基质金属蛋白酶抑制剂2b表达分析

使用$\beta-actin$作为内参基因,并进行归一化处理。所显示的为相对定量数据为平均值±标准误 ★ $P<0.05$

(二) 热休克蛋白

草鱼热休克蛋白60 cDNA全长2 434 bp,包含编码575个氨基酸的1 728 bp开放阅读框,蛋白分子量为61.259 6 kDa,理论等电点5.5。氨基酸序列包含ATP/Mg^{2+}结合位点、一个铰链结构域和一个环状寡聚结构。

　　所有检测的组织中均检测到草鱼热休克蛋白 60 表达。在血液和肝脏中检测到显著性高表达（图 10－61）。在受到嗜水气单胞菌感染后，草鱼体内热休克蛋白 60 的表达快速上调，但是脑、头肾和心脏例外。值得注意的是，在受到诱导后第 3 d，热休克蛋白 60 表达量也有一个上调的过程，同样，心脏和头肾此时的表达量依然不高。在第 7 d 时热休克蛋白 60 在所有组织恢复到与对照组一样的表达水平（图 10－62）。在未受精卵、受精后 0 h、16 细胞期和桑葚期这些早期发育阶段，热休克蛋白 60 具有显著性高表达。在原肠胚期的表达量显著下滑，并在随后的发育阶段保持较低的表达水平（图 10－63）。

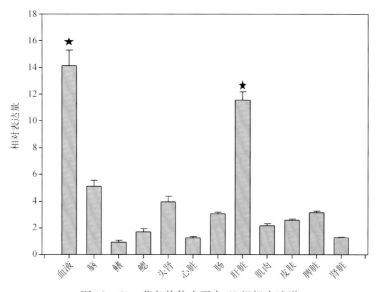

图 10－61　草鱼热休克蛋白 60 组织表达谱

使用 $\beta-actin$ 作为内参基因，并进行归一化处理。所显示的为相对定量数据，表示为平均值±标准误 ★ $P<0.05$

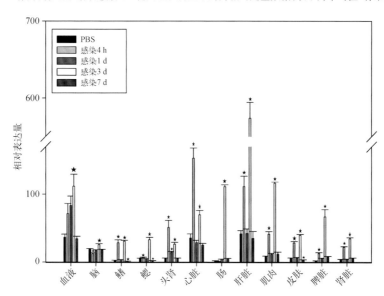

图 10－62　草鱼热休克蛋白 60 诱导表达定量分析

使用 $\beta-actin$ 作为内参基因，并进行归一化处理。所显示的为相对定量数据，表示为平均值±标准误 ★ $P<0.05$

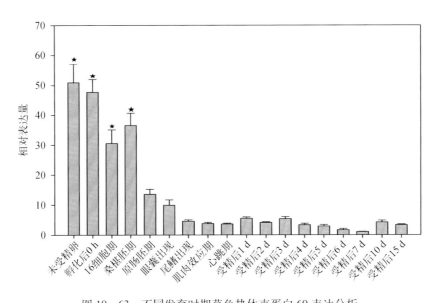

图 10 - 63　不同发育时期草鱼热休克蛋白 60 表达分析

使用 β - *actin* 作为内参基因,并进行归一化处理。所显示的为相对定量数据为平均值±标准误 ★ $P<0.05$

主要参考文献

柏海霞,彭期冬,李翀,等.2014.长江四大家鱼产卵场地形及其自然繁殖水动力条件研究综述.中国水利水电科学研究院学报,12(3):249-257.

本刊编辑部.2001.百年回眸——20世纪水产业经典大事记.北京水产,(1):3-5.

毕香梅,郁二蒙,王广军,等.2011.摄食青草和人工配合饲料的草鱼肌肉营养成分分析及比较.广东农业科学,(1):132-134.

曹俊明,关国强,刘永坚,等.1997.饲料蛋白质、脂肪、碳水化合物水平对草鱼生长和组织营养成分组成的影响.水产科技情报,24(2):8-12.

曹俊明,田丽霞,陈竹,等.1996.饲料中不同脂肪酸对草鱼生长和组织营养成分组成的影响.华南理工大学学报(自然科学版),24:158-163.

曹婷婷,白俊杰,王解香,等.2012.草鱼遗传结构和遗传多样性的研究概况.中国农学通报28(5):76-80.

曹哲明,张志伟,周劲松,2005.TRAP及SSCP检测草鱼微卫星序列多态性.生物技术,15(6):22-24.

陈大庆,段辛斌,刘绍平,等.2002.长江渔业资源变动和管理对策.水生生物学报,26(6):685-690.

陈金辉,黄明敏,郑康,等.2004.两个不同的人工雌核发育草鱼群体基因组DNA的RAPD分析.水生生物学报,28(5):471-477.

陈松林,陈细华,牟松,等.1998.草鱼的生长及其血清生长激素水平的季节和日变化规律的研究.水产学报,22(1):24-28.

陈勇,李家乐,沈玉帮,等.2012.草鱼ghrelin基因的分子克隆与组织分布及其摄食调控作用分析.水产学报,36(5):663-671.

陈玥,李家乐,沈玉帮.2013.草鱼C1qC基因的克隆及表达分析.中国水产科学,20(1):25-34.

陈玥.2013.草鱼三个C1q相关基因的克隆及表达分析.上海:上海海洋大学硕士学位论文.

陈真然.1963.草鱼(鲩)仔、稚鱼期发育的形态生态特征.动物学杂志,(1):23-29.

成永旭,王联合,陈居明.1995.饲料中不同脂肪源对草鱼生长及其肌肉和肝脏脂肪含量的影响.水产科技情报,22(4):171-172.

程汉良,蒋飞,彭永兴,等.2013.野生与养殖草鱼肌肉营养成分比较分析.食品科学,34(13):266-270.

程静,茅沈丽,梁日深,等.2012.不同水平的蚯蚓和蚯蚓粪对草鱼肌肉品质的影响.饲料工业,33(18):20-24.

仇潜如,陈曾龙.1977.鱼类的标志.淡水渔业,(12):29-31.

邓岳松,罗琛,刘筠.1998.草鱼人工雌核发育的细胞学观察.激光生物学报,7(3):47-51.

樊佳佳,陈柏湘,白俊杰,等.2015.不同地理来源草鱼群体杂交后代的生长性能分析.中国农学通报,31(29):28-32.

樊佳佳,梁健辉,白俊杰,等.2016.长江和珠江水系1龄草鱼生长性能分析.大连海洋大学学报,31(6):598-601.

樊佳佳,刘小献,白俊杰,等.2014.草鱼柠檬酸合酶基因SNP筛选及与生长性状的关联分析.华中农业大学学报,33(3):84-89.

范玉顶,张燕,汪登强,等.2010.长江草鱼多态微卫星位点的分离及后备亲鱼的遗传多样性分析.淡水渔业,40(6):3-8.

冯启新.2003.钟麟与家鱼人工繁殖.水产科技,(4):12-14.

傅建军,李家乐,沈玉帮,等.2013.草鱼野生群体遗传变异的微卫星分析.遗传,35(2):192-201.

傅建军,王荣泉,沈玉帮,等.2015.我国草鱼野生群体 D-Loop 序列遗传变异分析.水生生物学报,39(2):349-357.

傅建军,张猛,沈玉帮,等.2015.草鱼幼鱼生长性状和肌肉成分的遗传参数估计.水产学报,39(12):1780-1787.

傅建军,张猛,沈玉帮,等.2016.草鱼 PRL 基因多态性与幼鱼生长性状和肌肉成分的关联分析.中国水产科学,23(3):491-499.

傅建军,张猛,沈玉帮,等.2017.草鱼 D-loop 多态性与幼苗生长性状的关联分析.淡水渔业,47(1):17-21.

傅建军,王荣泉,刘峰,等.2010.草鱼长江和珠江群体及长江与珠江杂交组合遗传差异的微卫星分析.上海海洋大学学报,19(4):433-439.

傅建军,王荣泉,刘峰,等.2009.长江草鱼♀×珠江草鱼♂杂交子一代与其亲本一龄阶段生长性能和体型分析.安徽农业科学,37(23):11037-11039.

傅建军,王荣泉,刘峰,等.2010.草鱼长江和珠江群体及长江♀×珠江♂杂交组合遗传差异的微卫星分析.上海海洋大学学报,19(4):433-439.

高焕,孔杰,于飞,等.2007.人工控制自然交尾条件下中国对虾父本的微卫星识别.海洋水产研究,28(1):1-5.

高雷,胡兴坤,杨浩,等.2019.长江中游黄石江段四大家鱼早期资源现状.水产学报,43(6):1-17.

桂建芳.2003.长江四大家鱼原种放流的历史与现实.中国水产,(1):11-12.

郭汉青,涂福命,王宾贤,等.1966.草鱼与鳙鱼人工杂交及其后代的初步观察.动物学杂志,(4):188-189.

郭建林,马恒甲,孙丽慧,等.2012.不同精、青饲料比例对草鱼生长、形体及肌肉营养成分的影响.浙江海洋学院学报(自然科学版),31(6):503-508.

郭诗照,傅建军,沈玉帮,等.2010.池塘网箱培育草鱼 1 龄种种技术要点.科学养鱼,(3):7-8.

郭诗照,王荣泉,傅建军,等.2011.草鱼、鳙及其杂交鱼的形态差异分析.江苏农业科学,39(5):320-322.

郭帅,李家乐,吕利群.2010.草鱼呼肠孤病毒的致病机制及抗病毒新对策.渔业现代化,37(1):37-42.

湖北省水生生物研究所第二室育种组家鱼研究小组.1976.用理化方法诱导草鱼(♀)×团头鲂(♂)杂种和草鱼的三倍体、四倍体.水生生物学集刊,6(1):111-114.

黄滨,万正义.2014.瑞昌长江四大家鱼鱼苗资源成因及捕捞技术.江西水产科技,(4):33-36.

黄明敏,陈金辉,郑康,等.2004.草鱼基因组随机扩增多态性引物及多态性位点的筛选.科学技术与工程,4(2):291-296.

黄容,罗青,杜富宽,等.2013.基于亲子鉴定技术的草鱼家系快速鉴定.武汉:中国科协第 264 次青年科学家论坛,1.

黄世蕉,沈竑.1992.维生素 B6 对草鱼脂肪代谢的影响.水生生物学报,16(4):313-321.

吉红,曹艳姿,刘品,等.2009.饲料中 HUFA 影响草鱼脂质代谢的研究.水生生物学报,33(5):881-889.

姜国良,熊全沫,姚汝华.1997.草鱼同工酶的组织分布及遗传结构分析.华南理工大学学报(自然科学版),25(12):105-110.

姜鹏,韩林强,白俊杰,等.2018.草鱼生长性状的遗传参数和育种值估计.中国水产科学,25(1):18-25.

金燮理,金宏,王明龙,等.1999.草鱼×赤眼鳟 F1 与其亲本遗传性状的比较研究.生命科学研究,3(4):316-320.

金燮理,田习初,曾国清,等.1997.草鱼与赤眼鳟杂交繁殖及苗种培育的初步研究.内陆水产,(12):6-7.

冷向军,孟晓林,李家乐,等.2008.杜仲叶对草鱼生长、血清非特异性免疫指标和肉质影响的初步研究.水产学报,32(3):434-440.

李宝山,冷向军,李小勤,等.2008.投饲蚕豆对不同规格草鱼生长、肌肉成分和肠道蛋白酶活性的影响.上海水产大学学报,17(3):310-315.

李宝山,冷向军,李小勤,等.2008.投饲蚕豆对草鱼生长和肌肉品质的影响.中国水产科学,15(6):1042-1049.

李宾,叶元土,蔡春芳,等.2011.不同棉粕和向日葵仁粕对草鱼生长、鱼体组成的影响.中国粮油学报,26(8):75-83.

李冰霞,罗琛.2003.热休克法抑制第一次卵裂实现草鱼雌核发育的细胞学观察.水生生物学报,27(2):155-160.

李传武,吴维新,徐大义,等.1990.鲤和草鱼杂交中雄核发育子代的研究.水产学报,14(2):153-156.

李家乐,沈玉帮,傅建军,等.2012.养殖草鱼家系的构建和良种选育方法.ZL200910197874.X.

李家乐,沈玉帮.2011.草鱼育种岗分子标记开发研究进展.科学养鱼,(11):43.

李家乐,张猛,沈玉帮,等.2016.一种分子辅助选育草鱼优良品系及选育效果验证的方法.ZL201410667437.0.

李鸥,赵莹莹,郭娜,等.2009.草鱼种群 SSR 分析中样本量及标记数量对遗传多度的影响.动物研究,30(2):

121 – 130.

李树华,陈大庆,段辛斌,等.2014.基于线粒体 DNA 标记的长江中游草鱼亲本增殖放流的遗传效果评估.淡水渔业,44(3):45 – 50.

李思发,王强,陈永乐.1986.长江、珠江、黑龙江三水系的鲢、鳙、草鱼原种种群的生化遗传结构与变异.水产学报,10(4):351 – 372.

李思发,陆伟民,周碧云,等.1990.长江、珠江、黑龙江鲢、鳙、草鱼渔业资源状况.淡水渔业,(6):15 – 20.

李思发,吕国庆,L.贝纳切兹.1998.长江中下游鲢鳙草青四大家鱼线粒体 DNA 多样性分析.动物学报,44(1):83 – 94.

李思发,吕国庆,周碧云.1995.长江天鹅洲故道"四大家鱼"种质资源天然生态库建库可行性研究.水产学报,19(3):193 – 202.

李思发,吴力钊,王强.1990.长江、珠江、黑龙江鲢、鳙、草鱼种质资源研究.上海:上海科学技术出版社,25 – 48.

李思发,杨和荃,陆伟民.1980.鲢、鳙、草鱼摄食节律和日摄食率的初步研究.水产学报,4(3):275 – 283.

李思发,周碧云,吕国庆,等.1997.长江鲢、鳙、草鱼和青鱼原种亲鱼标准与检测的研究.水产学报,21(2):143 – 151.

李思发,周碧云,倪重匡,等.1989.长江、珠江、黑龙江鲢、鳙和草鱼原种种群形态差异.动物学报,35(4):390 – 398.

李思忠,方芳.1990.鲢、鳙、青、草鱼地理分布的研究.动物学报,36(3):244 – 250.

李万程.1985.草鱼、三角鲂及其杂种一代乳酸脱氢酶同工酶电泳分析.湖南师范大学自然科学学报,(1):32 – 35.

李文升,刘翠,鲁翠云,等.2011.草鱼三、四核苷酸重复微卫星标记的分离与特征分析.中国水产科学,18(4):742 – 750.

李玺洋,白俊杰,樊佳佳,等.2012.二龄草鱼形态性状对体质量影响效果的分析.上海海洋大学学报,21(4):535 – 541.

李小勤,胡斌,冷向军,等.2009.VE 对草鱼成鱼肌肉品质和抗氧化性能的影响.水生生物学报,33(6):1132 – 1139.

李小勤,胡斌,冷向军,等.2010.VC 对草鱼成鱼生长、肌肉品质及血清非特异性免疫的影响.上海海洋大学学报,19(6):787 – 791.

李小勤,李星星,冷向军,等.2007.盐度对草鱼生长和肌肉品质的影响.水产学报,31(3):343 – 348.

李亚南.2000.草鱼免疫器官和血液的六种同工酶生化与遗传特性分析.浙江大学学报(农业与生命科学版),26(4):46 – 50.

廖朝兴,刘仲琪,黄忠志,等.1988.不同组成的草鱼配合饲料养鱼效果分析.淡水渔业,(1):10 – 13.

廖小林,俞小牧,谭德清,等.2004.利用微卫星分析长江水系草鱼遗传多样性.武汉:湖北省生物工程学会 2004 年年会,1.

廖小林,俞小牧,谭德清,等.2005.长江水系草鱼遗传多样性的微卫星 DNA 分析.水生生物学报,29(2):113 – 119.

林凯东.2003.人工诱导雌核发育草鱼与普通草鱼基因组的微卫星分析.长沙:湖南师范大学硕士学位论文.

刘爱珠,胡庚东.1989.雌核发育草鱼与其亲本几种同工酶的比较.淡水渔业,(3):21 – 23.

刘峰,李家乐.2009.草鱼免疫因子研究进展.上海海洋大学学报,18(4):502 – 507.

刘国安,吴维新,林临安,等.1983.鲤、草杂交子一代与草鱼回交胚胎发育的观察.湖南水产科技,(4):30 – 35.

刘国安,吴维新,林临安,等.1983.兴国红鲤×草鱼受精细胞学研究.湖南水产科技,(3):13 – 19.

刘国安,吴维新,林临安,等.1987.兴国红鲤同草鱼杂交的受精细胞学研究.水产学报,11(1):17 – 21.

刘磊,李健,刘萍,等.2010.微卫星 DNA 标记用于三疣梭子蟹家系亲子关系的鉴定.渔业科学进展,31(5):76 – 82.

刘凌云.1981.草鱼染色体组型的研究.动物学报,26(2):126 – 131.

刘敏,肖调义,孙念,等.2013.异精雌核发育草鱼 F1 与普通草鱼的 SCAR 标记鉴别初报.水生态学杂志,34(3):94 – 100.

刘思阳.1988.三倍体草鱼鲂杂种与双亲性腺发育的比较观察.淡水渔业,(4):27 – 28.

刘添荣,邓伟兴,许梓晓,等.2008.珠江流域西江下游渔业现状调查与分析.中国渔业经济,26(2):81 – 87.

刘小献,白俊杰,于凌云.2011.草鱼高通量测序 SNP 筛选及初步分析.西安:2010 年中国水产学会学术年会,1.

刘元楷,许谷星,叶盛钟.1966.绒毛膜促性腺激素对草鱼卵巢排卵和卵球成熟的作用.水产学报,3(1):26 – 40.

刘正华,陈金辉,黄明敏,等.2006.草鱼基因组 DNA 一些 RAPD 位点的遗传分析及分子标记筛选.水生生物学报,30(3):292 – 297.

刘正华.2005.雌核发育草鱼基因组 DNA 的一些 RAPD 位点及微卫星标记的遗传分析.长沙:湖南师范大学硕士学位论文.

龙建军,陈礼和.2005.雌核发育抗病草鱼池塘养殖对比试验.内陆水产,(3):9.

陆仁后,李燕鹏,易泳兰,等.1982.四倍化草鱼细胞株的获得、特性和移核实验的初步试探.遗传学报,9(5):381-388.

吕国庆,李思发.1993.长江天鹅洲故道鲢、鳙、草鱼和青鱼种群特征与数量变动的初步研究.上海水产大学学报,2(1):6-16.

伦峰,冷向军,李小勤,等.2008.投饲蚕豆对草鱼生长和肉质影响的初步研究.淡水渔业,38(3):73-76.

罗琛,刘筠.1991.人工诱导草鱼和鲫鱼雌核发育的研究.湖南师范大学自然科学学报,14(2):154-159.

马海涛,鲁翠云,于冬梅,等.2007.草鱼基因组中微卫星分子标记的制备及筛选.上海水产大学学报,16(4):389-393.

马洪雨,岳永生,郭金峰,等.2006.山东省三个鲤鱼群体遗传多样性及亲缘关系的微卫星标记分析.湖泊科学,18(6):655-660.

毛瑞鑫,张雅斌,郑伟,等.2010.四大家鱼种质资源的研究进展.水产学杂志,23(3):52-59.

米瑞芙.1982.草鱼、鲤和鲢血液学指标的测定.淡水渔业,(4):10-16.

苗贵东,杜民,杨景峰,等.2011.大菱鲆亲子鉴定的微卫星多重PCR技术建立及应用.中国海洋大学学报(自然科学版),41(1-2):97-106.

倪寿文,桂远明,刘焕亮.1990.草鱼、鲤、鲢、鳙和尼罗非鲫脂肪酶活性的比较研究.大连水产学院学报,5(3-4):19-24.

农业农村部渔业渔政管理局.2019.2019中国渔业统计年鉴.北京:中国农业出版社.

农业农村部渔业渔政管理局.2018.2017年中国水生动物卫生状况报告.北京:中国农业出版社.

农业农村部渔业渔政管理局.2018.2017中国渔业统计年鉴.北京:中国农业出版社.

彭期冬,廖文根,李翀,等.2012.三峡工程蓄水以来对长江中游四大家鱼自然繁殖影响研究.四川大学学报(工程科学版),44(2):228-232.

濮剑威,孙成飞,蒋霞云,等.2011.草鱼两个肌肉生长抑制素cDNA克隆、表达及过量表达对胚胎发育的影响.生物技术通报,(8):153-160.

邱顺林,刘绍平,黄木桂,等.2002.长江中游江段四大家鱼资源调查.水生生物学报,26(6):716-718.

全迎春,韩林强,白俊杰,等.2014.雌核发育草鱼的遗传结构分析和微卫星鉴别方法的建立.水产学报,38(11):1801-1807.

任昆,白俊杰,樊佳佳,等.2013.草鱼的微卫星亲权鉴定.南方农业学报,44(8):1367-1371.

任修海.1996.三倍体草鱼染色体限制性内切酶带分析.动物学研究,17(2):187-192.

荣建华,甘承露,丁玉琴,等.2012.低温贮藏对脆肉鲩鱼肉肌动球蛋白特性的影响.食品科学,33(14):273-276.

邵启超,陆鸣周,窦广波,等.1990.利用长江支流小夹江选育长江系草鱼、青鱼、鲢、鳙原种亲鱼.淡水渔业,(5):30-31.

沈俊宝.2002.长江"四大家鱼"资源急需保护和增殖.中国水产,(12):16-18.

沈玉帮,张俊彬,李家乐.2011.草鱼种质资源研究进展.中国农学通报,27(7):369-373.

沈玉帮,李家乐,傅建军,等.2015.一种草鱼抗细菌性败血症品系的构建方法.ZL 201410191557.8.

施文正,王锡昌,陶宁萍,等.2011.野生草鱼与养殖草鱼的挥发性成分.江苏农业学报,27(1):177-182.

帅方敏,李新辉,黄艳飞,等.2017.珠江水系四大家鱼资源现状及空间分布特征研究.水生生物学报,41(6):1336-1344.

宋晓,李思发,王成辉,等.2009.草鱼中国土著群体与欧美日移居群体遗传差异的线粒体序列分析.水生生物学报,33(4):709-716.

宋昭彬,常剑波,曹文宣.2001.长江中游草鱼仔鱼的日龄和生长研究.水产学报,25(6):500-506.

苏传福,罗莉,文华,等.2007.日粮铁对草鱼生长、营养成分和部分血液指标的影响.淡水渔业,37(1):48-52.

苏建明.2007.草鱼肠道组织消减cDNA文库的构建及免疫相关基因的克隆与表达分析.长沙:湖南农业大学博士学位论文.

孙成飞,邹曙明,陈杰,等.2018.Tgf2转座子介导的草鱼、团头鲂和鲫插入诱变研究.农业生物技术学报,26(1):11-19.

孙俊龙,沈玉帮,傅建军,等.2015.草鱼一龄前不同月龄主要形态性状对体重影响效果的分析.上海海洋大学学报,24(3):341-349.

孙俊龙.2015.草鱼生长性状和抗病力遗传参数及QTL初步定位分析.上海:上海海洋大学硕士学位论文.

孙效文,鲁翠云,梁利群.2005.磁珠富集法分离草鱼微卫星分子标记.水产学报,29(4):482-486.

谭书贞,董仕,边春媛,等.2007.长江流域 3 个群体草鱼 mtDNAD‐loop 区段的 PCR‐RFLP 分析.南开大学学报(自然科学版),40(3):106‐112.

谭书贞.2007.应用 DNA 和同工酶遗传标记检测长江 3 个草鱼群体的遗传多样性.天津:天津师范大学硕士学位论文.

陶洋,邹曙明.2011.草鱼胰岛素样生长因子结合蛋白 IGFBP‐1 基因的全长 cDNA 克隆及表达.上海海洋大学学报,20(1):15‐21.

田见龙,王东.1989.长江野生草鱼性状和生长的研究.河南师范大学学报(自然科学版),(2):60‐64.

田见龙,王东.1990.长江野生草鱼可量性状分析.淡水渔业,(2):33‐38.

田丽霞,刘永坚,冯健,等.2002.不同种类淀粉对草鱼生长、肠系膜脂肪沉积和鱼体组成的影响.水产学报,(3):247‐251.

王成龙,郑国栋,陈杰,等.2016.草鱼雌核发育后代不同群体的微卫星遗传分析及指纹识别.水生生物学报,40(6):1135‐1143.

王成龙,郑国栋,陈杰,等.2017.ENU 诱变草鱼及其雌核发育后代的微卫星遗传分析.中国水产科学,24(5):1013‐1019.

王道尊,刘玉芳.1987.青鱼、草鱼、团头鲂的肌肉及有关天然饲料的生化组成分析.水产科技情报,(4):11‐16.

王红权,肖调义,赵玉蓉,2003.3 种不同染色体组加倍法在草鱼人工雌核发育中的对比研究.内陆水产,(1):34‐35.

王红权.2014.基于 GCRV 抗性提高的草鱼免疫特性分析.长沙:湖南农业大学博士学位论文.

王鸿霞,吴长功,张留所,等.2006.微卫星标记应用于凡纳滨对虾家系鉴别的研究.遗传,28(2):179‐183.

王解香,白俊杰,于凌云,2011a.不同种群草鱼遗传结构的 EST‐SSR 分析.西安:2010 年中国水产学会学术年会,1.

王解香,白俊杰,于凌云.2012.草鱼 EST‐SSRs 标记的筛选及其与生长性状相关分析.淡水渔业,42(1):3‐8.

王解香,于凌云,白俊杰,等.2011b.草鱼 EST‐SSR 标记及 5 个不同地域群体的遗传结构分析.动物学杂志,46(5):24‐32.

王令玲,仇潜如,吴福煌,等.1987.长江草鱼、青鱼、鲢、鳙 LDH 和 MDH 同工酶的电泳研究.淡水渔业,(3):7‐10.

王荣泉,宣云峰,阮瑞霞.2015.循环流水养鱼池及养鱼方法.ZL201310336799.7.

王沈同,沈玉帮,孟新展,等.2018.草鱼野生与选育群体遗传变异微卫星分析.水产学报,42(8):1273‐1284.

王沈同,张猛,党云飞,等.2017.草鱼野生与选育群体线粒体 DNA 控制区 D‐loop 遗传变异分析.水生生物学报,41(5):947‐955.

王沈同,张猛,沈玉帮,等.2017.草鱼 GH 基因 3′部分序列多态性与生长性状及肌肉成分的相关性分析.水产学报,41(9):1329‐1337.

王沈同,沈玉帮,孟新展,等.2018.草鱼野生与选育群体遗传变异微卫星分析.水产学报,42(8):1273‐1284.

魏静,郑小淼,冷向军,等.2016.草鱼脆化过程中血液学指标及组织氧化还原的动态变化.上海海洋大学学报,25(4):559‐568.

吴海防,董仕,单淇,等.2006.3 个群体草鱼 mtDNAD‐Loop 的 PCR‐RFLP 分析.水产科学,25(4):184‐188.

吴力钊,王祖熊.1987.草鱼同工酶发育遗传学研究—Ⅰ.不同组织器官的同工酶分析.遗传学报,14(4):278‐286.

吴力钊,王祖熊.1988.草鱼同工酶基因座位多态性的初步研究.水生生物学报,12(2):116‐124.

吴力钊,王祖熊.1992.长江中游草鱼天然种群的生化遗传结构及变异.遗传学报,19(3):221‐227.

吴乃虎,王钢锋,阎景智,等.1991.草鱼和鲤鱼线粒体 DNA 的分离纯化及其 COI 基因的分子克隆.动物学报,37(4):375‐382.

吴维新,李传武,刘国安,等.1988.鲤和草鱼杂交四倍体及其回交三倍体草鱼杂种的研究.水生生物学报,12(4):355‐363.

吴维新,林临安,徐大义.1982.一个四倍体杂种——兴国红鲤(cyprinus carpio. L)×草鱼(Ctenopharyngodeuidella. V).湖南水产科技,(1):28‐31.

吴维新,刘国安,郑远刚,等.1983.兴国红鲤♀×草鱼♂杂交后代遗传性状的比较研究.湖南水产科技,(2):28‐32.

武岗县鱼苗鱼种场.1974.草鱼(♀)×鲤鱼(♂)人工杂交试验的初步总结.湖南水产科技,(1):8‐9.

夏德全,杨弘,吴婷婷,等.1996.天鹅洲通江型长江故道"四大家鱼"种群遗传结构研究.中国水产科学,3(4):12‐19.

向建国,章怀云,唐必会.1999.导入鲤鱼总 DNA 的草鱼种与普通草鱼种生长的比较.内陆水产,(9):7‐8.

肖调义,刘建波,陈清华,等.2004.脆肉鲩肌肉营养特性分析.淡水渔业,34(3):28-30.

肖亚梅,刘筠,罗琛.2001.雌核发育草鱼近交 F1 代的生化遗传特性.水产学报,25(6):495-499.

肖亚梅,罗琛,刘筠,等.2001.人工雌核发育草鱼染色体倍性的鉴定.生命科学研究,5(3):290-293.

肖亚梅,罗琛,刘筠.2000.人工雌核发育草鱼外周血细胞的显微及超微结构观察.激光生物学报,9(4):269-273.

肖亚梅,罗琛.2004b.人工雌核发育草鱼近交 F1 代线粒体 DNA 限制性内切酶分析.生命科学研究,8(3):221-224.

肖亚梅,罗琛.2004.雌核发育草鱼同工酶分析.激光生物学报,13(1):74-77.

许昌光,梁益岭,王明勤,等.1979.三个类型鲤鱼品种(或地理种群)间杂种的生长对比试验.淡水渔业,(6):1-6.

薛国雄,官平,张燕生,等.1992.草鱼 LDH 同工酶比较酶学和免疫化学性质.水产学报,16(4):357-364.

薛国雄,刘棘,刘洁.1998.三江水系草鱼种群 RAPD 分析.中国水产科学,5(1):2-6.

薛家骅.1980.几种理化因子对草鱼胚胎发育的影响.动物学杂志,(3):4-7.

颜勤.2004.草鱼线粒体型超氧化物歧化酶的生化遗传特性的研究.长沙:湖南师范大学硕士学位论文.

晏炬,刘世华,张木先.1989.同步化技术在草鱼染色体显带中的应用及草鱼核型的初步分析.动物学研究,10(2):123-128.

晏勇,张兴忠,龙华.1994.草鱼线粒体 DNA 限制性内切酶分析.淡水渔业,24(3):30-31.

杨慧一.1990.草鱼和团头鲂的核型及其 C 带带型的研究.中国科学技术大学学报,20(4):478-485.

杨慧一.1991.草鱼和团头鲂染色体 G 带带型的研究.动物学报,37(4):431-437.

杨小猛,王荣泉,沈玉帮,等.2011.水族箱与池塘培育草鱼苗效果的比较.江苏农业科学,39(6):380-382.

杨学明,李思发,1996.长江鲢、草鱼原种——人繁群体生长差异与生化遗传变化.中国水产科学,3(4):2-11.

杨永铨,刘爱知,林克宏,等.1981.人工诱导鱼类雌核发育的实验研究.淡水渔业,(4):2-4.

叶玉珍,吴清江,陈荣德.1989.草鱼和鲤杂交的细胞学研究——鱼类远缘杂交核质不同步现象.水生生物学报,13(3):234-239.

殷文莉,杨代淑,戴建华,等.1997.草鱼线粒体 DNA 酶切图谱的研究.武汉大学学报(自然科学版),43(2):81-85.

于凌云,白俊杰,曹婷婷,等.2013.六个不同地域草鱼群体遗传多样性和遗传距离的 EST-SNP 标记分析,合肥:2013年中国水产学会学术年会,1.

俞豪祥,张海明,林莲英,等.1988.七种鲤科鱼类标志的研究.水生生物学报,12(2):268-271.

袁振兴,代应贵,刘伟,等.2017.都柳江鲤、鲫和草鱼种群 mtDNA 控制区及遗传多样性分析.基因组学与应用生物学,36(5):1926-1934.

昝瑞光,宋峥.1979.草鱼、团头鲂染色体组型的分析比较.遗传学报,6(2):205-210.

曾伟伟,王庆,王英英,等.2013.草鱼呼肠孤病毒三重 PCR 检测方法的建立及其应用.中国水产科学,20(2):419-426.

张博,宋文平.2012.微卫星多重 PCR 在水生动物亲权分析中的研究进展.海洋渔业,34(3):350-356.

张春雷,佟广香,匡友谊,等.2010.哲罗鱼微卫星亲子鉴定的应用.动物学研究,31(4):395-400.

张德春,余来宁,方耀林.2004.草鱼自然群体和人工繁殖群体遗传多样性的研究.淡水渔业,34(4):5-7.

张德春.2000.草鱼 RAPD 指纹的初步研究.湖北三峡学院学报,22(2):58-60.

张德华,姜昌亮,孙耀,等.2001.剪鳍标记法测定钻井噪声与振动对草鱼生长的影响.湖北农学院学报,21(2):159-163.

张方,米志勇,毛钟荣,等.1999.草鱼(Ctenopharyngodon idellus)线粒体 DNA 控制区及其两侧 tRNA 基因的克隆与结构分析.中国生物化学与分子生物学报,15(3):71-76.

张芬.2008.草鱼神经肽 Y(NPY)的 cDNA 克隆及饥饿对脑组织 NPY 表达的影响.重庆:西南大学硕士学位论文.

张虹.2011.雌核发育草鱼群体的建立及其主要生物学特性研究.长沙:湖南师范大学博士学位论文.

张建铭,吴志强,胡茂林.2010.赣江峡江段四大家鱼资源现状的研究.水生态学杂志,3(1):34-36.

张建寿.1966.鲢、鳙、草鱼的人工繁殖技术.湖北农业科学,(1):73-75.

张猛,陈勇,沈玉帮,等.2016.草鱼 MSTN-1 基因多态性及与早期生长性状和肌肉成分关联分析.水产学报,40(4):618-625.

张猛,沈玉帮,徐晓雁,等.2019.草鱼 7 个插入/缺失型突变多态性及与幼鱼生长性状的关联.水产学报,43(8):1-11.

张奇亚,李正秋.1999.草鱼巨噬细胞的集结及相关的组织变化.中国兽医学报,19(5):504-507.

张四明,邓怀,汪登强,等.2001.长江水系鲢和草鱼遗传结构及变异性的 RAPD 研究.水生生物学报,25(4):324-330.

张四明,汪登强,邓怀,等.2002.长江中游水系鲢和草鱼群体 mtDNA 遗传变异的研究.水生生物学报,26(2):142-147.

张志伟,曹哲明,杨弘,等.2006a.草鱼野生和养殖群体间遗传变异的微卫星分析.动物学研究,27(2):189-196.

张志伟,曹哲明,周劲松,等.2006b.不同种群草鱼遗传结构的 TRAP 分析.农业生物技术学报,14(4):517-521.

张志伟,韩曜平,仲霞铭,等.2007.草鱼野生群体和人工繁殖群体遗传结构的比较研究.中国水产科学,14(5):720-725.

张志伟.2006.草鱼野生和养殖群体间遗传结构比较研究.南京:南京农业大学博士学位论文.

章怀云,刘荣宗,张学文,等.1998.草鱼和鲤 RAPD 引物筛选及鱼种特异性分子标记.湖南农业大学学报,24(2):57-62.

章怀云,刘荣宗,张学文,等.1998.草鱼和鲤群体遗传变异的 RAPD 指纹分析.水生生物学报,22(2):168-173.

赵金良,李家乐,曹阳.2008.草鱼杂交育种及杂交后代生物学研究进展.安徽农学通报,14(11):162-164.

赵金良,李思发.1996.长江中下游鲢、鳙、草鱼、青鱼种群分化的同工酶分析.水产学报,20(2):104-110.

赵凯.2001.青海湖裸鲤与鲤、鲫、草鱼的随机扩增多态 DNA 分析.淡水渔业,31(5):49-51.

赵玲,周洪琪,陆海祺,等.1995.对草鱼、鲢、鳙、团头鲂鱼种阶段的 RNA/DNA 的初步研究.上海水产大学学报,4(3):199-203.

赵明蓟,苏泽古,黄文郁,等.1979.池养鲤和草鱼血液学指标的研究.水生生物学集刊,6(4):453-464.

赵如榕.2008.两个人工雌核发育草鱼群体遗传纯合性分析.长沙:湖南师范大学硕士学位论文.

赵如榕,肖亚梅,刘少军,等.2008a.雌核发育草鱼及亲本倍性研究.生命科学研究,12(2):100-103.

赵如榕,肖亚梅,彭亮跃,等.2008.两个人工雌核发育草鱼群体遗传纯合性分析.湖南师范大学自然科学学报,31(12):110-114.

赵帅,赵文阁,刘鹏.2011.松花江干流嫩江至同江段鱼类物种资源调查.农学学报,1(6):53-57.

赵叶,周小秋,胡肆,等.2014.饲料中添加谷氨酸对生长中期草鱼肌肉品质的影响.动物营养学报,26(11):3452-3460.

赵宇江,蒋明,高攀,等.2008.饲料中高水平铜对草鱼生长、肝胰脏和肌肉中铜铁锌含量的影响.云南农业大学学报,23(6):798-805.

郑国栋,陈杰,蒋霞云,等.2015.长江草鱼不同群体 EST-SSR 多态性标记的筛选及其遗传结构分析.水生生物学报,39(5):1003-1011.

郑康,林凯东,刘正华,等.2007.草鱼连续两代的雌核发育群体及湘江流域群体基因组 DNA 的微卫星比较分析(英文).遗传学报,34(4):321-330.

周春雪,蒋霞云,陈杰,等.2014.草鱼胰岛素样生长因子 1 受体基因 cDNA 全序列的克隆及功能.中国水产科学,21(3):442-453.

周盼,张研,徐鹏,等.2011.基于 26 个微卫星标记的三江水系草鱼遗传多样性分析.中国水产科学,18(5):1011-1020.

朱冰,樊佳佳,白俊杰,等.2016.金草鱼群体形态学、遗传学与肌肉营养研究及评价.成都:2016 年中国水产学会学术年会,1.

朱冰,樊佳佳,白俊杰,等.2017b.金草鱼肌肉品质和营养成分分析及评价.海洋渔业,39(5):539-547.

朱冰,樊佳佳,白俊杰,等.2017.金草鱼与中国 4 个草鱼群体的微卫星多态性比较分析.南方水产科学,13(2):51-58.

朱蓝菲.1982.几种鲤科鱼类及杂种的乳酸脱氢酶同工酶的比较.水生生物学集刊,7(4):539-545.

朱宁生.1955.青、鲩、鲢、鳙等家鱼催青试验的初步报告.水生生物学集刊,(2):61-69.

朱志伟,李汴生,阮征,等.2007.脆肉鲩鱼肉与普通鲩鱼鱼肉理化特性比较研究.现代食品科技,24(2):109-112.

朱作言,何玲,谢岳峰,等.1990.鲤鱼和草鱼基因文库的构建及其生长激素基因和肌动蛋白基因的筛选.水生生物学报,(2):176-178.

朱作言,许克圣,谢岳峰,等.1989.转基因鱼模型的建立.中国科学(B 辑化学生命科学地学),14(2):147-155.

邹曙明,蒋霞云,孙成飞,等.2014.一种 ENU 诱导草鱼基因组 DNA 中基因突变的化学方法.ZL 201310349251.6.

邹曙明,楼允东,孙效文,等.2000.用 RAPD 方法研究草鱼、柏氏鲤和 3 个地理种群鲤的亲缘关系.中国水产科学,7(1):6-11.

左文功,钱华鑫,许映芳,等.1986.草鱼肾组织细胞系 CIK 的建立及其生物学特性.水产学报,10(1):11-17.

Alikunhi K H, Sukumaran K K. 1964. Preliminary observations on Chinese carps in India. Proceedings of the Indian Academy of Sciences, 60(3): 171-180.

Allen Jr S K, Wattendorf R J. 1987. Triploid grass carp: status and management implications. Fisheries, 12(4): 20-24.

Armstrong G C. 1949. Mortality, Rate of Growth, and Fin Regeneration of Marked and Unmarked Lake Trout Fingerlings at the Provincial Fish Hatchery, Port Arthur, Ontario. Transactions of the American Fisheries Society, 77(1): 129-131.

Avault W J. 1990. Species profile Chinese carps, common carp. Aquaculture magazine, 16(2): 59-64.

Bai Y L, Shen Y B, Xu X Y, et al. 2018. Growth arrest and DNA damage inducible 45-beta activates pro-inflammatory cytokines and phagocytosis in the grass carp (Ctenopharyngodon idella) after Aeromonas hydrophila infection. Developmental and Comparative Immunology, 87: 176-181.

Center N F. 1990. PIT-tag monitoring systems for hydroelectric dams and fish hatcheries. American Fisheries Society Symposium, 7: 323-334.

Chen Y X, Shi M J, Zhang W T, et al. 2017. The Grass Carp Genome Database (GCGD): an online platform for genome features and annotations. Database-the Journal of Biological Databases and Curation, 2017: 1-8.

Chen Y, Pandit N P, Fu J J, et al. 2014. Identification, characterization and feeding response of peptide YYb (PYYb) gene in grass carp (*Ctenopharyngodon idellus*). Fish Physiology and Biochemistry, 40(1): 45-55.

Chen Y, Shen Y B, Pandit N P, et al. 2013. Molecular cloning, expression analysis, and potential food intake attenuation effect of peptide YY in grass carp (*Ctenopharyngodon idellus*). General and Comparative Endocrinology, 187: 66-73.

Churchill W S. 1963. The Effect of Fin Removal on Survival, Growth, and Vulnerability to Capture of Stocked Walleye Fingerlings. Transactions of the American Fisheries Society, 92(3): 298-300.

Dang Y F, Meng X Z, Wang S T, et al. 2018. Mannose-binding lectin and its roles in immune responses in grass carp (Ctenopharyngodon idella) against Aeromonas hydrophila. Fish and Shellfish Immunology, 72: 367-376.

Dang Y F, Shen Y B, Xu X Y, et al. 2017. Mannan-binding lectin-associated serine protease-1 (MASP-1) mediates immune responses against Aeromonas hydrophila in vitro and in vivo in grass carp. Fish and Shellfish Immunology, 66: 93-102.

Dang Y F, Shen Y B, Xu X Y, et al. 2018. Complement component Bf/C2b gene mediates immune responses against Aeromonas hydrophila in grass carp Ctenopharyngodon idella. Fish and Shellfish Immunology, 74: 509-516.

Dang Y F, Xu X Y, Shen Y B, et al. 2016. Transcriptome Analysis of the Innate Immunity-Related Complement System in Spleen Tissue of Ctenopharyngodon idella Infected with Aeromonas hydrophila. PLoS One, 11(7): e0157413.

David L, Rajasekaran P, Fang J, et al. 2001. Polymorphism in ornamental and common carp strains (Cyprinus carpio L.) as revealed by AFLP analysis and a new set of microsatellite markers. Molecular genetics and genomics, 266(3): 353-362.

Du Z Y, Liu Y J, Tian L X, et al. 2005. Effect of dietary lipid level on growth, feed utilization and body composition by juvenile grass carp (*Ctenopharyngodon idella*). Aquaculture Nutrition, 11(2): 139-146.

Estoup A, Gharbi K, SanCristobal M, et al. 1998. Parentage assignment using microsatellites in turbot (Scophthalmus maximus) and rainbow trout (Oncorhynchus mykiss) hatchery populations. Canadian Journal of Fisheries and Aquatic Sciences, 55(3): 715-723.

Fang Y, Xu X Y, Shen Y B, et al. 2018. Molecular cloning and functional analysis of Growth arrest and DNA damage-inducible 45 aa and ab (Gadd45aa and Gadd45ab) in *Ctenopharyngodon idella*. Fish and Shellfish Immunology, 77: 187-193.

FAO. 2016. The State of World Fisheries and Aquaculture 2016. Rome.

FAO. 2018. The State of World Fisheries and Aquaculture 2018. Rome.

Fu J J, Shen Y B, Xu X Y, et al. 2013a. Multiplex microsatellite PCR sets for parentage assignment of grass carp (*Ctenopharyngodon idella*). Aquaculture International, 21(6): 1195-1207.

Fu J J, Shen Y B, Xu X Y, et al. 2015. Genetic parameter estimates and genotype by environment interaction analyses for early growth traits in grass carp (*Ctenopharyngodon idella*). Aquaculture International, 23(6): 1427-1441.

Fu J J, Shen Y B, Xu X Y, et al. 2016. Genetic parameter estimates for growth of grass carp, *Ctenopharyngodon idella*, at 10 and 18 months of age. Aquaculture, 450: 342-348.

Gjerde B, Refstie T. 1988. The effect of fin-clipping on growth rate, survival and sexual maturity of rainbow trout. Aquaculture, 73(1 - 4): 383 - 389.

Greenfield D W. 1973. An evaluation of the advisability of the release of the grass carp, *Ctenopharyngodon idella*, into the natural waters of the United States. Transactions of the Illinois Academy of Sciences, 66(1 - 2): 47 - 53.

Guillory V, Gasaway R D. 1978. Zoogeography of the grass carp in the United States. Transactions of the American Fisheries Society, 107(1): 105 - 112.

Guo D D, Guan W Z, Sun Y W, et al. 2017. Comparative expression and regulation of duplicated fibroblast growth factor 1 genes in grass carp (*Ctenopharyngodon idella*). General and comparative endocrinology, 240: 61 - 68.

He L B, Zhang A D, Chu P F, et al. 2017. Deep Illumina sequencing reveals conserved and novel microRNAs in grass carp in response to grass carp reovirus infection. Bmc Genomics, 18(1): 195.

He W G, Xie L H, Li T L, et al. 2013. The formation of diploid and triploid hybrids of female grass carp x male blunt snout bream and their 5S rDNA analysis. Bmc genetics, 14(1): 110.

Hu M Y, Shen Y B, Xu X Y, et al. 2016. Identification, characterization and immunological analysis of Ras related C3 botulinum toxin substrate 1 (Rac1) from grass carp *Ctenopharyngodon idella*. Developmental and Comparative Immunology, 54(1): 20 - 31.

Huang W J, Shen Y B, Xu X Y, et al. 2015. Identification and characterization of the TLR18 gene in grass carp (*Ctenopharyngodon idella*). Fish and Shellfish Immunology, 47(2): 681 - 688.

Huang W J, Yang X M, Shen Y B, et al. 2016. Identification and functional analysis of the toll-like receptor 20.2 gene in grass carp, *Ctenopharyngodon idella*. Developmental and Comparative Immunology, 65: 91 - 97.

Jang S H, Liu H, Su J G, et al. 2010. Construction and Characterization of Two Bacterial Artificial Chromosome Libraries of Grass Carp. Marine Biotechnology, 12(3): 261 - 266.

Jiang X Y, Hou F, Shen X D, et al. 2016. The N-terminal zinc finger domain of Tgf2 transposase contributes to DNA binding and to transposition activity. Scientific reports, 6: 27101.

Jiang X Y, Huang C X, Zhong S S, et al. 2017. Transgenic overexpression of follistatin 2 in blunt snout bream results in increased muscle mass caused by hypertrophy. Aquaculture, 468(1): 442 - 450.

Jiang X Y, Sun C F, Zhang Q G, et al. 2011. ENU-Induced Mutagenesis in Grass Carp (*Ctenopharyngodon idellus*) by Treating Mature Sperm. Plos One, 6(10): e26475.

Leng X J, Wu X F, Tian J, et al. 2012. Molecular cloning of fatty acid synthase from grass carp (*Ctenopharyngodon idella*) and the regulation of its expression by dietary fat level. Aquaculture Nutrition, 18(5): 551 - 558.

Li D, Shen Y B, Fu J J, et al. 2013. Isolation and characterization of 25 novel polymorphic microsatellite markers from grass carp (*Ctenopharyngodon idella*). Conservation Genetics Resources, 5(3): 745 - 748.

Li D, Wang S T, Shen Y B, et al. 2018. A multiplex microsatellite PCR method for evaluating genetic diversity in grass carp (*Ctenopharyngodon idellus*). Aquaculture and Fisheries, 3(6): 238 - 245.

Li J L, Zhu Z Y, Wang G L, et al. 2007. Isolation and characterization of 17 polymorphic microsatellites in grass carp. Molecular ecology notes, 7(6): 1114 - 1116.

Li L S, Dang Y F, Shen Y B, et al. 2016. Hematological and Immunological plasma assays for grass carp (*Ctenopharyngodon idella*) infected with Aeromonas hydrophila as an immune model in carp aquaculture. Fish and Shellfish Immunology, 55: 647 - 653.

Li L, Liang X F, He S, et al. 2015. Transcriptome analysis of grass carp (*Ctenopharyngodon idella*) fed with animal and plant diets. Gene, 574(2): 371 - 379.

Liang J J, Liu Y J, Tian L X, et al. 2012. Effects of dietary phosphorus and starch levels on growth performance, body composition and nutrient utilization of grass carp (*Ctenopharyngodon idella* V al.). Aquaculture Research, 43(8): 1200 - 1208.

Lin S T, Zheng G D, Sun Y W, et al. 2015. Divergent functions of fibroblast growth factor receptor-like 1 genes in grass carp (*Ctenopharyngodon idella*). Comparative Biochemistry and Physiology Part B: Biochemistry and Molecular Biology, 187:

31 − 38.

Liu F, Li J L, Fu J J, et al. 2011. Two novel homologs of simple C-type lectin in grass carp (*Ctenopharyngodon idellus*): Potential role in immune response to bacteria. Fish and Shellfish Immunology, 31(6): 765 − 773.

Liu F, Li J L, Yue G H, et al. 2010a. Molecular cloning and expression analysis of the liver-expressed antimicrobial peptide 2 (LEAP-2) gene in grass carp. Veterinary Immunology and Immunopathology, 133(2 − 4): 133 − 143.

Liu F, Wang D, Fu J J, et al. 2010. Identification of immune-relevant genes by expressed sequence tag analysis of head kidney from grass carp (*Ctenopharyngodon idella*). Comparative Biochemistry and Physiology Part D: Genomics and Proteomics, 5(2): 116 − 123.

Liu F, Xia J H, Bai Z Y, et al. 2009. High genetic diversity and substantial population differentiation in grass carp (*Ctenopharyngodon idella*) revealed by microsatellite analysis. Aquaculture, 297(1 − 4): 51 − 56.

Lv X, He L B, Luo L F, et al. 2018. Global and Complement Gene-Specific DNA Methylation in Grass Carp after Grass Carp Reovirus (GCRV) Infection. International Journal of Molecular Sciences, 19(4): 1110.

Markert C L, Møller F. 1959. Multiple forms of enzymes: tissue, ontogenetic, and species specific patterns. Proceedings of the National Academy of Sciences of the United States of America, 45(5): 753.

Meng X Z, Shen Y B, Wang S T, et al. 2019. Complement component 3 (C3): An important role in grass carp (*Ctenopharyngodon idella*) experimentally exposed to Aeromonas hydrophila. Fish and Shellfish Immunology, 88: 189 − 197.

Natsoulis G, Boeke J D. 1991. New antiviral strategy using capsid-nuclease fusion proteins. Nature 352(6336): 632 − 635.

O'Reilly P T, Herbinger C, Wright J M. 1998. Analysis of parentage determination in Atlantic salmon (Salmo salar) using microsatellites. Animal Genetics, 29(5): 363 − 370.

Pandit N P, Shen Y B, Chen Y, et al. 2014. Molecular characterization, expression, and immunological response analysis of the TWEAK and APRIL genes in grass carp, *Ctenopharyngodon idella*. Genetics and Molecular Research, 13(4): 10105 − 10120.

Pandit N P, Shen Y B, Chen Y, et al. 2015. Differential expression of interleukin-12 p35 and p40 subunits in response to Aeromonas hydrophila and Aquareovirus infection in grass carp, *Ctenopharyngodon idella*. Genetics and Molecular Research, 14(1): 1169 − 1183.

Pandit N P, Shen Y B, Wang W J, et al. 2013. Identification of TNF13b (BAFF) gene from grass carp (*Ctenopharyngodon idella*) and its immune response to bacteria and virus. Developmental and Comparative Immunology, 39(4): 460 − 464.

Ren K, Bai J J, Fan J J, et al. 2013. Parentage identification of grass carp (*Ctenopharyngodon idella*) using micro-satellites. Journal of Southern Agriculture, 44(8): 1367 − 1371.

RL W. 1988. International introductions of inland aquatic species. Food & Agriculture Organisation of the United Nations, Roma Italy.

Shen Y B, Zhang J B, Xu X Y, et al. 2011. Molecular cloning, characterization and expression analysis of the complement component C6 gene in grass carp. Veterinary Immunology and Immunopathology, 141(1 − 2): 139 − 143.

Shen Y B, Zhang J B, Xu X Y, et al. 2012. Molecular cloning, characterization and expression of the complement component Bf/C2 gene in grass carp. Fish and Shellfish Immunology, 32(5): 789 − 795.

Shen Y B, Zhang J B, Xu X Y, et al. 2012a. Expression of complement component C7 and involvement in innate immune responses to bacteria in grass carp. Fish and Shellfish Immunology, 33(2): 448 − 454.

Shen Y B, Zhang J B, Xu X Y, et al. 2013. A new haplotype variability in complement C6 is marginally associated with resistance to Aeromonas hydrophila in grass carp. Fish and Shellfish Immunology, 34(5): 1360 − 1365.

Shireman J V, Smith C R. 1983. Synopsis of biological data on the grass carp, *Ctenopharyngodon idella* (Cuvier and Valenciennes, 1844). Food & Agriculture Org.

Stevenson J H. 1965. Observations on Grass Carp in Arkansas. The Progressive Fish-Culturist, 27(4): 203 − 206.

Sun C F, Tao Y, Jiang X Y, et al. 2011. IGF binding protein 1 is correlated with hypoxia-induced growth reduce and developmental defects in grass carp (*Ctenopharyngodon idellus*) embryos. General and Comparative Endocrinology, 172(3): 409 − 415.

Sun Y W, Li F G, Chen J, et al. 2015. Two follistatin-like 1 homologs are differentially expressed in adult tissues and during embryogenesis in grass carp (*Ctenopharyngodon idellus*). General and Comparative Endocrinology, 223: 1 – 8.

Utter F, Folmar L. 1978. Protein Systems of Grass Carp: Allelic Variants and Their Application to Management of Introduced Populations. Transactions of the American Fisheries Society, 107(1): 129 – 134.

Wang C H, Chen Q, Lu G Q, et al. 2008. Complete mitochondrial genome of the grass carp (*Ctenopharyngodon idella*, Teleostei): Insight into its phylogenic position within Cyprinidae. Gene, 424(1 – 2): 96 – 101.

Wang S T, Meng X Z, Li L S, et al. 2017. Biological parameters, immune enzymes, and histological alterations in the livers of grass carp infected with Aeromonas hydrophila. Fish and Shellfish Immunology, 70: 121 – 128.

Wang W J, Shen Y B, Pandit N P, et al. 2013. Molecular cloning, characterization and immunological response analysis of Toll-like receptor 21 (TLR21) gene in grass carp, *Ctenopharyngodon idella*. Developmental and Comparative Immunology, 40(3 – 4): 227 – 231.

Wang Y P, Lu Y, Zhang Y, et al. 2015. The draft genome of the grass carp (*Ctenopharyngodon idellus*) provides insights into its evolution and vegetarian adaptation. Nature Genetics, 47(6): 625 – 631.

Wright J M, Bentzen P. 1994. Microsatellites: genetic markers for the future. Reviews in Fish Biology and Fisheries, 4: 384 – 388.

Wright J M, Bentzen P. 1995. Microsatellites: genetic markers for the future. Molecular genetics in fisheries. Springer, 117 – 121.

Xia J H, Liu F, Zhu Z Y, et al. 2010. A consensus linkage map of the grass carp (*Ctenopharyngodon idella*) based on microsatellites and SNPs. Bmc Genomics, 11(1): 135.

Xu B, Wang S L, Jiang Y, et al. 2010. Generation and Analysis of ESTS from the Grass Carp, Ctenopharyngodon Idellus. Animal Biotechnology, 21(4): 217 – 225.

Xu T, Chu Q, Cui J, et al. 2018. The inducible microRNA-203 in fish represses the inflammatory responses to Gram-negative bacteria by targeting IL-1 receptor-associated kinase 4. Journal of Biological Chemistry, 293(4): 1386 – 1396.

Xu X Y, Shen Y B, Fu J J, et al. 2011. Molecular cloning, characterization and expression patterns of HSP60 in the grass carp (*Ctenopharyngodon idella*). Fish and Shellfish Immunology, 31(6): 864 – 870.

Xu X Y, Shen Y B, Fu J J, et al. 2012. Matrix metalloproteinase 2 of grass carp *Ctenopharyngodon idella* (CiMMP2) is involved in the immune response against bacterial infection. Fish and Shellfish Immunology, 33(2): 251 – 257.

Xu X Y, Shen Y B, Fu J J, et al. 2013. Characterization of MMP-9 gene from grass carp (*Ctenopharyngodon idella*): An Aeromonas hydrophila-inducible factor in grass carp immune system. Fish and Shellfish Immunology, 35(3): 801 – 807.

Xu X Y, Shen Y B, Fu J J, et al. 2014. De novo Assembly of the Grass Carp *Ctenopharyngodon idella* Transcriptome to Identify miRNA Targets Associated with Motile Aeromonad Septicemia. Plos One, 9(11): e112722.

Xu X Y, Shen Y B, Fu J J, et al. 2014. Determination of reference microRNAs for relative quantification in grass carp (*Ctenopharyngodon idella*). Fish & Shellfish Immunology, 36(2): 374 – 382.

Xu X Y, Shen Y B, Fu J J, et al. 2015. Next-generation sequencing identified microRNAs that associate with motile aeromonad septicemia in grass carp. Fish and Shellfish Immunology, 45(1): 94 – 103.

Xu X Y, Shen Y B, Yang X M, et al. 2011. Cloning and characterization of TIMP-2b gene in grass carp. Comparative Biochemistry and Physiology Part B: Biochemistry and Molecular Biology, 159(2): 115 – 121.

Yang H J, Liu Y J, Tian L X, et al. 2010. Effects of Supplemental Lysine and Methionine on Growth Performance and Body Composition for Grass Carp (*Ctenopharyngodon idella*). American Journal of Agricultural and Biological Sciences, 5(2): 222 – 227.

Yu H Y, Shen Y B, Sun J L, et al. 2014. Molecular cloning and functional characterization of the NFIL3/E4BP4 transcription factor of grass carp, *Ctenopharyngodon idella*. Developmental and Comparative Immunology, 47(2): 215 – 222.

Yu L Y, Bai J J, Cao T T, et al. 2014. Genetic variability and relationships among six grass carp *Ctenopharyngodon idella* populations in China estimated using EST – SNP Markers. Fisheries Science, 80(3): 475 – 481.

Yuan X N, Jiang X Y, Pu J W, et al. 2011. Functional conservation and divergence of duplicated insulin-like growth factor 2 genes in grass carp (*Ctenopharyngodon idellus*). Gene, 470(1−2): 46−52.

Zhang A D, Huang R, Chen L M, et al. 2017. Computational identification of Y-linked markers and genes in the grass carp genome by using a pool-and-sequence method. Scientific Reports, 7(1): 8213.

Zhang M, Nie J K, Shen Y B, et al. 2015. Isolation and characterization of 25 novel EST-SNP markers in grass carp (*Ctenopharyngodon idella*). Conservation Genetics Resources, 7(4): 819−822.

Zhao J L, Cao Y, Li S F, et al. 2011. Population genetic structure and evolutionary history of grass carp *Ctenopharyngodon idella* in the Yangtze River, China. Environmental Biology of Fishes, 90(1): 85−93.

Zheng G D, Sun C F, Pu J W, et al. 2015. Two myostatin genes exhibit divergent and conserved functions in grass carp (*Ctenopharyngodon idellus*). General and Comparative Endocrinology, 214: 68−76.

Zheng G D, Wang C L, Guo D D, et al. 2017. Ploidy level and performance in meiotic gynogenetic offsprings of grass carp using UV-irradiated blunt snout bream sperm. Aquaculture and Fisheries, 2(5): 213−219.

Zheng G D, Zhou C X, Lin S T, et al. 2017. Two grass carp (*Ctenopharyngodon idella*) insulin-like growth factor-binding protein 5 genes exhibit different yet conserved functions in development and growth. Comparative Biochemistry and Physiology (Part B): Biochemistry and Molecular Biology, 204: 69−76.

Zhong S S, Jiang X Y, Sun C F, et al. 2013. Identification of a second follistatin gene in grass carp (*Ctenopharyngodon idellus*) and its regulatory function in myogenesis during embryogenesis. General and Comparative Endocrinology, 185: 19−27.

Zou S M, Li S F, Cai W Q, et al. 2004. Establishment of fertile tetraploid population of blunt snout bream (*Megalobrama amblycephala*). Aquaculture, 238(104): 155−164.

Zou S M, Li S F, Cai W Q, et al. 2007. Ploidy polymorphism and morphological variation among reciprocal hybrids by Megalobrama amblycephala×Tinca tinca. Aquaculture, 270(1−4): 574−579.

Zou S M, Li S F, Cai W Q, et al. 2008. Induction of interspecific allo-tetraploids of Megalobrama amblycephala ♀ × Megalobrama terminalis ♂ by heat shock. Aquaculture research, 39(12): 1322−1327.

图 1-1 草鱼

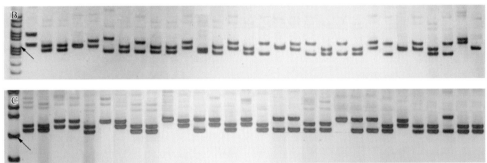

图 4-7 红色草鱼（A）和 EST307（B）在普通草鱼群体、EST3746（C）
在红草鱼群体中的 PAGE 图谱

图 5-8 草鱼雌核发育后代的外观形态

a ～ c.雌核发育草鱼；d ～ f.草鲂杂交后代

图 7-4 雌核发育草鱼（A）、草鲂杂交二倍体（B）、杂交三倍体（C）及其父母本

比例尺：3 cm

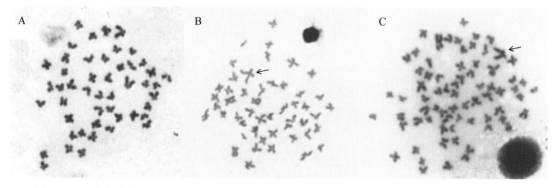

图 7-6 雌核发育草鱼（A）、草鲂杂交二倍体（B）和杂交三倍体（C）的染色体图

箭头指示最大亚中部着丝粒染色体

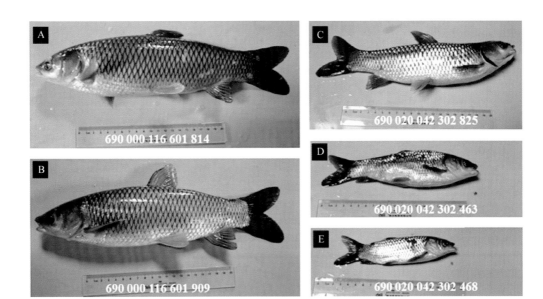

图 7-12 ENU 诱变 F1 代 1[+] 龄阶段草鱼幼鱼的形态特征

A ~ B.正常个体；C ~ E.畸形个体

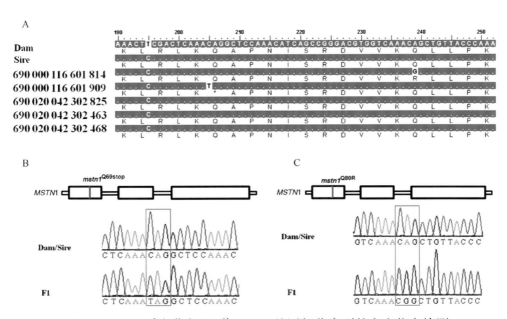

图 7-14 ENU 诱变草鱼 F1 代 *mstn1* 基因部分序列的突变位点检测

A 图左侧编号为个体 PIT 标记号码

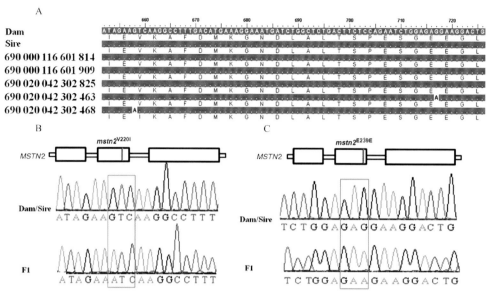

图 7-15 ENU 诱变草鱼 F1 代 *mstn2* 基因部分序列的突变位点检测

A 图左侧编号为个体 PIT 标记号码

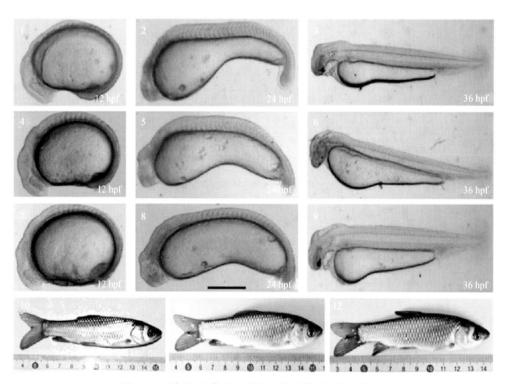

图 7-20 转基因草鱼不同发育时期胚胎及幼鱼

1 ～ 3, 10. 正常草鱼；4 ～ 6, 11. 注射 pTgf2-EF1α-VP3-SN 和 *Tgf2* 转座酶 mRNA 草鱼；

7 ～ 9, 12. 注射 pTgf2-Hsp70-VP3-SN 草鱼和 *Tgf2* 转座酶 mRNA；

图上比例尺为 600 μm

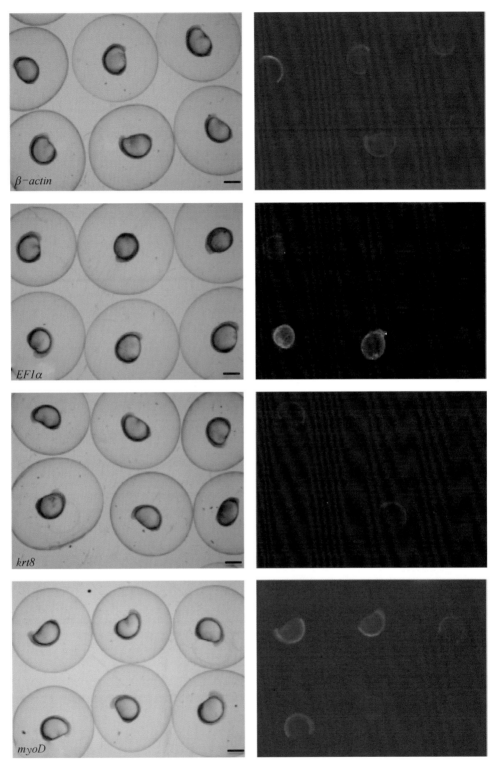

图 7-26 4 种不同的供体质粒在草鱼胚胎发育到 24 h 的可见光（左）和荧光（右）图

比例尺为 0.1 cm

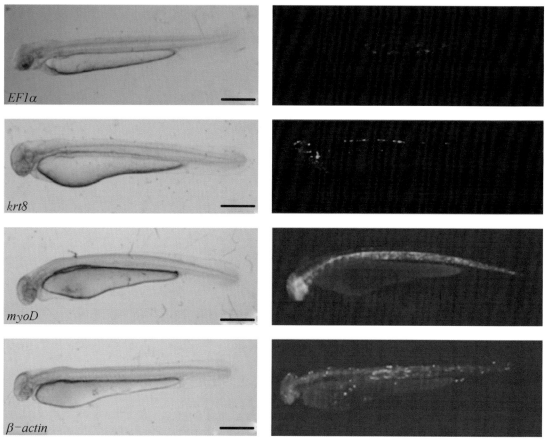

图 7-27 4 种不同的供体质粒注射 2 d 后草鱼胚胎的可见光（左）和荧光（右）图

比例尺为 0.1 cm

图 7-29 草鱼插入诱变突变体

图 A ～ C 为突变体，图 D 为对照组，比例尺为 2.5 cm

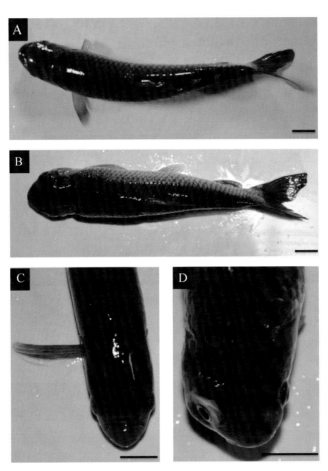

图 7-30 草鱼插入诱变突变体

图 A 为对照组，图 B ～ D 为突变体，比例尺为 2.5 cm

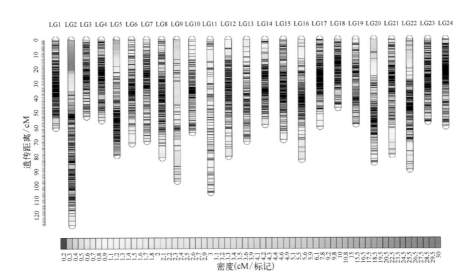

图 8-2 草鱼高密度遗传连锁图谱

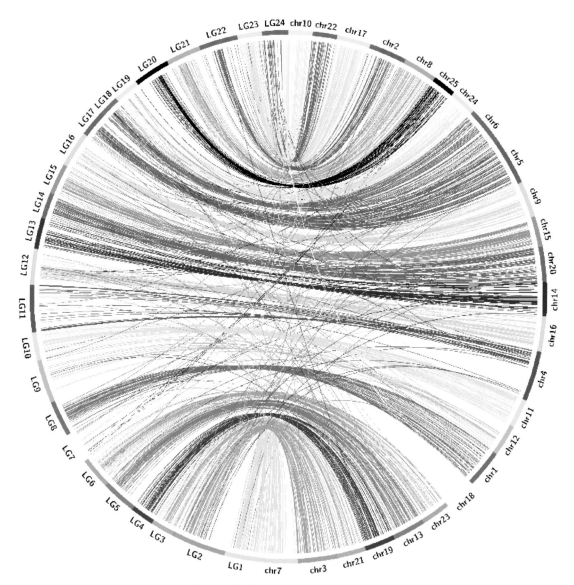

图 8-3 草鱼与斑马鱼基因组比较

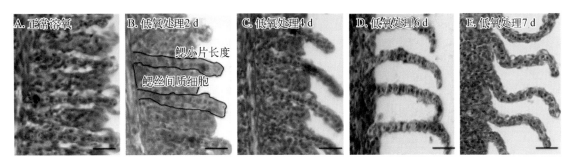

图 8-18 草鱼鳃组织形态变化

图上比例尺 = 50 μm

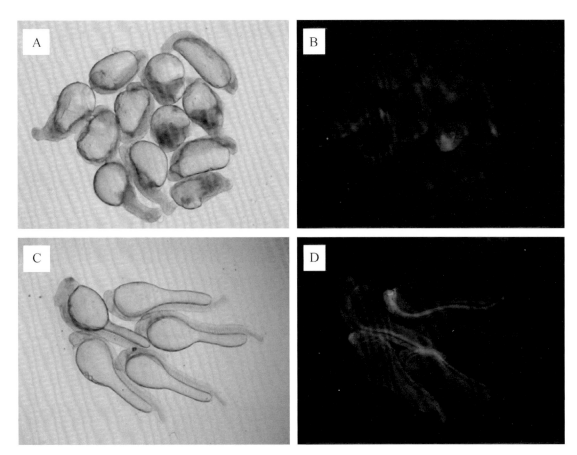

图 10-13 *MSTN-1* 过表达对草鱼胚胎的影响

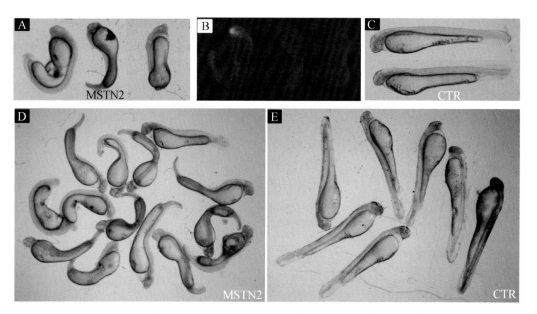

图 10-14　过表达 *MSTN2* 对草鱼发育 36 h 时的胚胎的影响

A.3 个胚胎为 *MSTN2* 的注射组；B. 为其荧光图；C.2 条为对照组；D. *MSTN2* 的注射组的多个胚胎
的集体照；E. 对照组的集体照

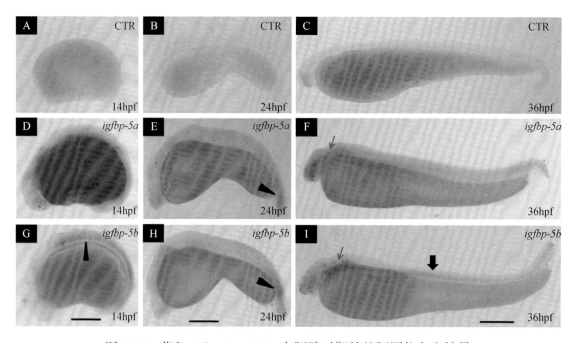

图 10-21　草鱼 *igfbp-5s* mRNA 在胚胎时期的整胚原位杂交结果

A ～ C 表示 *igfbp5a* 分别在胚胎 14hpf、24hpf 和 36hpf 时的对照；D ～ F 表示 *igfbp5a* 分别在胚胎
14hpf、24hpf 和 36hpf 时的表达；G ～ I 表示 *igfbp5b* 分别在胚胎 14hpf、24hpf 和 36hpf 时的表达
黑色三角形指向肌节，红色箭头指向头部，黑色箭头指向脊索

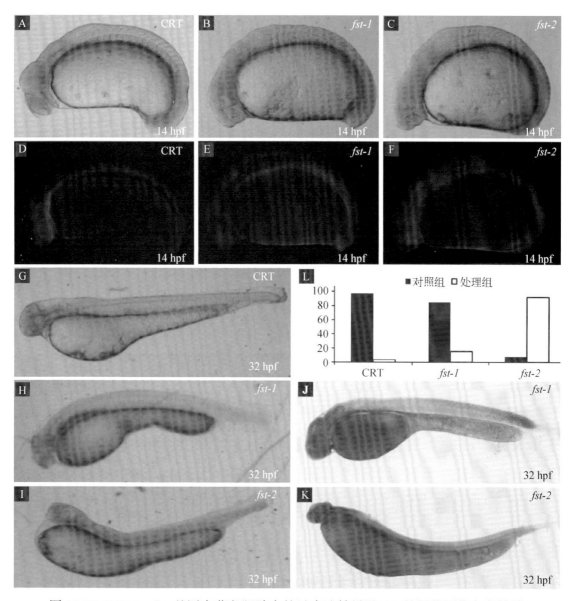

图 10-29　EGFP、*fsts* 基因在草鱼胚胎中的过表达结果及 *fsts* 基因的原位杂交结果

A, D, G. 单独注射 EGFP 的 mRNA 的正常对照组；B, C, E, F, H, I. 共同注射 *fsts* 重复基因的 mRNA
和 EGFP 的 mRNA *fsts* 过表达组；L. 显微注射后导致的畸形率；J, K. 草鱼 *fsts* 整胚原位杂交

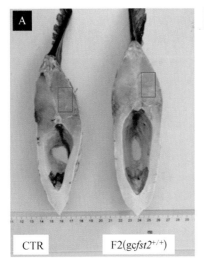

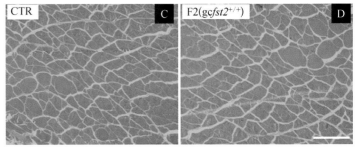

B	体高/体长	体厚/体长	平均肌纤维面积 /(μm^2)
CTR	0.45±0.03	0.12±0.01	(1.32±0.81)×10⁴
F2(gc*fst2*⁺/⁺)	0.53±0.02	0.16±0.02	(1.62±0.84)×10⁴
P值	0.0006**	0.0007**	0.001**

图 10-33 转草鱼 *fst2* 基因的纯合 F2 代团头鲂的肌纤维显著肥大

A. 转草鱼 *fst2* 基因的团头鲂与对照组的肌纤维纵切面对比；B. 转草鱼 *fst2* 基因的团头鲂与对照组的肌纤维
形态指标对比；C, D. 分别表示对照组与转草鱼 *fst2* 基因团头鲂的肌肉切片对比；
**$P < 0.01$, 比例尺为 500 μm